Mathematik für berufliche Gymnasien

12|13 Schwerpunkt Technik

Lösungen
Kapitel 1 – 3

D1699578

Schroedel

Mathematik für berufliche Gymnasien
12|13 Schwerpunkt Technik
Lösungen Kapitel 1 – 3

Herausgegeben von
Prof. Dr. Heinz Griesel, Dr. Andreas Gundlach, Prof. Helmut Postel, Heinz Klaus Strick, Friedrich Suhr

Für das berufliche Gymnasium bearbeitet von
Heinz Klaus Strick, Stefan Burgk, Gabriele Klinkhammer

Die vorliegende Ausgabe Elemente der Mathematik für das berufliche Gymnasium basiert auf dem Unterrichtswerk Elemente der Mathematik für allgemeinbildende Gymnasien.

© 2013 Bildungshaus Schulbuchverlage
Westermann Schroedel Diesterweg Schöningh Winklers GmbH, Braunschweig
www.schroedel.de

Das Werk und seine Teile sind urheberrechtlich geschützt. Jede Nutzung in anderen als den gesetzlich zugelassenen Fällen bedarf der vorherigen schriftlichen Einwilligung des Verlages.
Hinweis zu § 52a UrhG: Weder das Werk noch seine Teile dürfen ohne eine solche Einwilligung gescannt und in ein Netzwerk eingestellt werden. Dies gilt auch für das Intranet von Schulen und sonstigen Bildungseinrichtungen.
Auf verschiedenen Seiten dieses Buches befinden sich Verweise (Links) auf Internet-Adressen.
Haftungshinweis: Trotz sorgfältiger inhaltlicher Kontrolle wird die Haftung für die Inhalte der externen Seiten ausgeschlossen. Für den Inhalt dieser externen Seiten sind ausschließlich deren Betreiber verantwortlich. Sollten Sie bei dem angegebenen Inhalt des Anbieters dieser Seite auf kostenpflichtige, illegale oder anstößige Inhalte treffen, so bedauern wir dies ausdrücklich und bitten Sie, uns umgehend per E-Mail davon in Kenntnis zu setzen, damit beim Nachdruck der Verweis gelöscht wird.

Druck A³ / Jahr 2014
Alle Drucke der Serie A sind im Unterricht parallel verwendbar.

Redaktion: Dr. Ute Lindemann
Herstellung: Udo Sauter
Umschlaggestaltung: sensdesign, Roland Sens, Hannover
Zeichnungen: Rudi Warttmann, Nürtingen
Satz: topset Computersatz, Rudi Warttmann, Nürtingen
Druck und Bindung: westermann druck GmbH, Braunschweig

ISBN 978-3-507-**87415**-2

Inhaltsverzeichnis

Bleib fit in Differenzialrechnung

1.

horizontale Entfernung vom Ausgangspunkt (in m)	Steigung an dieser Stelle
200	ca. $\frac{70\text{ m}}{100\text{ m}} = 0{,}7$
500	0 (Hochpunkt)
600	ca. $\frac{-125\text{ m}}{100\text{ m}} = -1{,}25$
800	0 (Tiefpunkt)
900	ca. $\frac{80\text{ m}}{100\text{ m}} = 0{,}8$
1 000	0 (Sattelpunkt)
1 100	ca. $\frac{70\text{ m}}{100\text{ m}} = 0{,}7$

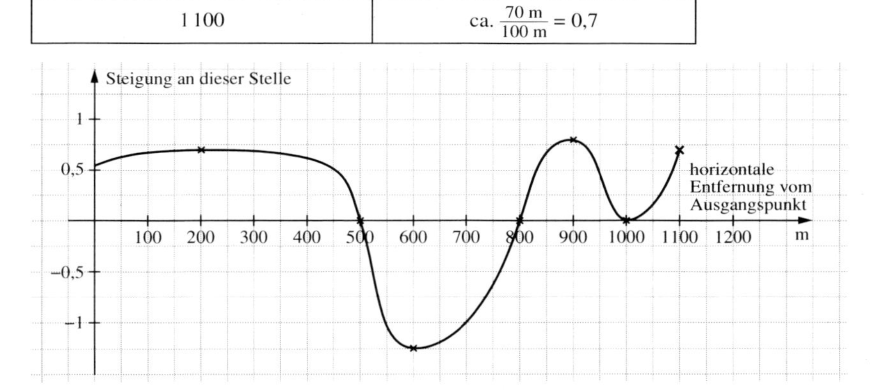

2. a)

Uhrzeit	7–9	9–10	10–13	13–17
Wasseranstieg (in cm pro Stunde)	15	40	30	5

Also steigt das Wasser von 9 Uhr bis 10 Uhr mit 40 $\frac{\text{cm}}{\text{h}}$ am schnellsten an.

b) Wir wissen, dass die durchschnittliche Geschwindigkeit von 7 Uhr bis 9 Uhr 15 $\frac{\text{cm}}{\text{h}}$ beträgt und zwischen 9 Uhr und 10 Uhr 40 $\frac{\text{cm}}{\text{h}}$. Die durchschnittliche Geschwindigkeit, mit der sich der Wasserstand um 9 Uhr ändert, liegt zwischen diesen Werten.

$\left(40\frac{\text{cm}}{\text{h}} + 15\frac{\text{cm}}{\text{h}}\right) : 2 = 27{,}5\,\frac{\text{cm}}{\text{h}}$

3. a) (A) → (2) bzw. (5)
(B) → (2) bzw. (5)
(C) → (1)
(D) → (3)
(E) → (4)

b)

(A): $x \mapsto x^2$ (A)′ = (2) = (5): $x \mapsto 2x$
(B): $x \mapsto x^2 - 1$ (B)′ = (2) = (5): $x \mapsto 2x$
(C): $x \mapsto \frac{1}{2}x^2$ (C)′ = (1): $x \mapsto x$
(D): $x \mapsto (x-1)^2$ (D)′ = (3): $x \mapsto 2\cdot(x-1)$
(E): $x \mapsto \frac{1}{2}x^3$ (E)′ = (4): $x \mapsto \frac{3}{2}x^2$

10

4.
- 0 – 1 500 m: positive Steigung
  1 500 m – 2 000 m: negative Steigung
  2 000 m – 2 500 m: positive Steigung
  2 500 m – 3 000 m: negative Steigung
  3 000 m – 3 750 m: positive Steigung
  3 750 m – 4 500 m: negative Steigung
  4 500 m – 6 500 m: positive Steigung
  6 500 m – 8 500 m: negative Steigung
- Die Steigung ist null an den Stellen ≈ 1 500, ≈ 2 000, ≈ 2 500, ≈ 3 000, ≈ 3 750, ≈ 4 500, ≈ 6 500. An diesen Stellen besitzt der Graph der Funktion eine waagerechte Tangente.
-

Stelle (in m)	geschätzte Steigung an der Stelle
4000	$\frac{1\,200 - 1\,225}{4\,400 - 3\,700} = \frac{-25}{700} = -0{,}036 \mathrel{\hat=} 3{,}6\ \%$ Gefälle
6000	$\frac{1\,790 - 1\,250}{6\,400 - 5\,500} = \frac{40}{900} = 0{,}044 \mathrel{\hat=} 4{,}4\ \%$ Steigung
7000	$\frac{1\,260 - 1\,290}{17\,500 - 6\,600} = \frac{-30}{900} \mathrel{\hat=} 3{,}3\ \%$ Gefälle

11

5. a)

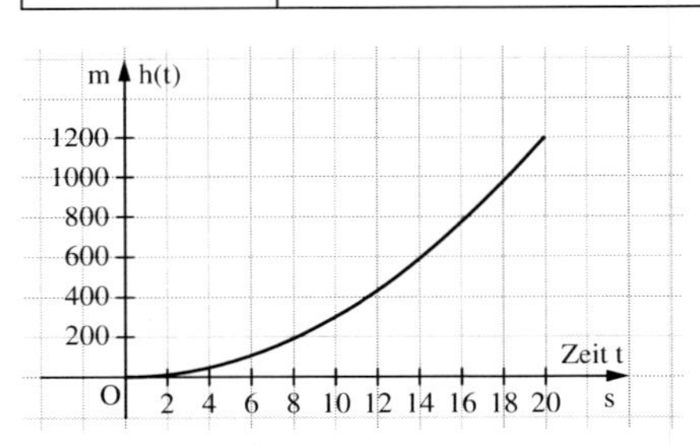

b) (1) $h(5) = 3 \cdot 5^2 = 75$. Die Rakete ist also nach 5 s in 75 m Höhe.

(2) $h(10) - h(0) = 3 \cdot 10^2 - 0 = 300$. Das bedeutet, dass die Rakete in den ersten 10 s um 300 m gestiegen ist.

(3) $\frac{h(10) - h(0)}{10 - 0} = \frac{3 \cdot 10^2 - 0}{10 - 0} = 30$. Das bedeutet, dass die Rakete in den ersten 10 s eine durchschnittliche Geschwindigkeit von 30 $\frac{\text{m}}{\text{s}}$ hatte.

(4) $h'(x) = 6x$; $h'(5) = 6 \cdot 5 = 30$. Das bedeutet, dass die Rakete nach 5 s eine Geschwindigkeit von 30 $\frac{\text{m}}{\text{s}}$ erreicht hat.

(5) $\lim\limits_{t \to 10} \frac{h(t) - h(10)}{t - 10} = \lim\limits_{t \to 10} \frac{3 \cdot t^2 - 3 \cdot 100}{t - 10} = \lim\limits_{t \to 10} 3(10 + t) = 3 \cdot 20 = 60$. Das bedeutet, dass die Rakete nach 10 s eine Geschwindigkeit von 60 $\frac{\text{m}}{\text{s}}$ erreicht hat.

6.

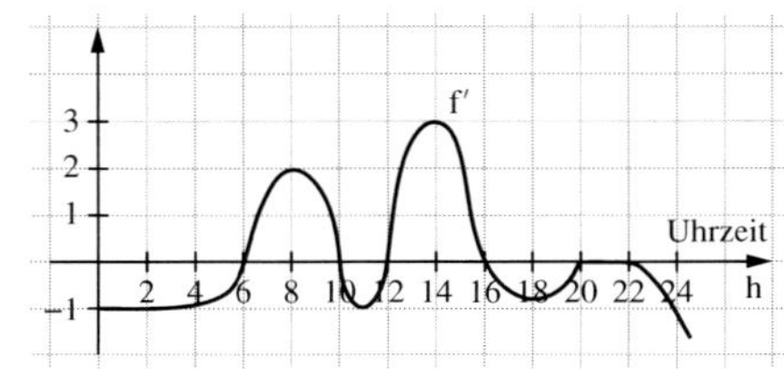

Die Ableitung gibt Auskünfte darüber, wie schnell die Temperatur gestiegen bzw. gesunken ist. Ihre Einheit wäre $\frac{°\text{C}}{\text{h}}$.

11

7. **a)** $f'(x) = 7x^6$

b) $f'(x) = -\frac{1}{x^2}$

c) $f'(x) = \frac{1}{3}\frac{1}{(\sqrt[3]{x})^2}$

d) $f'(x) = 24x^7$

e) $f'(x) = \frac{1}{\sqrt{x}}$

f) $f'(x) = \frac{-6}{x^3}$

g) $f'(x) = 4x^3 + 2x$

h) $f(x) = 6x^2 + 1$

i) $f'(x) = 5x^4 - 4x$

j) $f'(x) = 20x^3 - 3x^2 + 2$

k) $f'(x) = \cos(x)$

l) $f'(x) = -\sin(x) + 4x$

8. **a)** $f(x) = x^9 + c$ mit $c \in \mathbb{R}$

b) $f(x) = \frac{2}{3}x^6 + c$ mit $c \in \mathbb{R}$

c) $f(x) = x^3 - \frac{1}{2}x^2 + c$ mit $c \in \mathbb{R}$

d) $f(x) = \frac{1}{3}x^3 + x^2 + c$ mit $c \in \mathbb{R}$

e) $f(x) = 3 \cdot \frac{1}{x} + c$ mit $c \in \mathbb{R}$

f) $f(x) = 2 \cdot \sqrt{x} + c$ mit $c \in \mathbb{R}$

g) $f(x) = -\cos(x) + c$ mit $c \in \mathbb{R}$

h) $f(x) = \cos(x) + x + c$ mit $c \in \mathbb{R}$

i) $f(x) = \sin(x) + \frac{1}{2}x^2 + c$ mit $c \in \mathbb{R}$

9. **a)** $f'(x) = 9x^2 - 18x + 1$

b) $f'(x) = \frac{5}{4}x^4 - 2x^2 + \frac{2}{7}$

c) $f'(x) = 6 \cdot \sqrt{3} \cdot x^5 - 3\pi x^2$

10. **a)** $f'(x) = 3x^2$, $f'(2) = 12$

b) $f'(x) = \frac{4}{3}x^3 - 15x^2$, $f'(0) = 0$

c) $f'(x) = 2x - 2\cos(x)$; $f'(\pi) = 2\pi + 2$

11. $f(a) = a^3$

Änderungsrate: $f'(a) = \lim\limits_{h \to 0} \frac{f(a+h) - f(a)}{h} = \lim\limits_{h \to 0} \frac{(a+h)^3 - a^3}{h} = 3a^2$

Das Volumen wächst kubisch, seine lokale Änderungsrate dagegen quadratisch. Geometrisch ist die lokale Änderungsrate $3a^2$ die Hälfte des Oberflächeninhalts $6a^2$ des Quadrats.

12. **a)** $f'(x) = 2x = 1 \Rightarrow x = \frac{1}{2}$

b) $f'(x) = 2x^3 = 1 \Rightarrow x = \sqrt[3]{\frac{1}{2}}$

c) $f'(x) = 3x^2 = 1 \Rightarrow x = \sqrt{\frac{1}{3}}$ oder $x = -\sqrt{\frac{1}{3}}$

d) $f'(x) = \frac{1}{2 \cdot \sqrt{x}} = 1 \Rightarrow x = \frac{1}{4}$

e) $f'(x) = -\frac{1}{x^2} = 1 \Rightarrow x^2 = -1$ hat keine Lösung.

Weil die Ableitung für alle x immer negativ ist, kann der Graph an keiner Stelle eine positive Steigung haben, also insbesondere nicht die Steigung 1.

f) $f'(x) = \cos(x) = 1 \;\Rightarrow\; x = 2\pi \cdot n$ mit $n \in \mathbb{Z}$

Bleib fit im Umgang mit Funktionen

12

1. • $f(x) = \frac{1}{3}x^3 - 2x$

Graph (3):

Die Funktion enthält nur ungerade Exponenten, also ist sie punktsymmetrisch zum Ursprung.

• $g(x) = \frac{1}{2}x^4 - 4x^2 + 3$

Graph (1):

y-Achsenabschnitt: 3; nur gerade Exponenten, also achsensymmetrisch zur y-Achse.

• $h(x) = \frac{1}{5}x^5 - \frac{3}{4}x^4$

Graph (2):

h ist weder achsensymmetrisch zur y-Achse noch punktsymmetrisch zu $O(0 \mid 0)$, weil h(x) sowohl gerade als auch ungerade Exponenten besitzt.

(Außerdem gilt für $h'(x) = x^4 - 3x^3$: $h'(0) = 0$ und $h'(x) > 0$ für $x < 0$ und $h'(x) < 0$ für $x > 0$ (und $x < 3$); also Hochpunkt von f bei $(0 \mid 0)$.)

2. (1) $f(x) = x^3 - 9 \cdot x$

Der Graph ist punktsymmetrisch zum Ursprung, also sind alle Exponenten ungerade. Außerdem hat der Graph die Nullstellen $x = -3$, $x = 0$ und $x = 3$.

(2) $f(x) = \frac{1}{4}x^4 + \frac{1}{4}x^3 - 2x^2 - 3x$

Der Achsenabschnitt ist null. Bei −2 liegt eine doppelte Nullstelle, bei 0 und 3 liegen einfache Nullstellen und bei 2 ein Extrempunkt.

Es gilt zudem $f(2) = 8$.

(3) $f(x) = ax^5 - ax^4 - 6ax^3$, mit $a \in \mathbb{R}$

Es gibt einen Sattelpunkt im Ursprung, also sind $f'(0)$ und $f''(0)$ gleich null. Die Nullstellen liegen bei −2, 0 und 3.

Zur Bestimmung von a: $f'(x) = 5ax^4 - 4ax^3 - 18ax^2$

$f'(x) = 0$ für $x_1 = 0$; $x_2 \approx 2{,}339$; $x_3 \approx -1{,}539$

$f_1(2{,}339) \approx -36{,}701$; $f_a(2{,}339) \approx -38$; also $a \approx 1{,}03$.

3. **a)**

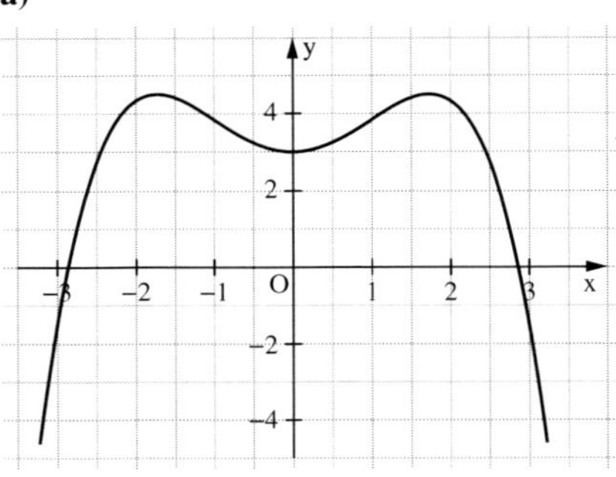

b)

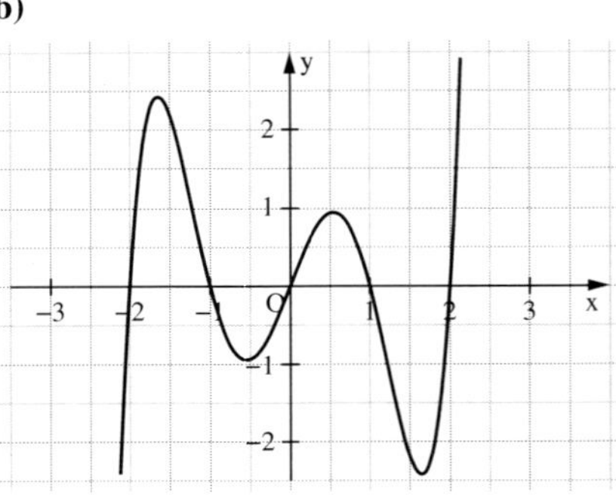

15

4. **a)** $f'(x) = \frac{1}{6}(x + 3)(x + 1)(x - 2)^2 = \frac{1}{6}x^4 - \frac{3}{2}x^2 + \frac{2}{3}x + 2$

b) möglicher Funktionsterm: $f(x) = \frac{1}{30}x^5 - \frac{1}{2}x^3 + \frac{1}{2}x^2 + 2x$

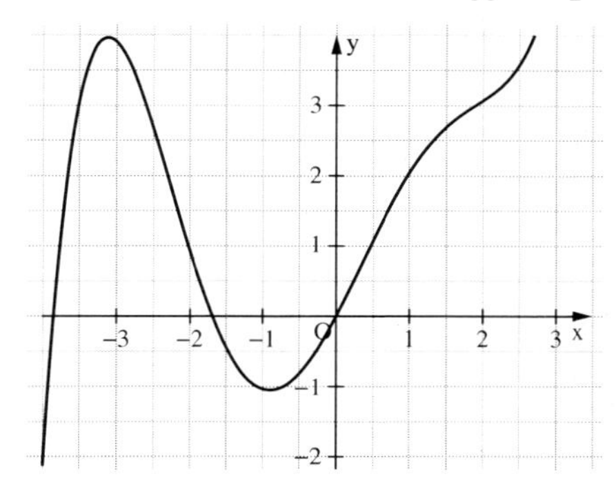

5. (1) Falsch, denn $f'(-2) = 0$ und für $-2 < x < 0$ ist $f'(x) < 0$.

(2) Die korrekte Formulierung lautet: Der Grad der Funktion f ist mindestens 3, denn f hat drei Nullstellen und zwei Extrema.

(3) Richtig, denn f hat bei $x = 3$ ein Extremum.

(4) Falsch, denn die Steigung (und somit die Ableitung) von f ist in diesem Intervall größer Null.

16

6. (1) → (D)

Denn die Ableitung hat bei $x = 2{,}25$ eine Nullstelle und die Funktion dort ein Extremum, zudem hat die Ableitung bei $x = 0$ eine doppelte Nullstelle und f dort einen Sattelpunkt.

(2) → (B)

Denn die Ableitung hat bei $x = -2{,}25$ eine Nullstelle und die Funktion dort ein Extremum, zudem hat die Ableitung bei $x = 0$ eine doppelte Nullstelle und f dort einen Sattelpunkt.

(3) → (A)

Die Ableitung hat im Ursprung eine doppelte Nullstelle, also ohne Vorzeichenwechsel und die Funktion dort einen Sattelpunkt.

(4) → (C)

Die Ableitung hat bei $x = 0$ eine Extremstelle und die Funktion dort einen Wendepunkt.

7. **a)** $x \to -\infty$: $f(x) \to \infty$, $x \to \infty$: $f(x) \to \infty$

b) $x \to -\infty$: $f(x) \to -\infty$, $x \to \infty$: $f(x) \to \infty$

c) $x \to -\infty$: $f(x) \to -\infty$, $x \to \infty$: $f(x) \to -\infty$

d) $x \to -\infty$: $f(x) \to \infty$, $x \to \infty$: $f(x) \to -\infty$

e) $x \to -\infty$: $f(x) \to -\infty$, $x \to \infty$: $f(x) \to \infty$

f) $x \to -\infty$: $f(x) \to -\infty$, $x \to \infty$: $f(x) \to -\infty$

8. **a)** punktsymmetrisch zum Ursprung **b)** symmetrisch zur y-Achse

c) keine Symmetrie zur y-Achse bzw. zum Ursprung

d) punktsymmetrisch zum Ursprung

e) keine Symmetrie zur y-Achse bzw. zum Ursprung (aber punktsymmetrisch zu $P(0 \mid -1)$.

f) symmetrisch zur y-Achse

16

9. • (1) → Graph (3). y-Achsenabschnitt 90, symmetrisch zur y-Achse. Der Graph zeigt nur einen Teil des Verlaufs „in der Mitte“, denn für $x \to \pm\infty$ gilt: $f(x) \to +\infty$.

• (2) → Graph (1). y-Achsenabschnitt 0, punktsymmetrisch zum Ursprung. Der Graph zeigt nicht den wesentlichen Verlauf, denn für $x \to -\infty$ gilt: $f(x) \to -\infty$.

• (3) → Graph (2). y-Achsenabschnitt –9, keine Symmetrie zur y-Achse bzw. zum Ursprung. Der Graph zeigt den wesentlichen Verlauf: alle 3 Nullstellen sind zu sehen.

10. a) Ja, es sind alle Punkte mit waagerechter Tangente zu sehen.
Bei einer Funktion vierten Grades hat die Abteilung den Grad 3, also 3 Nullstellen. Da beim Graphen ein Sattelpunkt (doppelte Nullstelle der Ableitung) und ein Minimum (einfache Nullstelle) zu sehen sind, sind im Graphen alle Punkte sichtbar.

b) Zu sehen ist eine Funktion 3. Grades mit einer doppelten Nullstelle bei –1 und einer einfachen Nullstelle bei 2.

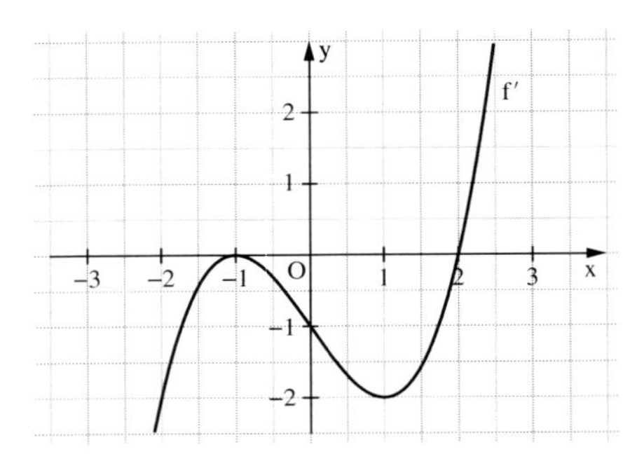

11. a)

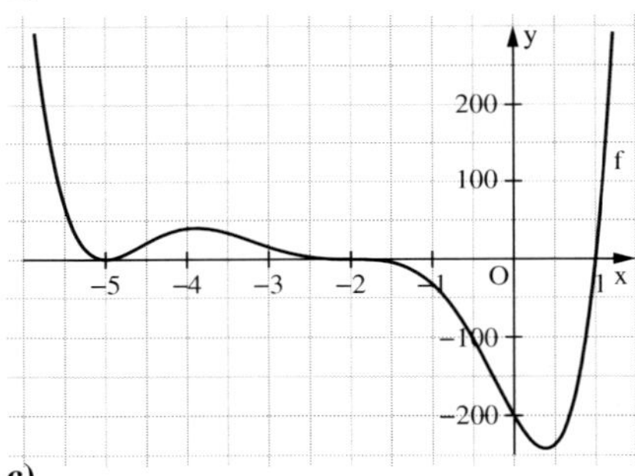

b)

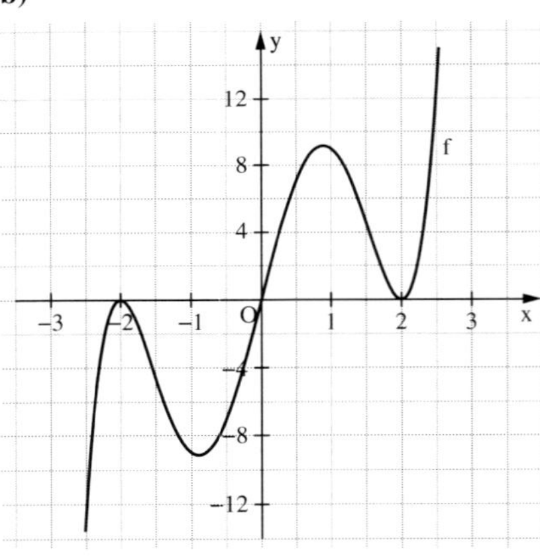

c)

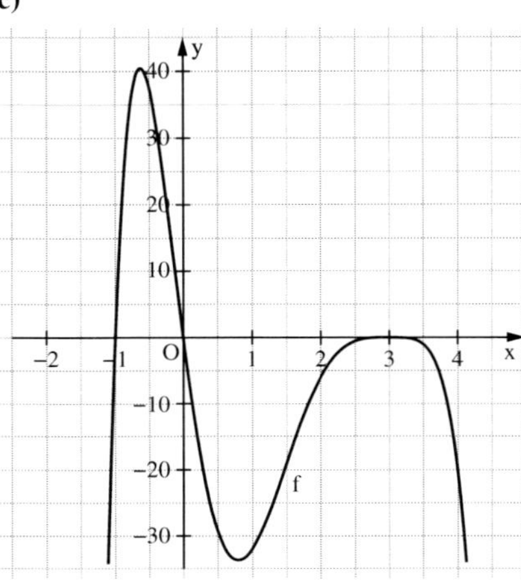

1 Fortführung der Differenzialrechnung

Lernfeld: Auf und ab, hin und her

18

Wegen der Offenheit der Lernfeld-Aufträge werden hier keine Musterlösungen gegeben, sondern Hinweise zur Bearbeitung im Unterricht.

1. Herrenschwander Berglauf

a) Tiefster Punkt: Gemeindehaus Prag; höchster Punkt: Kreuz am Hochgescheid

b) Steilster Aufstieg: z. B. Hütte am Kalberweidfelsen; steilster Abstieg: z. B. Sattelwasen

2. Von einer Kurve in die nächste

Dieser Auftrag dient zum Einstieg in die Problematik des Krümmungsverhaltens und der Wendepunkte eines Funktionsgraphen.

a) Die Erfahrungen der Schüler und Schülerinnen beim Radfahren beim Fahren von Kurven und dem Lenken werden auf die Funktionsgraphen übertragen und Zusammenhänge zwischen Funktion und Ableitung bezüglich Linkskurve, Rechtskurve, Wendepunkt und dem Steigen und Fallen der 1. Ableitung können erarbeitet werden.

b) Die Übertragung auf weitere Funktionen sichert das Ergebnis aus Teilaufgabe **a)** ab.

19

3. Maximale Änderungsrate

Punkt 1: Die Beschleunigung ist in dem Sekunden-Intervall am größten, in dem sich die Geschwindigkeit am stärksten ändert.

Punkt 2: Der Zug startet in einem Bahnhof und steigert in den ersten 200 s seine Geschwindigkeit, die er bis hin zu 750 s auf eine Geschwindigkeit von 330 $\frac{km}{h}$ erhöht, die dann konstant beibehalten wird.

Punkt 3: Die größte Beschleunigung liegt an dem Zeitpunkt vor, an dem die Geschwindigkeit sich am stärksten ändert, also der Graph am steilsten ansteigt, hier bei ca. 600 s. Die beträgt ca. 400 $\frac{km}{h}$ pro 200 s, also 2 $\frac{km}{h}$ pro s.

1.1 Änderungsverhalten von Funktionen

1.1.1 Extrema und Monotonie

22

2. Für $h > 0$ gilt:

a) $x > 0$

$f(x + h) = (x + h)^2 = x^2 + 2xh + h^2$

$x^2 + 2xh + h^2 > 0$, da $2xh > 0$ und $h^2 > 0$

Die Funktion f ist also monoton steigend für $x > 0$.

b) $x < 0$

$f(x - h) = (x - h)^2 = x^2 - 2xh + h^2$

$x^2 - 2xh + h^2 > x^2 = f(x)$, da $-2xh > 0$ und $h^2 > 0$

Die Funktion f ist also für $x < 0$ monoton fallend.

22

3. Bis etwa 1.30 Uhr fällt der Pegel, steigt dann bis etwa 7.15 Uhr, fällt dann bis etwa 13.30 Uhr und steigt dann wieder. Der Tidenhub beträgt etwa 300 cm.

23

4. **a)** streng monoton wachsend: $\left]-\infty; \frac{2}{3}\right[$

streng monoton fallend: $\left]\frac{2}{3}; \infty\right[$

$H\left(\frac{2}{3} \mid \frac{10}{3}\right)$

b) streng monoton wachsend: $]-\infty; \infty[$
kein Extrempunkt

c) streng monoton wachsend: $]-\infty; -2[$

streng monoton fallend: $\left]-2; \frac{5}{2}\right[$

streng monoton wachsend: $\left]\frac{5}{2}; \infty\right[$

$H\left(-2 \mid \frac{25}{3}\right)$, $T\left(\frac{5}{2} \mid -6{,}8\right)$

d) streng monoton fallend: $]-\infty; -2[$
streng monoton wachsend: $]-2; \infty[$
$T(-2 \mid -8)$

e) streng monoton wachsend: $\left]0; \frac{\pi}{2}\right[$

streng monoton fallend: $\left]\frac{\pi}{2}; \frac{3\pi}{2}\right[$

streng monoton wachsend: $\left]\frac{3\pi}{2}; 2\pi\right[$

$H\left(\frac{\pi}{2} \mid 1\right)$, $T\left(\frac{5}{2}\pi \mid -1\right)$

f) streng monoton wachsend: $]-\infty; 0[$
streng monoton fallend: $]0; \infty[$
keine Extrempunkte

5. **a)** $f(x) = \begin{cases} -x^3 & \text{für } x \le 0 \\ 0 & \text{für } 0 < x \le 2 \\ (x-2)^3 & \text{für } x > 2 \end{cases}$

b) Nein, denn sonst würde ein x_0 aus dem Intervall existieren mit $f(x_1) >$ bzw. $< f(x_0)$ und $f(x_2) >$ bzw. $< f(x_0)$ für $x_1 < x_0 < x_2$ und x_1, x_2 aus $]a; b[$. Das ist ein Widerspruch zur Definition der Monotonie.

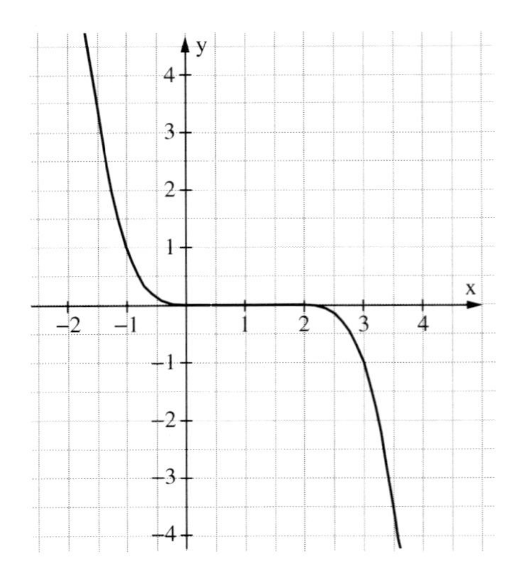

6. Streng monoton wachsend: $[-4; -2]$; $[1; 3]$
Streng monoton fallend: $[3; 4]$
Monoton wachsend: $[-4; 3]$
Monoton fallend: $[-2; 1]$; $[3; 4]$

23

7. **a)** Der Graph zu $y = x^3$ wird um 1 nach links verschoben, mit $\frac{1}{5}$ gestreckt, um 2 nach unten verschoben. f ist also streng monoton wachsend auf $]-\infty; \infty[$.

b) Die Normalparabel zu $y = x^2$ wird um 3 nach links verschoben.
f ist also streng monoton fallend: $]-\infty; -3[$.
f ist also streng monoton wachsend: $]-3; \infty[$.

8. **a)** Für $h > 0$ gilt:
$f(x + h) = -2 \cdot (x + h) + 5 = -2x - 2h + 5 = f(x) - 2h < f(x)$
f ist also streng monoton fallend.

b) Für $h > 0$ gilt:
(1) Für $x \geq 0$ gilt:
$$f(x + h) = (x + h)^4 = x^4 + 4x^3h + 6x^2h^2 + 4xh^3 + h^4$$
$$= f(x) + 4x^3h + 6x^2h^2 + 4xh^3 > f(x)$$
f ist also streng monoton wachsend für $x \geq 0$.
(2) Für $x \leq 0$ gilt:
$$f(x - h) = (x - h)^4 = x^4 - 4x^3h + 6x^2h^2 - 4xh^3 + h^4$$
$$= f(x) - 4x^3h + 6x^2h^2 - 4xh^3 > f(x)$$
f ist also streng monoton fallend für $x \leq 0$.

c) Für $h > 0$ gilt:
$f(x + h) = 2^{x+h} = 2^x \cdot 2^h > 2^x = f(x)$ $(2^h > 1$, da $h > 0)$
f ist also streng monoton wachsend.

9. **a)** Der Graph ist eine um 3 nach links verschobene Normalparabel. Für $x \leq -3$ ist f streng monoton fallend, für $x \geq -3$ streng monoton wachsend. Extremstelle ist $x = -3$. Tiefpunkt $T(-3 \mid 0)$.

b) Scheitelpunkt der nach unten geöffneten Parabel ist $S(2 \mid 4)$. Für $x \leq 2$ ist f streng monoton wachsend; für $x \geq 2$ streng monoton fallend. Somit ist $H(2 \mid 4)$ Hochpunkt.

c) Der Graph geht aus dem zu $y = x^4$ durch Strecken mit dem Faktor $\frac{1}{4}$ und Verschieben um 4 nach unten hervor. Somit ist f für $x \leq 0$ streng monoton fallend und für $x \geq 0$ streng monoton wachsend. $T(0 \mid -4)$ ist Tiefpunkt.

10. Falsch, denn z. B. ist $-3 < 0$, aber $f(-3) = 10 > -2 = f(0)$.

11. Die Extremstelle liegt bei $x = -1$.
Zum Monotonieverhalten müssen zwei Fälle betrachtet werden:
Fall 1: Hochpunkt bei -1 (nach unten geöffnete Parabel)
f ist für $x \leq -1$ streng monoton wachsend und für $x \geq -1$ streng monoton fallend.

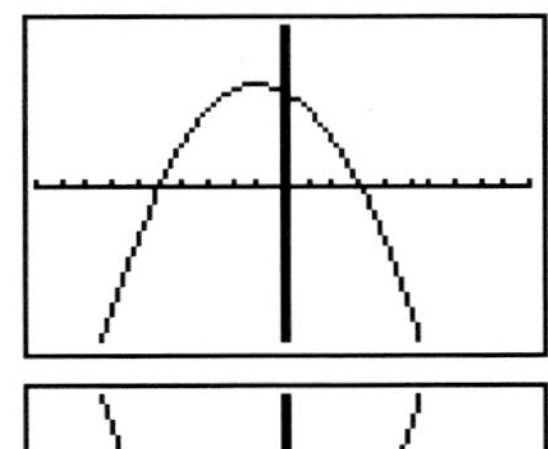

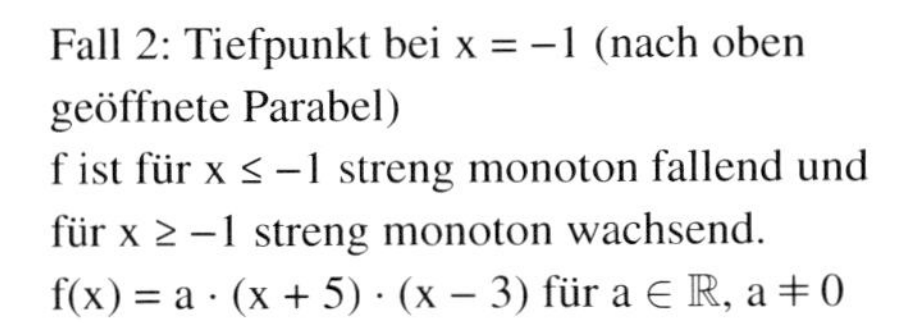

Fall 2: Tiefpunkt bei $x = -1$ (nach oben geöffnete Parabel)
f ist für $x \leq -1$ streng monoton fallend und für $x \geq -1$ streng monoton wachsend.
$f(x) = a \cdot (x + 5) \cdot (x - 3)$ für $a \in \mathbb{R}, a \neq 0$

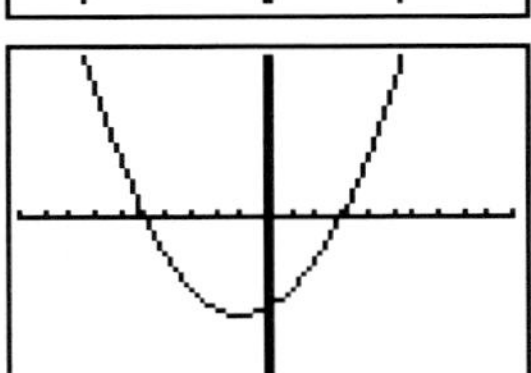

23

12. a) Der Graph von f wird um c Einheiten parallel zur y-Achse verschoben, also hat der Graph von g den Tiefpunkt $T(x_0 \mid g(x_0))$.

b) Der Graph von f wird an der x-Achse gespiegelt, also hat der Graph von g den Hochpunkt $H(x_0 \mid g(x_0))$.

c) *1. Fall:* $a > 0$

Der Graph von f wird gestreckt, also hat der Graph von g den Tiefpunkt $T(x_0 \mid g(x_0))$.

2. Fall: $a < 0$

Der Graph von f wird an der x-Achse gespiegelt und dann gestreckt, also hat der Graph von g den Hochpunkt $H(x_0 \mid g(x_0))$.

13. a) $T(5 \mid -175)$ Tiefpunkt; $H(-3 \mid 81)$ Hochpunkt

b) $H(0 \mid -1)$ Hochpunkt; $T\left(\frac{16}{13} \mid -\frac{2075}{27}\right) \approx T(1{,}23 \mid -76{,}85)$ Tiefpunkt

c) $H(-13{,}7 \mid 351{,}1)$ Hochpunkt; $T(0{,}39 \mid -0{,}12)$ Tiefpunkt

1.1.2 Untersuchung auf Monotonie und Extrema mithilfe der 1. Ableitung

27

4. Alle Funktionen mit $f(x) = c$ mit $c \in \mathbb{R}$ erfüllen diese Bedingung. f ist dann sowohl monoton steigend als auch monoton fallend.

5. a) (1)

Für $x < 2$ ist f streng monoton fallend.
Für $x > 2$ ist f streng monoton wachsend.
Wenn f streng monoton fallend ist, ist $f'(x) < 0$.
Wenn f streng monoton wachsend ist, ist $f'(x) > 0$.
Die Steigung im Extrempunkt ist 0.

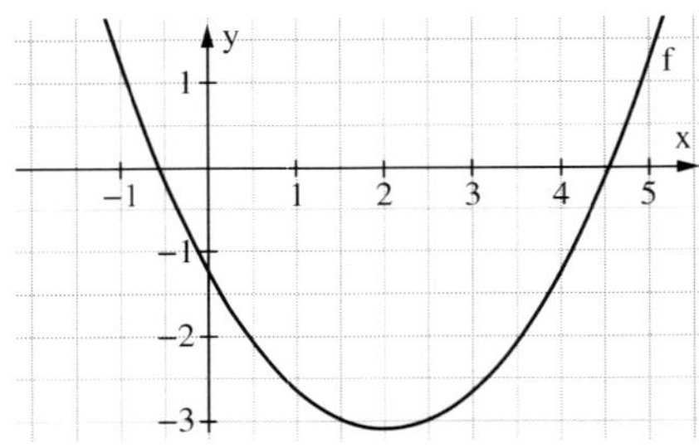

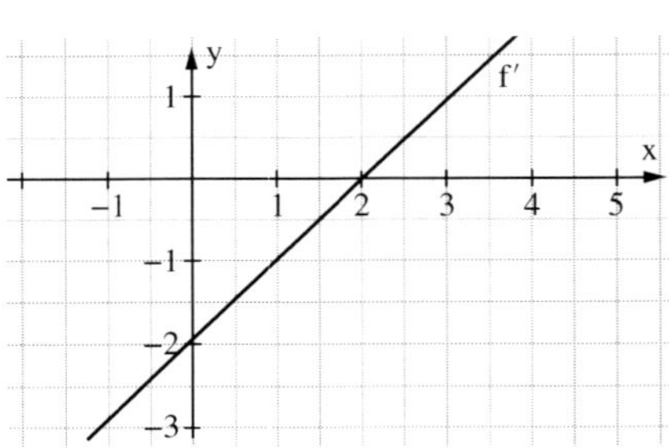

27

5. a) (2)

Für $x < -1{,}25$ und $x > 2{,}75$ ist f monoton wachsend.
Für $-1{,}25 < x < 2{,}75$ ist f monoton fallend.
Wenn f streng monoton wachsend ist, ist $f'(x) > 0$.
Wenn f streng monoton fallend ist, ist $f'(x) < 0$.
Die Steigung im Hochpunkt bei $x = -1{,}25$ und im Tiefpunkt bei $x = 2{,}75$ ist gleich 0.

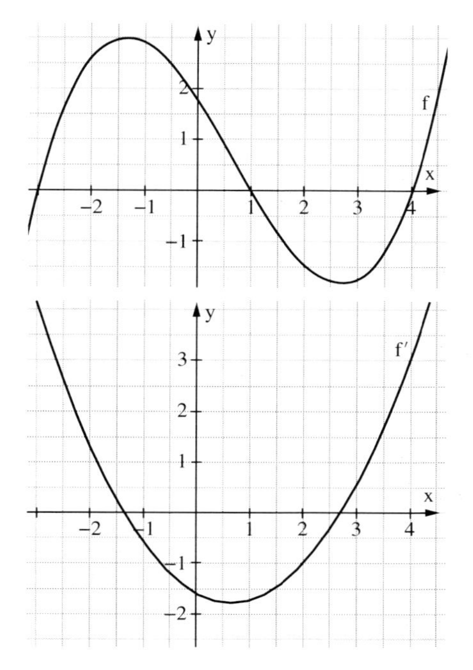

b) (1) (2)

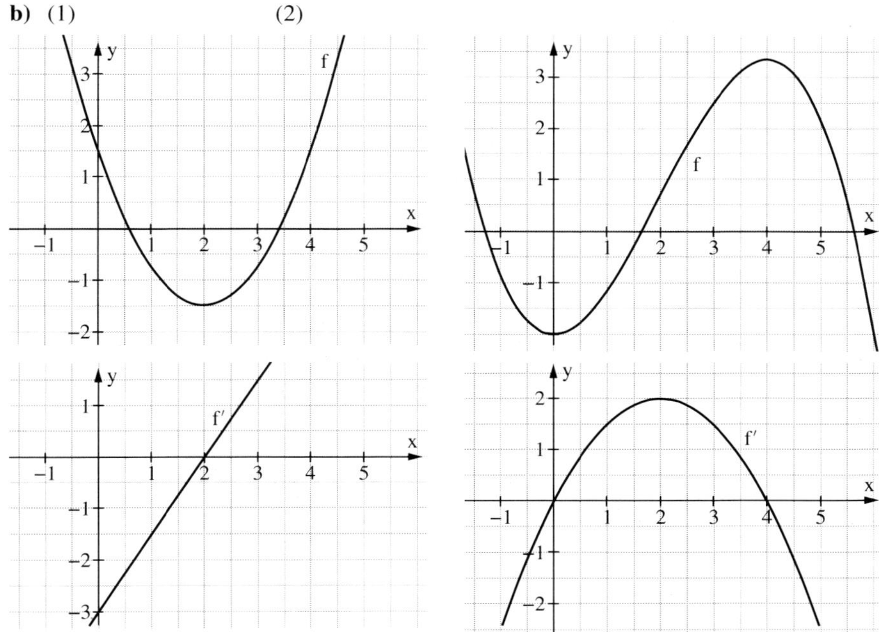

Wenn $f'(x) > 0$ ist, ist f (streng) monoton wachsend.
Wenn $f'(x) < 0$ ist, ist f (streng) monoton fallend.

28

6. (1) (2)

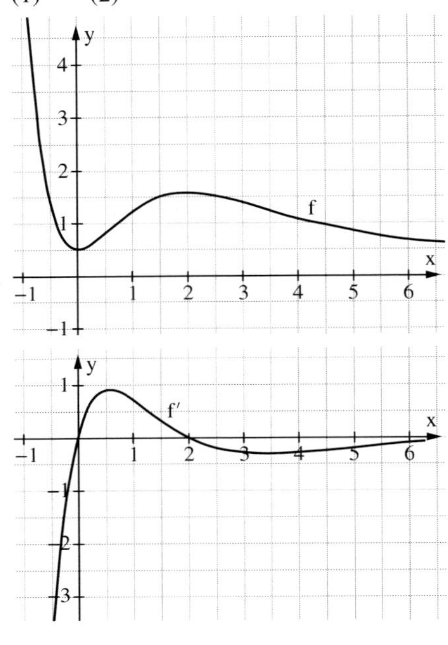

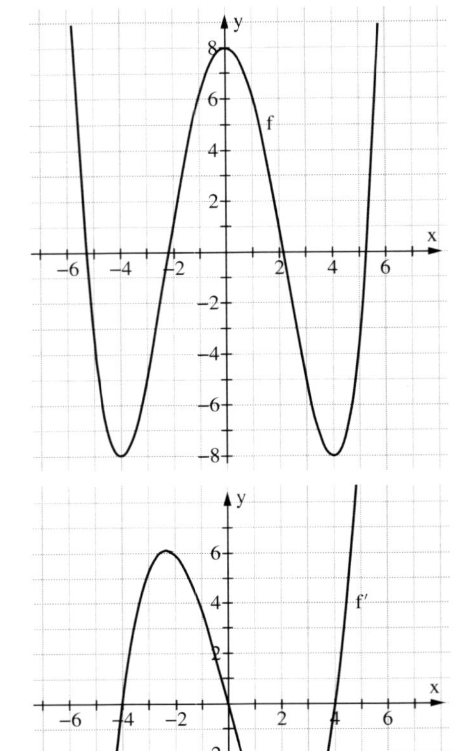

7. (1) Falsch, denn $f'(0)$ und $f'(4)$ sowie $f'(x) > 0$ für $0 \le x \le 4$.

(2) Richtig, der Graph steigt im Intervall]0; 4[.

(3) Falsch, denn $f'(4) = 0$; $f'(5) < 0$.

(4) Richtig, erkennbar am Graphen.

28

8. a)

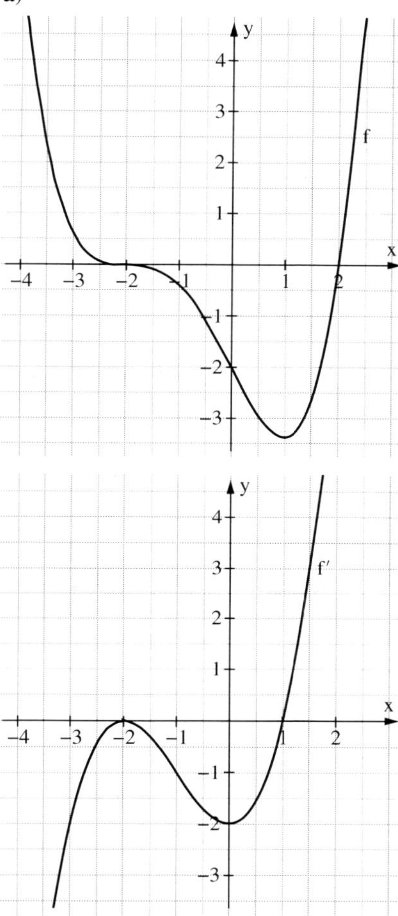

b)

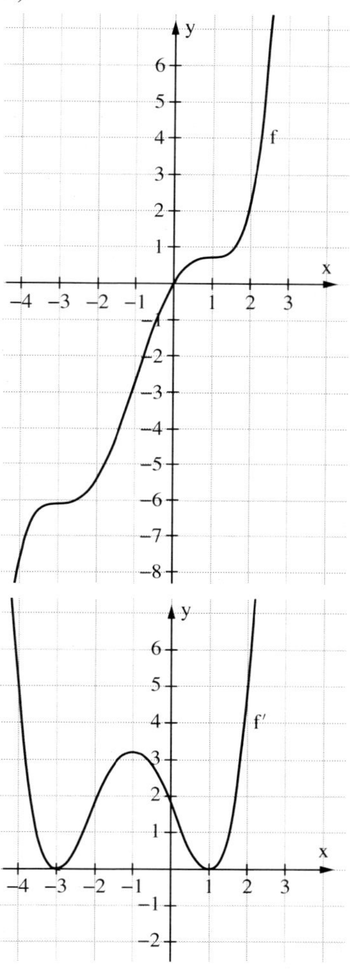

c)

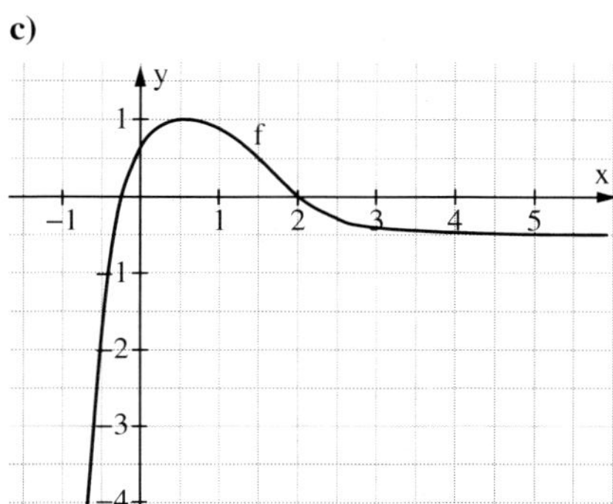

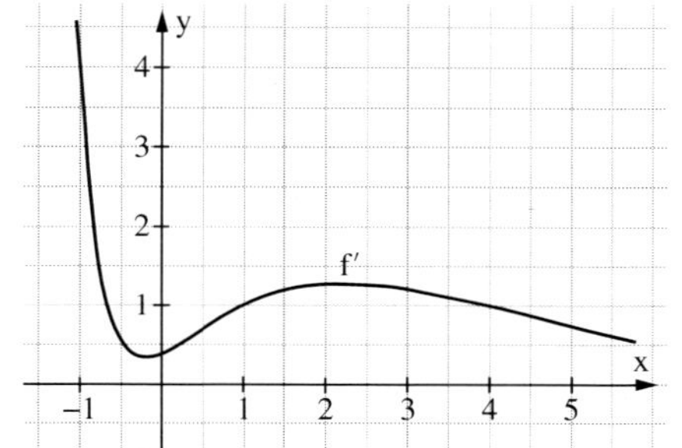

28

9. a) Falsch: Für $f(x) = x^3$ gilt auf ganz $\mathbb{R}$: $f'(x) \geq 0$ und f ist monoton wachsend und sogar streng monoton wachsend.

b) Falsch: Für $f(x) = x^3$ gilt auf ganz $\mathbb{R}$: f ist monoton wachsend, aber es gilt: $f'(0) = 0$.

10. a) An der Stelle $x = -2$.

b) An den Stellen $x = 2$ und bei $x = -3$.

c) An der Stelle $x = 2$.

d) An den Stellen $x = 1$ und $x = 0$ und $x = -4$.

29

11. a) Es gilt $f'(x) = \frac{1}{2}$. Damit kann die Bedingung für ein Extremum ($f'(x) = 0$) nicht erfüllt werden.

b) $f'(x) = 3x^2 + 6$
$f'(x)$ hat keine Nullstellen, also kann die Bedingung für ein Extremum ($f'(x) = 0$) nicht erfüllt werden.

c) $f'(x) = x^4 + 11x^2 + 18$
$f'(x)$ hat keine Nullstellen, die Bedingung für ein Extremum ($f'(x) = 0$) kann nicht erfüllt werden.

12. a) Stelle 0: ja
Stelle 2: nein

b) Stelle 0: nein
Stelle −1: nein

c) Stelle 0: nein
Stelle 1: nein

d) Stelle 0: nein
Stelle $\frac{\pi}{2}$: ja
Stelle π: nein

e) Stelle 1: nein
Stelle −2: nein

f) Stelle 1: ja
Stelle 2: nein

13. a) Bei $x = 3$ einen Hochpunkt und bei $x = 4$ einen Tiefpunkt.

b) Bei $x \approx -0{,}80$ einen Tiefpunkt, bei $x \approx 0{,}55$ einen Hochpunkt und bei $x \approx 2{,}25$ einen Tiefpunkt.

c) Bei $x = -3$ einen Hochpunkt und bei $x = 1$ einen Tiefpunkt.

14. Zur Funktion f:
Die Aussage ist nicht ganz richtig. Zwar ist die Steigung von $x = 2$ positiv, aber ebenso gilt $f(x) \to \infty$ für $x \to \infty$. Somit ist $P(2 \mid 0)$ ein Sattelpunkt.
Zur Funktion g:
Hier hat sie sich nur bei den Nullstellen der Ableitung verrechnet. Die zweite ist $x = \frac{1}{3}$. Somit ist $H(0 \mid 0)$ Hochpunkt und $T(\frac{1}{3} \mid -\frac{1}{27})$ Tiefpunkt. Die Argumentation ist ansonsten korrekt.

29

15.

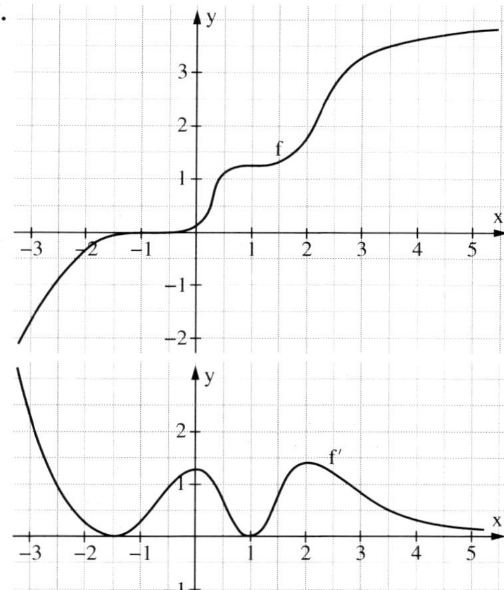

16.

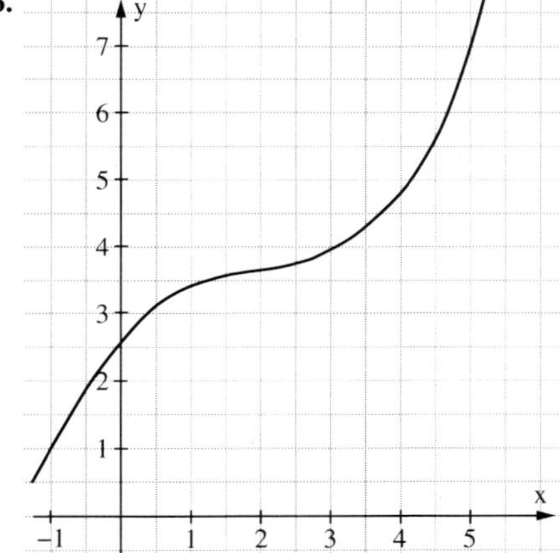

17. (1) Richtig, denn $f'(x) > 0$ für $x \in [-4; 4]$.

(2) Falsch, denn $f'(0) = 2{,}5 \neq 0$.

(3) Falsch, denn f ist streng monoton wachsend in $[-4; 4]$.

(4) Richtig, denn f' schneidet $y = 1$ genau zweimal.

29

18. Bei x = 6 ist ein Tiefpunkt. Es gibt mindestens einen weiteren Hochpunkt bei $H'(10 \mid 4)$.
Möglicher Funktionsgraph:

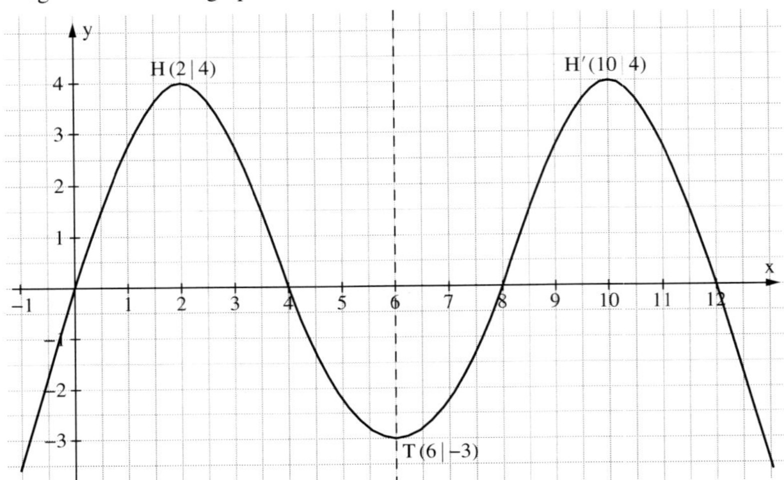

19. Tiefpunkte: $T_1(4 \mid -5)$; $T_2(-1 \mid -2)$

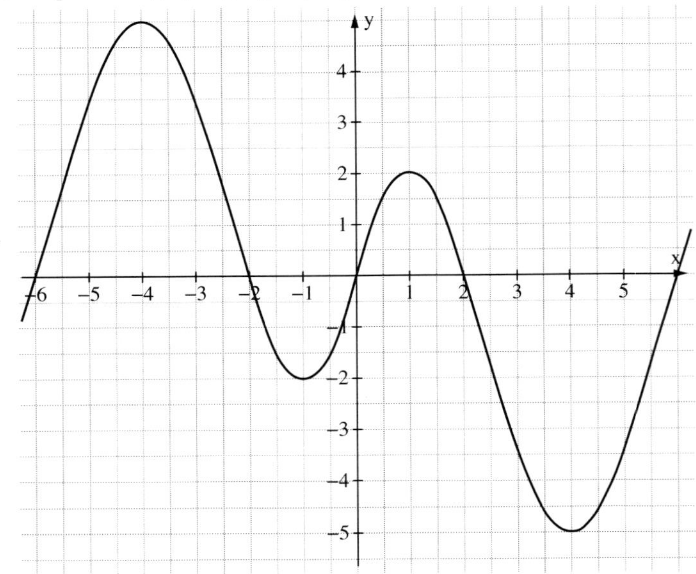

1.1.3 Das NEWTON-Verfahren zur Bestimmung von Nullstellen

30

Schülerreferat

Blickpunkt: Stetigkeit und Differenzierbarkeit

34

1. $\lim\limits_{x \to x_0} f(x)$ existiert nicht, da die Annäherung von links bzw. rechts zu verschiedenen Werten führt.

2. a) $f(x) = \begin{cases} -x & \text{für } x < -1 \\ 1 & \text{für } -1 \le x < 1 \\ x & \text{für } x \ge 1 \end{cases}$

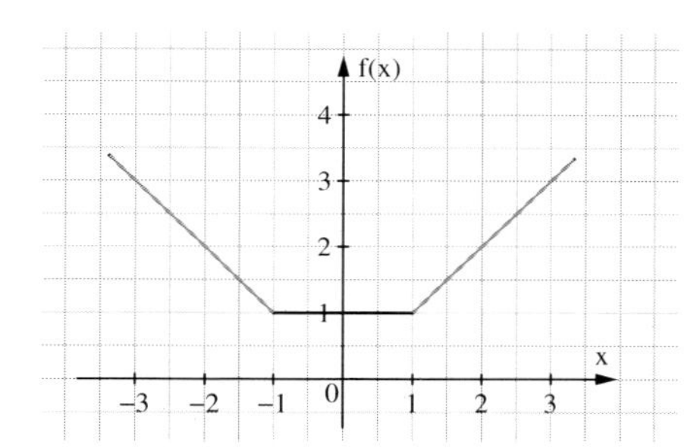

b) Man kann unendlich viele quadratische Terme einbauen, sodass eine stetige Funktion entsteht, nämlich
$a \cdot (x^2 - 1) + 1$.
Für $a = \frac{1}{2}$ ist die Funktion sogar differenzierbar.

$f(x) = \begin{cases} -x & \text{für } x < -1 \\ \frac{1}{2}(x^2 + 1) & \text{für } -1 \le x < 1 \\ x & \text{für } x \ge 1 \end{cases}$

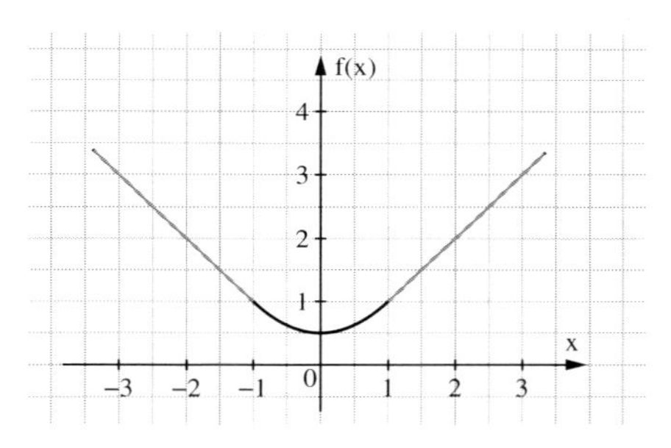

3. Es soll gelten:

$\left| \begin{array}{l} a + b = 1 \\ 2a \quad\;\; = 3 \end{array} \right|$

also $a = \frac{3}{2}$, $b = -\frac{1}{2}$

4. Untersuche Differenzierbarkeit
$x = -3$:
Für $x \le -3$ ist

$\frac{-1{,}5x - 1{,}5(-3)}{x - (-3)} = \frac{-1{,}5(x + 3)}{x + 3} = -1{,}5;$

Für $x > -3$ ist

$\frac{\frac{1}{2}x^2 - \frac{1}{2}(-3)^2}{x - (-3)} = \frac{\frac{1}{2}(x^2 - 9)}{x + 3} = \frac{1}{2}(x - 3).$

Wegen $\lim\limits_{x \to -3} \frac{1}{2}(x - 3) = -3 \neq -1{,}5$ ist f an der Stelle $x = -3$ nicht differenzierbar.

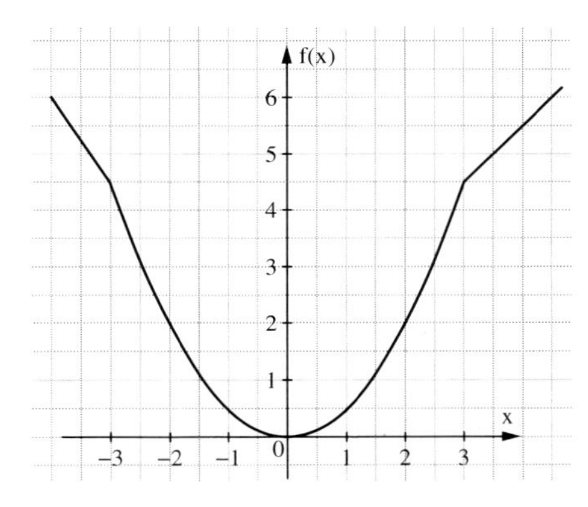

34

4. $x = 3$:

Für $x \leq 3$ ist $\frac{\frac{1}{2}x^2 - \frac{1}{2} \cdot 3^2}{x - 3} = \frac{\frac{1}{2}(x^2 - 9)}{x - 3} = \frac{1}{2}(x + 3)$;

für $x > 3$ ist $\frac{x + 1{,}5 - 3 - 1{,}5}{x - 3} = \frac{x - 3}{x - 3} = 1$.

Wegen $\lim\limits_{x \to 3} \frac{1}{2}(x + 3) = 3 \neq 1$ ist f an der Stelle $x = 3$ nicht differenzierbar.

Damit ist f auf $\mathbb{R} \setminus \{-3; 3\}$ differenzierbar.

Untersuche Stetigkeit

$x = -3$:

Wegen $\lim\limits_{x \to -3} -1{,}5x = \lim\limits_{x \to -3} \frac{1}{2}x^2 = 4{,}5$ ist f stetig bei $x = -3$.

$x = 3$:

Wegen $\lim\limits_{x \to 3} \frac{1}{2}x^2 = \lim\limits_{x \to 3} x + 1{,}5 = 4{,}5$ ist f stetig bei $x = 3$.

Damit ist f auf $\mathbb{R}$ stetig.

5. a) Damit $\lim\limits_{x \to 3} f(x)$ existiert, muss $3 + 2 = 3^2 + t$ erfüllt sein. Damit: $t = -4$

Für $x > 3$ ist $\frac{x + 2 - (3 + 2)}{x - 3} = 1$;

für $x < 3$ ist $\frac{x^2 - 4 - (3^2 - 4)}{x - 3} = x + 3$.

Wegen $\lim\limits_{x \to 3} x + 3 \neq 1$ ist f in $x = 3$ nicht differenzierbar.

b) Damit $\lim\limits_{x \to t} f(x)$ existiert, muss $(t - t)^2 = 2t - t$ erfüllt sein. Damit: $t = 0$

Für $x > 0$ ist $\frac{x^2 - 0^2}{x - 0} = x$;

Für $x < 0$ ist $\frac{2x - 2 \cdot 0}{x - 0} = 2$.

Wegen $\lim\limits_{x \to 0} x \neq 2$ ist f in $x = 0$ nicht differenzierbar.

6. a) **Fehler in der 1. Auflage.** Es muss $-\frac{s}{2}x^2$ heißen.

Stetigkeit in $x = 2$

$2 - t \cdot 2 = -\frac{s}{2} \cdot 2^2$, also $2s - 2t = -2$

Differenzierbarkeit in $x = 2$

$-t = -\frac{s}{2} \cdot 2 \cdot 2$, also $2s - t = 0$, also $s = 1$; $t = 2$

b) Stetigkeit in $x = 2$

$\frac{1}{2} \cdot 2^3 = s \cdot 2^2 + t$, also $4s + t = 4$

Differenzierbarkeit in $x = 2$

$\frac{3}{2} 2^2 = 2s \cdot 2$, also $4s = 6$, also $s = \frac{3}{2}$; $t = -2$

c) Stetigkeit in $x = \pi$: $\sin \pi = s\pi + t$, also $\pi s + t = 0$

Differenzierbarkeit in $x = \pi$: $\cos \pi = s$, also $s = -1$, also $s = -1$; $t = \pi$

34

7. Die gesuchte Funktion f muss folgende Eigenschaften erfüllen:
Der Graph von f verläuft durch (0 | 0) und hat dort die Steigung 0,5,
d. h. $f(0) = 0$ und $f'(0) = 0{,}5$.
Der Graph von f verläuft durch (−1,5 | −1) und hat dort die Steigung 1,
d. h. $f(-1{,}5) = -1$ und $f'(-1) = 1$.
Da vier Bedingungen erfüllt werden müssen, muss ein Ansatz für ein kubische Funktion mit vier Koeffizienten gemacht werden:
$f(x) = ax^3 + bx^2 + cx + d$, also
$f'(x) = 3ax^2 + 2bx + c$.
Dies ergibt ein lineares Gleichungssystem mit vier Gleichungen und vier Variablen:
$f(0) = 0$: $d = 0$; $f'(0) = 0{,}5$: $c = \frac{1}{2}$
Diese Werte kann man direkt bei den beiden nächsten Gleichungen einsetzen:
$f(-1{,}5) = -1$: $-\frac{27}{8}a + \frac{9}{4}b - \frac{3}{2} \cdot \frac{1}{2} + 0 = -1$;
$f'(-1{,}5) = 1$: $\frac{27}{4}a - 3b + \frac{1}{2} = 1$, also

$$\left| \begin{array}{l} -\frac{27}{8}a + \frac{9}{4}b = -\frac{1}{4} \\ \frac{27}{4}a - 3b = \frac{1}{2} \end{array} \right|$$

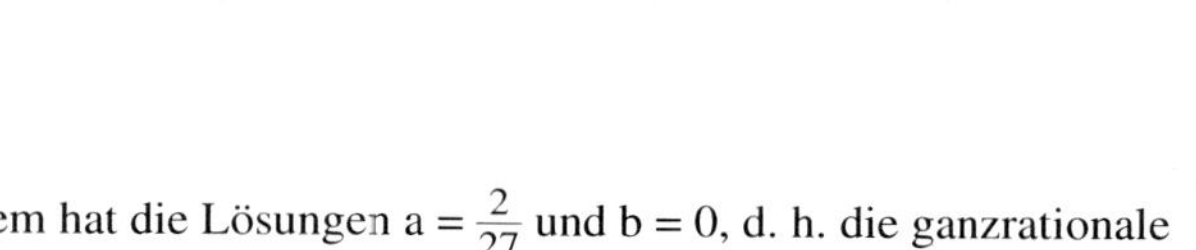

Dieses Gleichungssystem hat die Lösungen $a = \frac{2}{27}$ und $b = 0$, d. h. die ganzrationale Funktion 3. Grades mit $f(x) = \frac{2}{27}x^3 + \frac{1}{2}x$ erfüllt die gewünschten Bedingungen.

1.2 Linkskurve, Rechtskurve – Wendepunkte – 2. Ableitung

40

3. $f(x) = x^3$; $f'(x) = 3x^2$; $f''(x) = 6x$
Grafische Betrachtung liefert einen Wendepunkt bei $x = 0$. Ebenso die Betrachtung von f''. Dieser Wendepunkt ist zugleich auch Extrempunkt. Man nennt diesen Punkt auch Sattelpunkt.

4. **a)** Bis zur Stelle 5 ist das Lenkrad nach links, nach der Stelle 5 bis zur Stelle 13 nach rechts und nach der Stelle 9 wieder nach links eingeschlagen.

b) An den Stellen 2 und 10 hat der Graph waagerechte Tangenten; somit hat der Ableitungsgraph dort Nullstellen. Bis zur Stelle 2 fällt der Graph, weswegen der Ableitungsgraph im Negativen verläuft. Ab der Stelle 2 ist er monoton steigend. Deswegen verläuft der Ableitungsgraph dort nicht unterhalb der x-Achse.

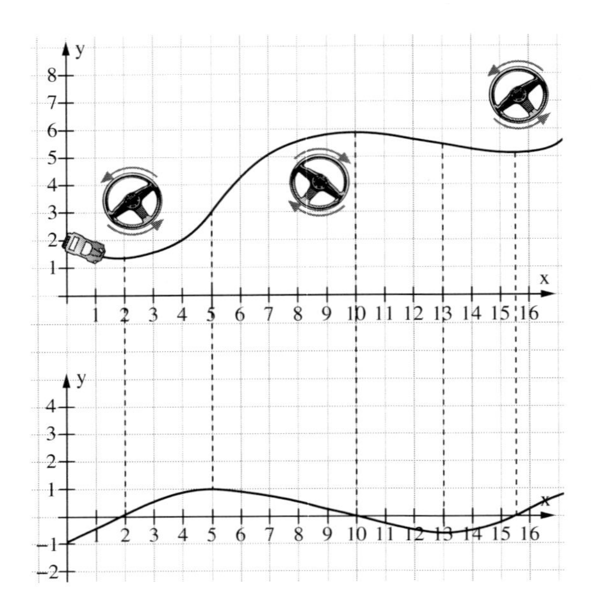

c) Vermutung: Der Ableitungsgraph hat Extrempunkte an den Stellen, an denen der Lenkradeinschlag von links nach rechts bzw. von rechts nach links wechselt. Steigt der Ableitungsgraph, ist das Lenkrad nach links eingeschlagen. Fällt der Ableitungsgraph, ist das Lenkrad nach rechts eingeschlagen.

d) Überprüfung der Vermutung am Beispiel der Funktion f mit $f(x) = x^3$:
Für die Ableitung dieser Funktion gilt $f'(x) = 3x^2$. Der Graph der Funktion f ist rechtsgekrümmt bis zur Stelle 0, der Graph der Ableitungsfunktion f' fällt in diesem Bereich. Ab

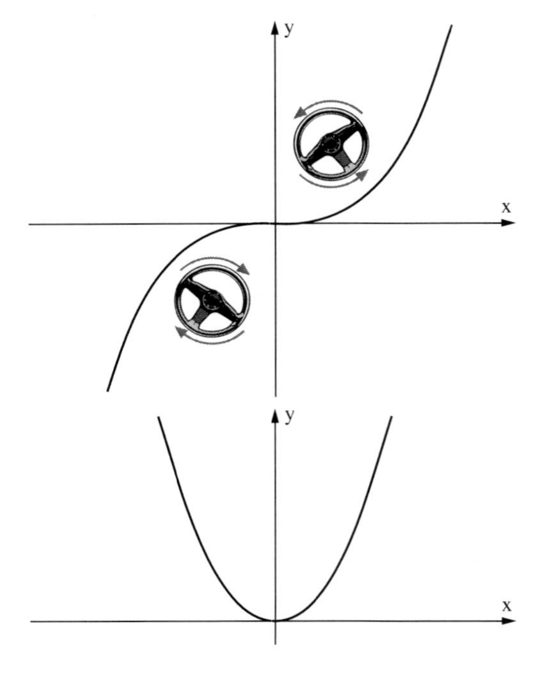

40

4. der Stelle 0 ist der Graph der Funktion f linksgekrümmt, der Graph der Ableitungsfunktion f′ steigt in diesem Bereich.
Am Übergang von der Rechts- zur Linkskrümmung hat der Graph der Ableitung ein Minimum. Die Vermutung konnte also für dieses Beispiel bestätigt werden.

5. **a)** $f'(x) = 3x^2$; $f''(x) = 6x$
b) $f'(x) = 4x^3 - 3$; $f''(x) = 12x^2$
c) $f'(x) = -\frac{1}{x^2}$; $f''(x) = \frac{2}{x^3}$
d) $f'(x) = 3x^2 - \frac{1}{x^2}$; $f''(x) = 6x + \frac{2}{x^3}$
e) $f'(x) = 1$; $f''(x) = 0$
f) $f'(x) = 2x$; $f''(x) = 2$
g) $f'(x) = \cos(x)$; $f''(x) = -\sin(x)$
h) $f'(x) = 0$; $f''(x)$ existiert nicht

6. **a)** $f(x) = \frac{3}{10}x^5 + ax + b;\ a, b \in \mathbb{R}$
b) $f(x) = \frac{1}{30}x^6 + ax + b;\ a, b \in \mathbb{R}$
c) $f(x) = \frac{1}{12}x^4 - \frac{1}{6}x^3 + ax + b;\ a, b \in \mathbb{R}$
d) $f(x) = -\frac{1}{2}x^2;\ a, b \in \mathbb{R}$
e) $f(x) = \frac{1}{6}x^3 + ax + b;\ a, b \in \mathbb{R}$
f) $f(x) = \frac{1}{2}x^2 + ax + b;\ a, b \in \mathbb{R}$
g) $f(x) = ax + b;\ a, b \in \mathbb{R}$
h) $f(x) = \frac{1}{30}x^6 - \frac{1}{20}x^5 + \frac{1}{12}x^4 + \frac{1}{2}x^2 + ax + b;\ a, b \in \mathbb{R}$

7. **a)** Linkskurve: $]0; \infty[$
Rechtskurve: $]-\infty; 0[$
b) Linkskurve: $\left]-\infty; -\frac{1}{\sqrt{3}}\right[$; $\left]\frac{1}{\sqrt{3}}; \infty\right[$
Rechtskurve: $\left]-\frac{1}{\sqrt{3}}; \sqrt{3}\right[$
c) Linkskurve: $]2; \infty[$
Rechtskurve: $]-\infty; 2[$
d) Der Graph ist eine nach oben geöffnete Parabel, die auf ganz $\mathbb{R}$ linksgekrümmt ist.

41

8. **a)** $f'(x) = x^2 - 1$; $f''(x) = 2x$
Da $x = 0$ Nullstelle von $f''(x)$ ist, ist $W(0 \mid 0)$ Wendepunkt.
Rechtskurve: $]-\infty; 0[$; Linkskurve: $]0; \infty[$
b) $f'(x) = -6x - 2$; $f''(x) = -6$
Der Graph der Funktion hat keinen Wendepunkt.
Rechtskurve: $]-\infty; \infty[$
c) $f'(x) = x^3 - x$; $f''(x) = 3x^2 - 1$
Nullstellen von f'': $x = \frac{1}{\sqrt{3}}$ und $x = -\frac{1}{\sqrt{3}}$
Damit die Wendepunkte: $W_1\left(\frac{1}{\sqrt{3}} \mid -\frac{5}{36}\right)$, $W_2\left(-\frac{1}{\sqrt{3}} \mid -\frac{5}{36}\right)$
Linkskurve: $\left]-\infty; -\frac{1}{\sqrt{3}}\right[$; $\left]\frac{1}{\sqrt{3}}; \infty\right[$
Rechtskurve: $\left]-\frac{1}{\sqrt{3}}; \frac{1}{\sqrt{3}}\right[$

41

8. d) $f'(x) = 4x^3 - 2$; $f''(x) = 12x^2$
Nullstelle von f'': $x = 0$; aber keine Wendepunkte im Sinne der Definition
Linkskurve: $]-\infty; \infty[$

e) $f'(x) = -3$; $f''(x) = 0$
Arbeitet man hier nach der Definition von Rechts- und Linkskurve, so ist der ganze Graph sowohl Rechts- als auch Linkskurve. Somit ist gemäß Definition jeder Punkt des Graphen Wendepunkt.

f) $f'(x) = 3(x - 1)^2$; $f''(x) = 6(x - 1)$
Nullstelle von f'': $x = 1$, damit ist $W(1 \mid 0)$ Wendepunkt.
Linkskurve: $]1; \infty[$; Rechtskurve: $]-\infty; 1[$

9. Die Ableitungen sind richtig bestimmt außer $f''(x) = 30x^4$. Das Problem ist hier, dass nicht jede Nullstelle der 2. Ableitung eine Wendestelle liefert.
Arbeitet man hier mit der Definition der Wendepunkte, so erkennt man, dass der ganze Graph eine Linkskurve ist; somit kann auch kein Wendepunkt vorliegen. $O(0 \mid 0)$ ist in diesem Fall ein Tiefpunkt.

10. $f'(x) = 4x^3 - 1$; $f''(x) = 12x^2$
Extrempunkt: Tiefpunkt: $T(0{,}63 \mid -0{,}47)$
An der Stelle $x = 0$ hat die zweite Ableitung zwar eine Nullstelle, aber wie man am Verlauf des Graphen erkennt, liegt kein Wendepunkt vor. An dieser Stelle hat der Graph die Steigung -1.

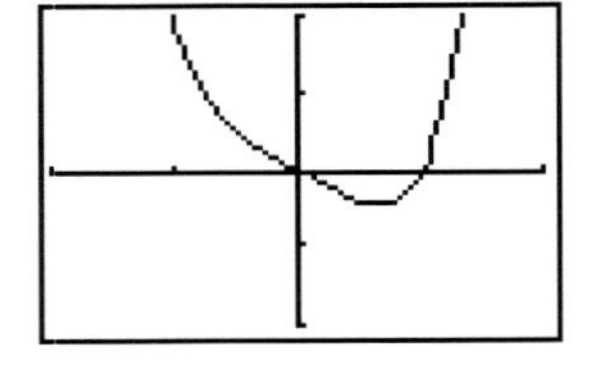

11. a) Der Graph der 1. Ableitung f' hat drei mit Vorzeichenwechsel bei $-3{,}8$; $0{,}6$; $2{,}8$.
Extremstellen: $x_1 \approx -3{,}8$; $x_2 \approx 0{,}6$; $x_3 \approx 2{,}8$. Die Wendestellen der Ausgangsfunktion entsprechen den Extremstellen der Ableitungsfunktion.
$x_1 = -3$; $x_2 = -1$; $x_3 = 0$; $x_4 = 2$

b)

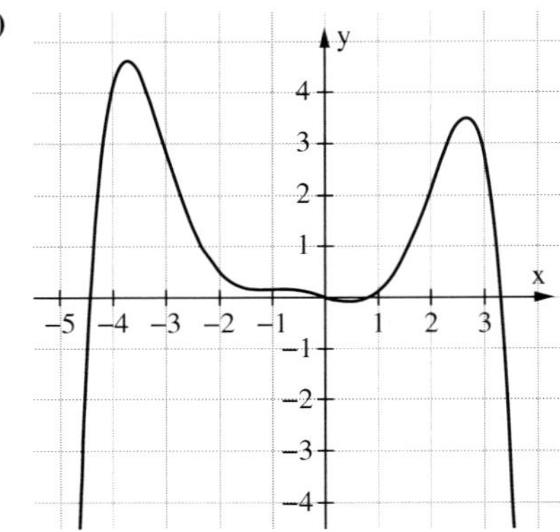

41

12. a) Wendepunkte an der Stelle x = 1.
Über Extrempunkte lässt sich nichts aussagen, da sie durch einen möglichen konstanten Term in der Ableitung beeinflusst werden, der beim Ableiten wegfällt.
(0; 1; 2 Extrempunkte möglich.)
Möglicher Funktionsgraph
(hier für $f(x) = -\frac{1}{6}x^3 + \frac{1}{2}x^2$):

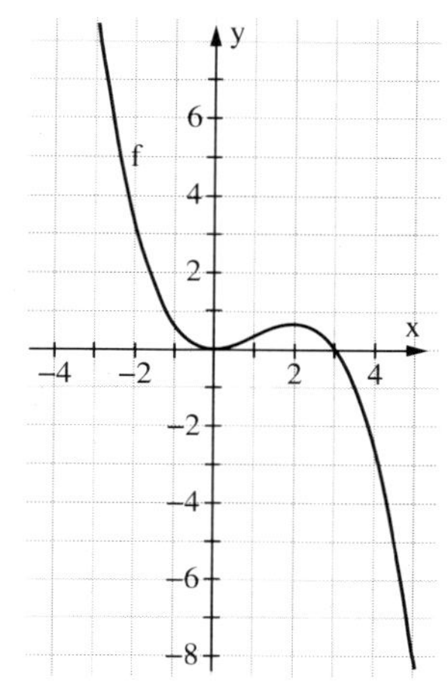

b) Wendepunkte bei x = 1 und x = −1, über die Extrempunkte lässt sich mit derselben Argumentation wie oben nichts aussagen, außer dass mindestens einer existiert, denn die Ableitung ist 3. Grades.
Möglicher Funktionsgraph
(hier für $f(x) = \frac{1}{12}x^4 - \frac{1}{2}x^2$):

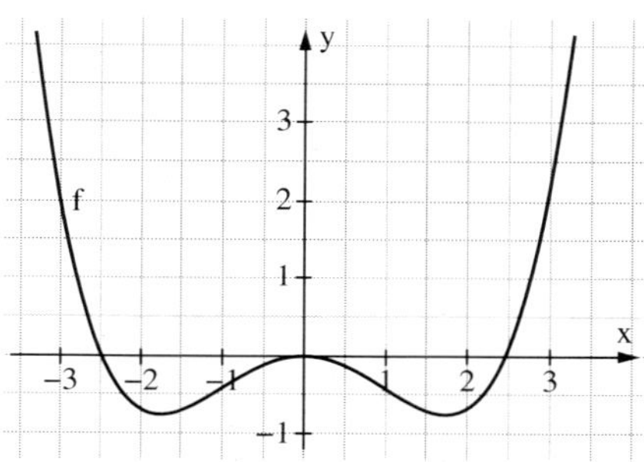

13. a)

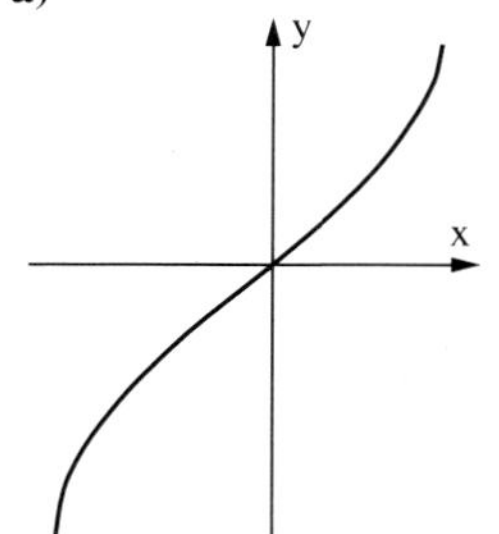

b)

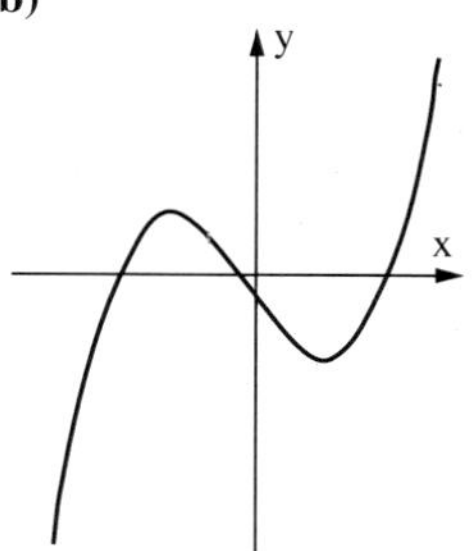

c)

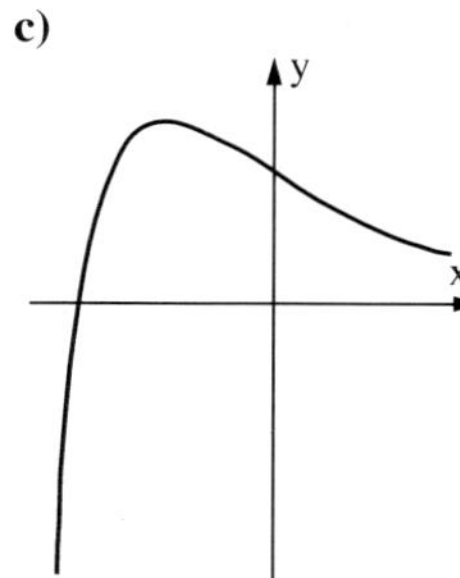

d)

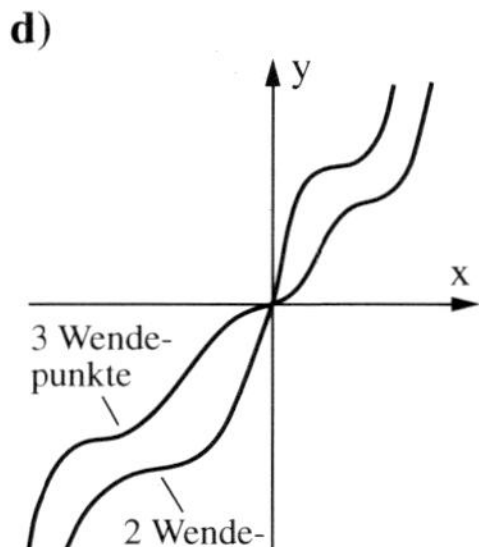

e)

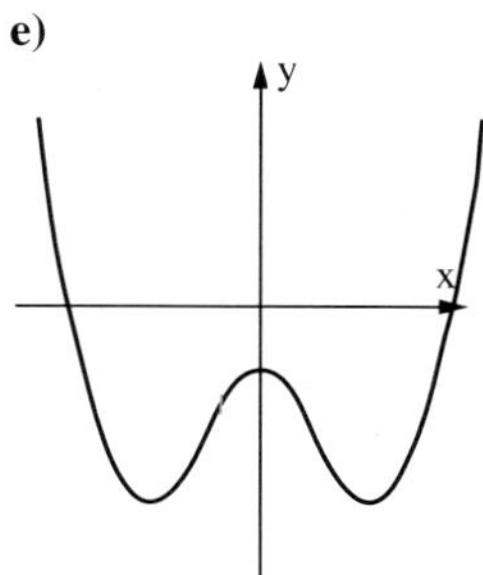

f)

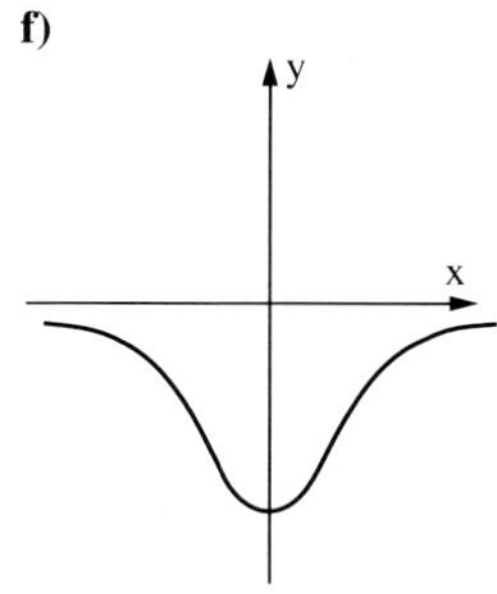

g) Beispiele solcher Funktionen sind alle nach oben geöffneten quadratischen Parabeln.

1.3 Kriterien für Extrem- und Wendepunkte

1.3.1 Kriterien für Extremstellen

46

3. **a)** $f(x) = x^4$ besitzt einen Tiefpunkt bei $x = 0$, aber wegen $f''(x) = 12x^2$ ist $f''(0) = 0$.
Die Behauptung „x_e Extremstelle von f, also $f'(x_e) = 0 \wedge f''(x_e) \neq 0$" ist also falsch.
b) $f'(x) = 4x^3$. Es gilt $f'(x) = 0$ sowie $f'(x) < 0$ für $x < 0$ und $f'(x) > 0$ für $x > 0$. Es liegt eine Nullstelle mit Vorzeichenwechsel vor. Damit ist $x = 0$ Extremstelle.

4. HP: $f'(x) = 0$, $f''(x) < 0$
TP: $f'(x) = 0$, $f''(x) > 0$

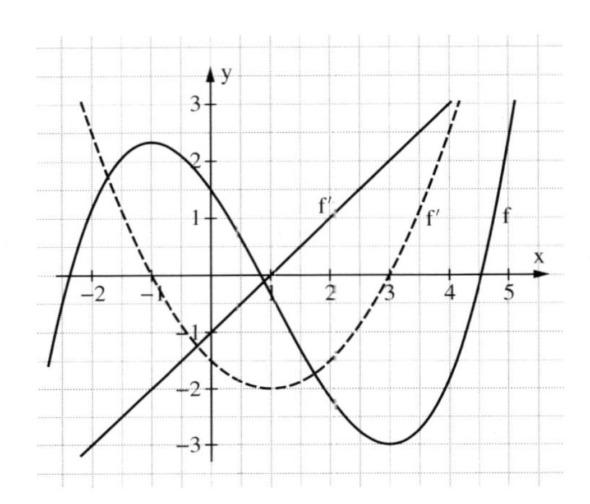

5. **a)** $f'(x) = x^2 - 4$
HP bei $\left(-2 \mid \frac{16}{3}\right)$;
TP bei $\left(2 \mid -\frac{16}{3}\right)$
Nullstellen: $x = 0$; $x = 2\sqrt{3}$; $x = -2\sqrt{3}$

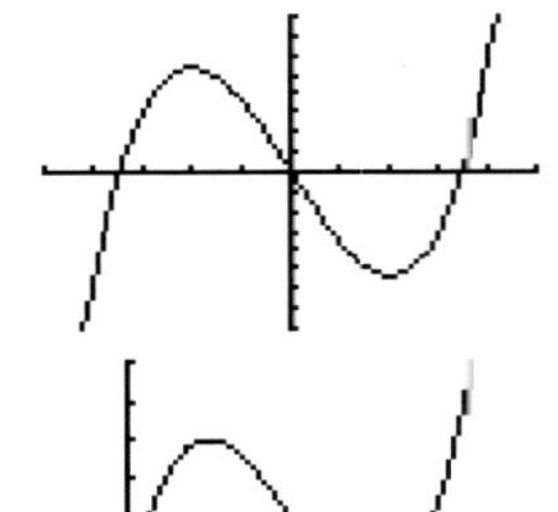

b) $f'(x) = 3x^2 - 12x + 9$
HP bei $(1 \mid 4)$;
TP bei $(3 \mid 0)$
Nullstellen: $x = 3$; $x = 0$

c) $f'(x) = \frac{1}{4}x^4 - 2x$
HP bei $(0 \mid 0)$
TP bei $\left(2 \mid -\frac{12}{5}\right)$
Nullstellen: $x = 0$; $x = \sqrt[3]{20}$

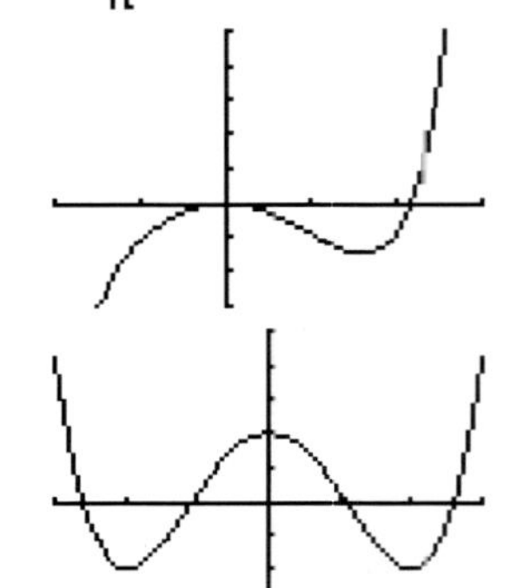

d) $f'(x) = x^3 - 4x$
HP bei $(0 \mid 2)$;
TP bei $(-2 \mid -2)$ und $(2 \mid -2)$
Nullstellen:
$x = \pm\sqrt{2(2 - \sqrt{2})}$; $x = \pm\sqrt{2(2 + \sqrt{2})}$

46

6. **a)** $f'(x) = 0 \Leftrightarrow x = 3$ oder $x = 4$

$f''(x) = x^2 - 7x + 12$

$f''(3) = -1 < 0$, also HP bei $x = 3$

$f''(4) = 1 > 0$, also TP bei $x = 4$

b) $f'(x) = 0 \Leftrightarrow x \approx -0{,}802$ oder $x \approx 0{,}555$ oder $x \approx 2{,}247$

$f''(x) = 3x^2 - 4x - 1$

$f''(-0{,}802) \approx 4{,}137 > 0$, also TP bei $x \approx -0{,}802$

$f''(0{,}555) \approx -2{,}296 < 0$, also HP bei $x \approx 0{,}555$

$f''(2{,}247) \approx 5{,}159 > 0$, also TP bei $x \approx 2{,}247$

c) $f'(x) = 0 \Leftrightarrow x = -3$ oder $x = 1$

$f''(x) = 4x^3 - 12x + 8$

$f''(-3) = -64 < 0$, also HP bei $x = -3$

$f''(1) = 0$: Kriterium versagt

Vorzeichenwechselkriterium: $f'(x) = (x + 3)(x - 1)^3$

f' hat bei $x = 1$ Vorzeichenwechsel von – nach +, also TP bei $x = 1$

7. $f'(x) = 0$

$\Leftrightarrow x = -3$ oder $x = -1$

oder $x = 2$

$f''(-3) > 0$, also TP bei $x = -3$

$f''(-1) < 0$, also HP bei $x = -1$

$f''(2) > 0$, also TP bei $x = 2$

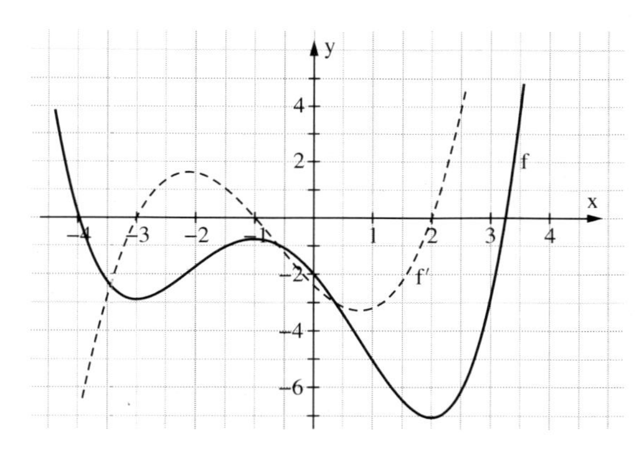

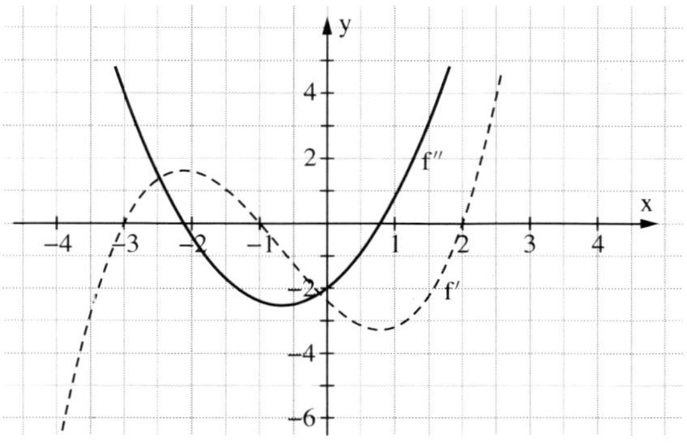

46

8. (1) Falsch, denn z. B. $f'(0) = 0$, da f bei $x = 0$ HP besitzt.
(2) Wahr, denn f besitzt genau 3 Extremstellen.
(3) Falsch, denn f besitzt bei $x = -2$ einen TP. Also hat f′ Vorzeichenwechsel von – nach +.
(4) Falsch, wäre $f''(1) > 0$, dann müsste der Graph dort eine Linkskurve beschreiben. Bei $x = 1$ liegt aber eine Rechtskurve vor.
(5) Wahr, denn f besitzt in [1; 2] einen Wendepunkt.

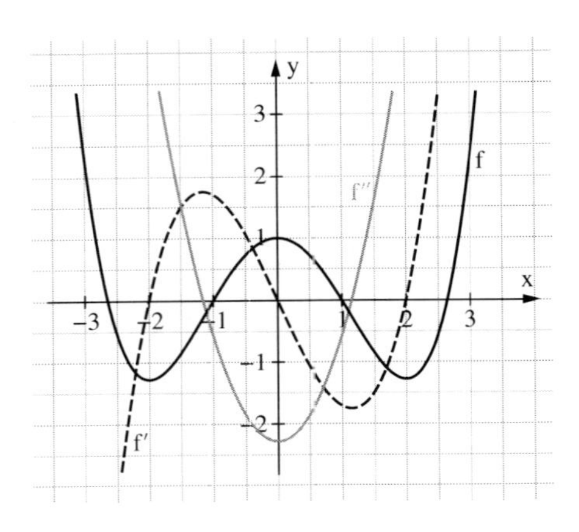

47

9. a) **Fehler;** richtig: $f'(0) = 0$ und $f'(4) = 0$

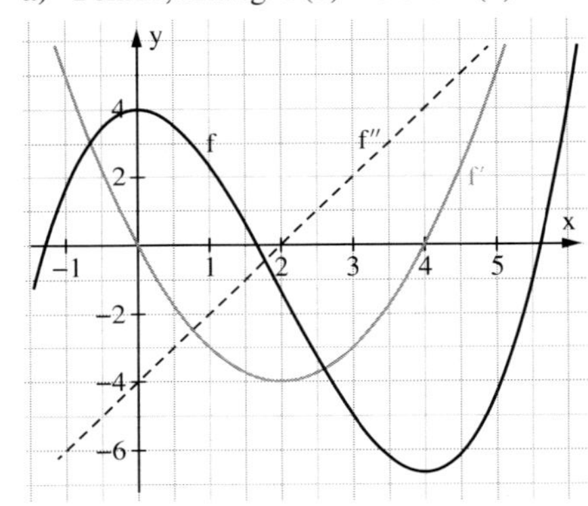

b) $f'(-2) = 0$ und $f'(3) = 0$

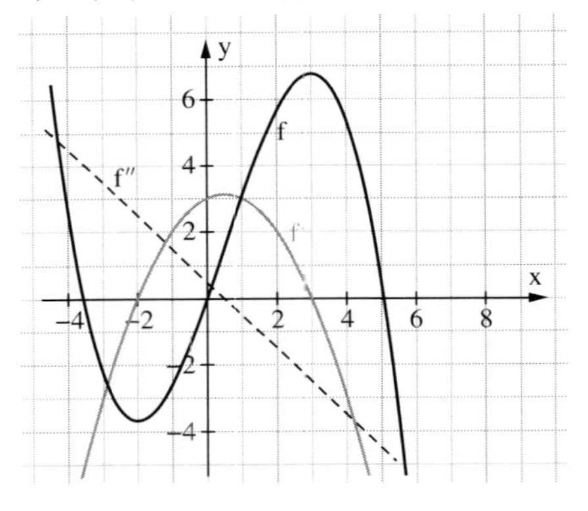

c) **Fehler;** richtig: $f'(-2) = 0$ und $f'(2) = 0$

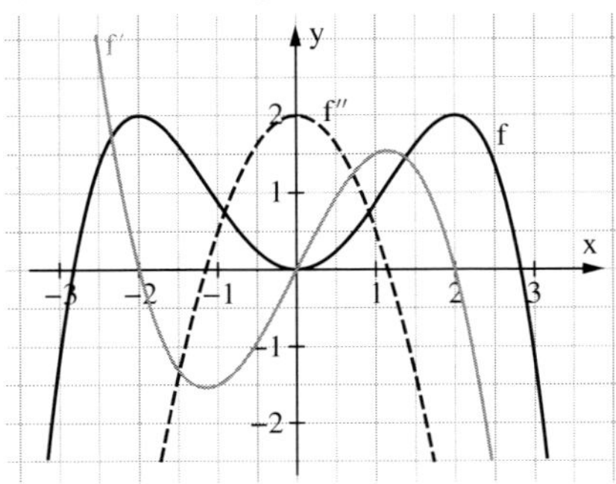

10. a) (1) f′ (2) f″
Extremstellen von (1) sind Nullstellen von (2).

b) f hat waagerechte Tangenten bei den Nullstellen der Ableitung, also $x = -2$; $x = -1$; $x = 2$.
$f''(-2) < 0$, also HP; $f''(2) > 0$, also TP
Bei $x = -1$ hat f′ keinen Vorzeichenwechsel, also Sattelpunkt.

47

11. $f''(-3) > 0$, also TP; $f''(2) < 0$, also HP

12. a) Nein, kein Vorzeichenwechsel von f' an der Stelle x_0.
b) Ja, Vorzeichenwechsel bei x_0.
c) Nein, $f'(x_0) \neq 0$

13. a) $f''(0) = -2 < 0$, also HP
[$f''(0) = 4 > 0$, also TP; $f''(0) = 0$, also keine Aussage]
b)

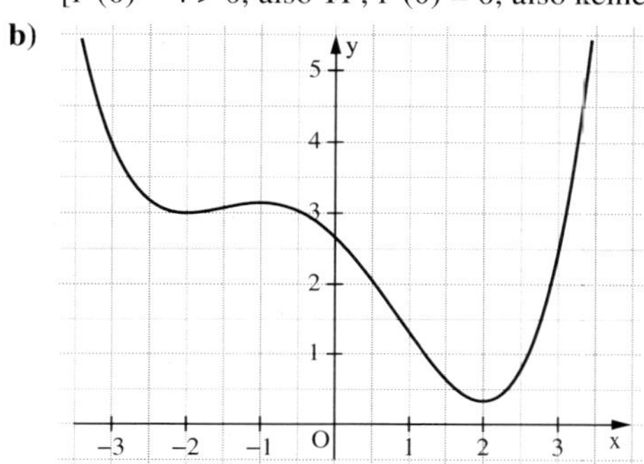

1.3.2 Kriterien für Wendestellen

49

2. Eine Wendestelle ist gemäß Information (2) auf Seite 34 eine Stelle mit minimaler oder maximaler Steigung. Wendet man den Satz über das hinreichende Kriterium für Extremstellen einer Funktion f mithilfe der 2. Ableitung (vgl. S. 42) auf die 1. Ableitung f' an, dann erhält man genau die Aussage der Aufgabenstellung.

3. Wendestelle $x_W = 4$; $f''(4) = 0$ und bei $x = 4$ liegt ein Vorzeichenwechsel von – nach + vor.

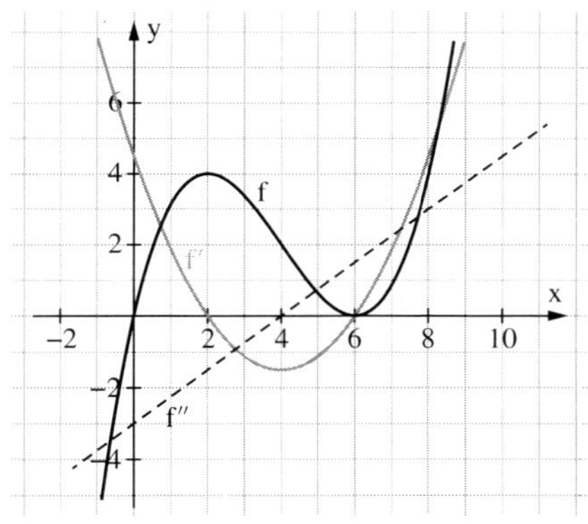

4. a) keine Wendepunkte
b) $W_1(-0{,}196 \mid -0{,}053)$; Steigung hat Maximum
$W_2(0{,}696 \mid -12{,}121)$; Steigung hat Minimum
c) $W\left(\frac{2}{3} \mid \frac{128}{27}\right)$ Steigung hat Minimum
d) $f''(x) = 0 \Leftrightarrow x = 0$
Bei $x = 0$ hat f'' keinen Vorzeichenwechsel, also keinen WP.

49

5. f besitzt Tiefpunkt bei $(1 \mid -3)$
$f''(x) = 0 \Leftrightarrow x = 0$
f'' hat bei $x = 0$ keinen Vorzeichenwechsel, also keinen Wendepunkt.

6. **a)** keine Wendepunkte
b) $W(1 \mid -4)$; Steigung hat Minimum
c) keine Wendepunkte
d) $f''(x) = 12x^2 + 12x + 8$
$f''(x) = 0$ hat keine Lösung, also keine Wendepunkte

7. 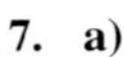 **a)**

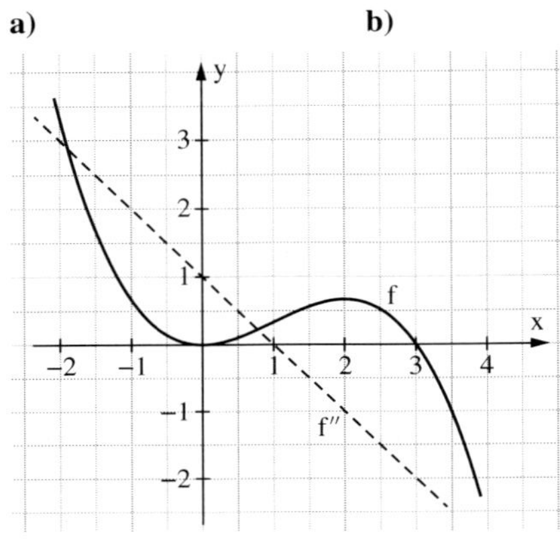

b)

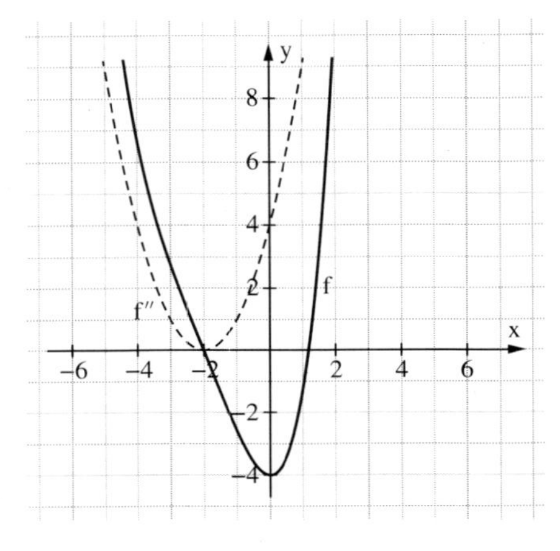

8. (1) Wahr, zwei Extremstellen, die nebeneinander liegen, sind je ein Hoch- und ein Tiefpunkt. In einem Hochpunkt beschreibt der Graph von f eine Rechtskurve, in einem Tiefpunkt eine Linkskurve. Also muss zwischen den Extrempunkten eine Linkskurve in eine Rechtskurve übergehen (oder anders herum). Dort liegt der Wendepunkt.
(2) Wahr (Sätze über notwendiges und hinreichendes Kriterium für Wendestellen)
(3) Falsch, betrachte $f(x) = x^5$ mit Wendepunkt bei $(0 \mid 0)$ in $f'''(0) = 0$.
(4) Falsch, betrachte z. B. $f(x) = \frac{x^5}{5} - \frac{x^3}{3} + 2x$.
(5) Falsch, Gegenbeispiel $f(x) = x^4$
f hat in $x_0 = 0$ einen Tiefpunkt und es gilt $f''(x_0) = 0$.

9. **a)**

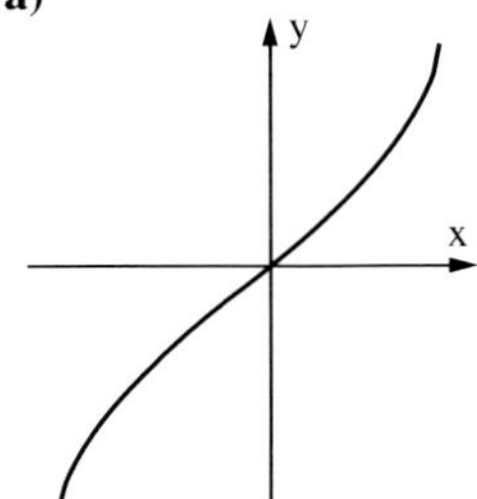

b)

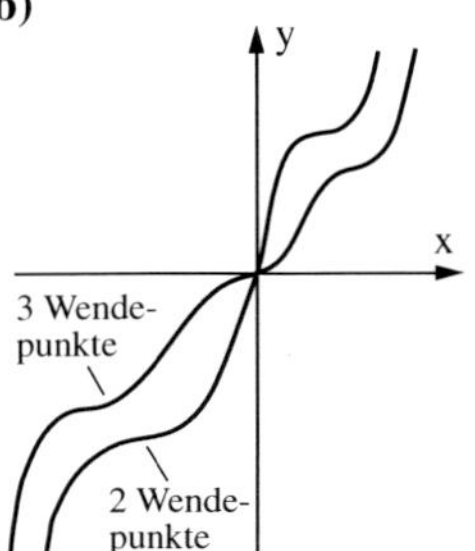

c)

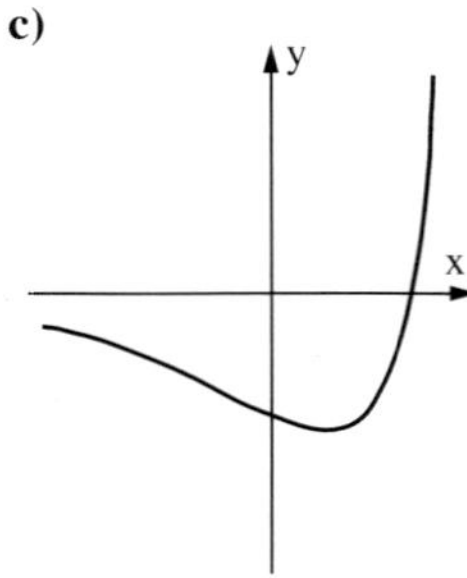

49

9. d)

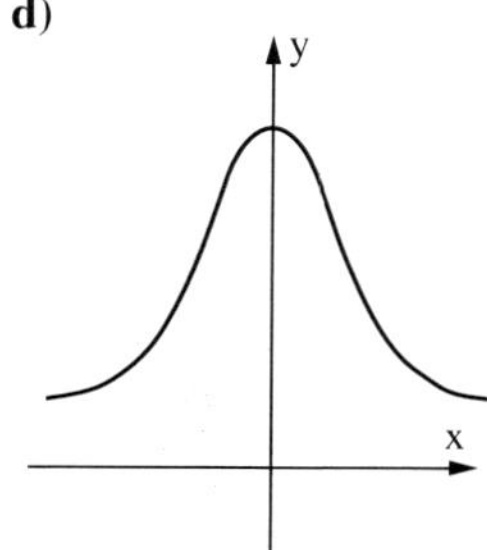

e)

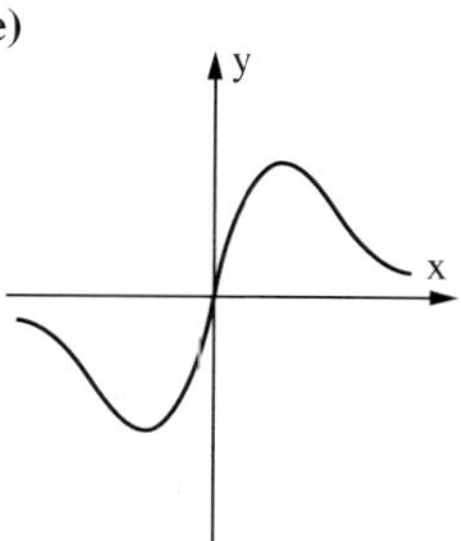

10. a) $f(x) = ax^3 + bx^2 + cx;\ f'(x) = 3ax^2 + 2bx + c;\ f''(x) = 6ax + 2b;\ f'''(x) = 6a$
f'' hat eine Nullstelle bei $\frac{b}{3a}$ mit $f'''\left(\frac{b}{3a}\right) \neq 0$, da $a \neq 0$. Dies ist hinreichend für einen Wendepunkt.

b) Ja, oberhalb z. B. $f(x) = x^4 + x$

50

11. a)

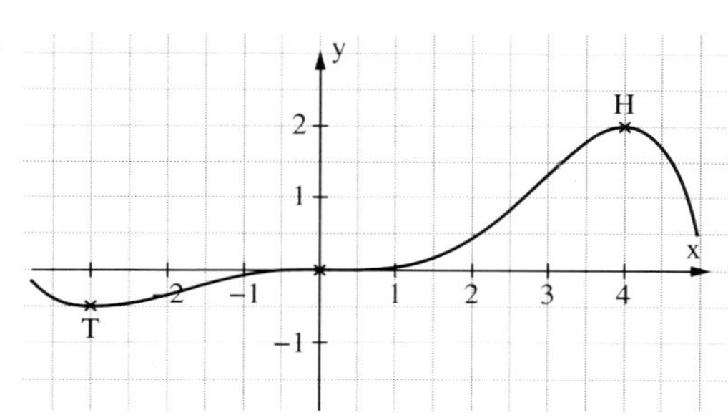

b)

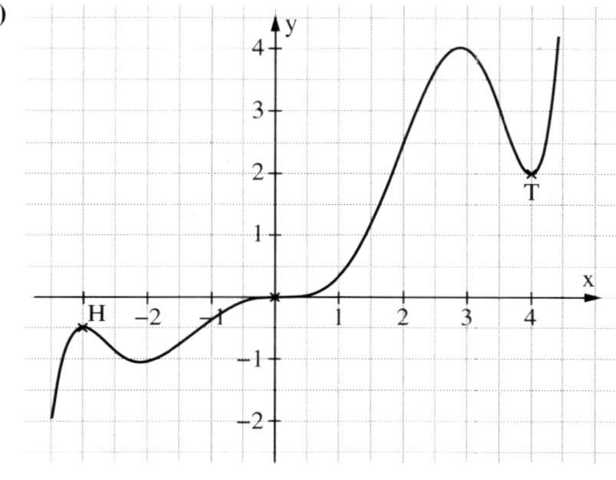

Formuliert man die Bedingungen als ein lineares Gleichungssystem, so ergibt sich als eindeutige Lösung eine ganzrationale Funktion 6. Grades mit den Eigenschaften aus **a)**. Daher ist der Grad der Funktion in **b)** mindestens 7.

50 **12. a)** **b)**

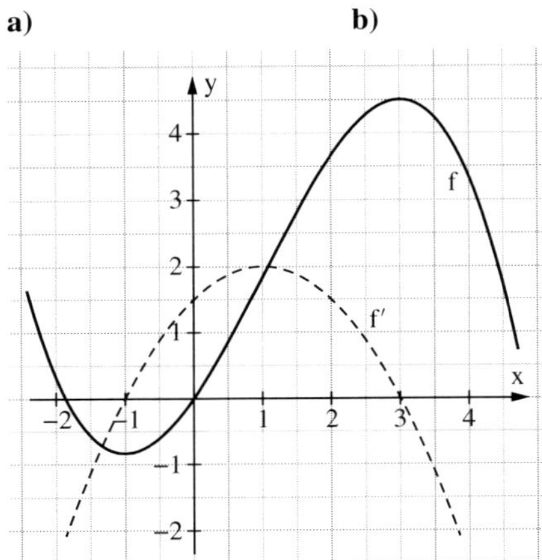

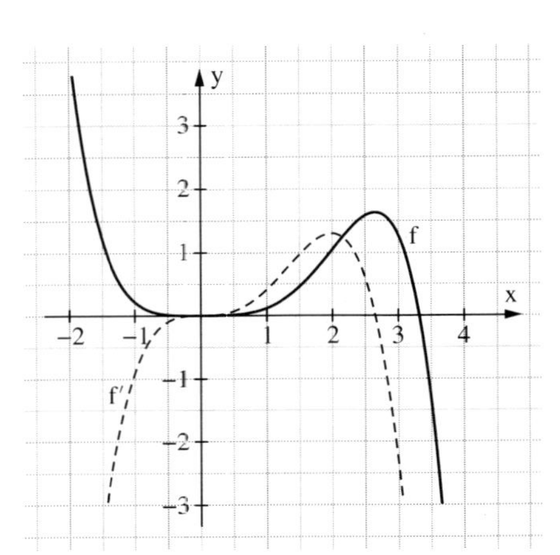

c)

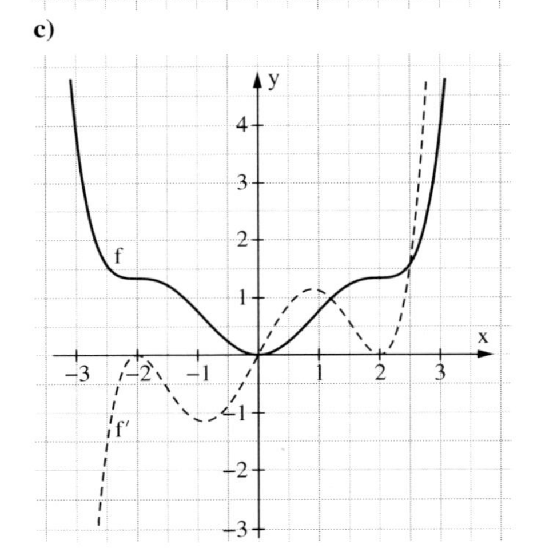

13. (1) TP bei $x = 2$, da $f'(2) = 0$ und Vorzeichenwechsel von – nach +;
keine WP, da f' keine Extremwerte besitzt.
Für $x \to \pm\infty$ gilt $f(x) \to \infty$.

Monotonieintervalle	streng monoton fallend: $]-\infty; 2]$
	streng monoton wachsend: $[2; \infty[$
Krümmungsintervalle	Linkskurve auf $\mathbb{R}$

(2) HP bei $x = 3$, da $f'(3) = 0$ und Vorzeichenwechsel von + nach –;
keine WP, da f' keine Extremwerte besitzt.
Für $x \to \pm\infty$ gilt $f(x) \to -\infty$.

Monotonieintervalle	streng monoton wachsend: $]-\infty; 3]$
	streng monoton fallend: $[3; \infty[$
Krümmungsintervalle	Rechtskurve auf $\mathbb{R}$

(3) TP bei $x = 1$, da $f'(1) = 0$ und Vorzeichenwechsel von – nach +;
HP bei $x = 4$, da $f'(4) = 0$ und Vorzeichenwechsel von + nach –;
WP bei $x = 2{,}5$, da f' bei $x = 2{,}5$ HP besitzt.
Für $x \to -\infty$ gilt $f(x) \to \infty$; für $x \to \infty$ gilt $f(x) \to -\infty$.

50

13. Monotonieintervalle: streng monoton fallend: $]-\infty; 1]$; $[4; \infty[$
streng monoton wachsend: $[1; 4[$
Krümmungsintervalle: Linkskurve: $]-\infty; 2{,}5[$
Rechtskurve: $]2{,}5; \infty[$

(4) HP bei $x = 1$, da $f'(1) = 0$ und Vorzeichenwechsel von + nach –;
TP bei $x = 4$, da $f'(4) = 0$ und Vorzeichenwechsel von – nach +;
WP bei $x = 2{,}5$, da f' bei $x = 2{,}5$ TP besitzt.
Für $x \to -\infty$ gilt $f(x) \to -\infty$; für $x \to \infty$ gilt $f(x) \to \infty$.
Monotonieintervalle: streng monoton wachsend: $]-\infty; 1]$; $[4; \infty[$
streng monoton fallend: $[1; 4]$
Krümmungsintervalle: Rechtskurve: $]-\infty; 2{,}5[$
Linkskurve: $]2{,}5; \infty[$

(5) TP bei $x \approx -4{,}7$, HP bei $x = -3$; TP bei $x = -1$;
WP bei $x = -4$ und $x \approx -1{,}8$.
Für $x \to -\infty$ gilt $f(x) \to \infty$; für $x \to \infty$ gilt $f(x) \to -\infty$.
Monotonieintervalle: streng monoton fallend: $]-\infty; -4{,}7]$; $[-3; -1[$
streng monoton wachsend: $[-4{,}7; -3]$; $[-1; \infty[$
Krümmungsintervalle: Linkskurve: $]-\infty; -4]$; $[-1{,}8; \infty[$
Rechtskurve: $[-4; -1{,}8]$

(6) Sattelpunkt bei $x = 1$; HP bei $x = 5$; WP bei $x \approx 3{,}6$.
Für $x \to -\infty$ gilt $f(x) \to -\infty$; für $x \to \infty$ gilt $f(x) \to \infty$.
Monotonieintervalle: streng monoton wachsend: $]-\infty; 5]$
streng monoton fallend: $[5; \infty[$
Krümmungsintervalle: Rechtskurve: $]-\infty; 1[$; $]3{,}6; \infty[$
Linkskurve: $]1; 3{,}6[$

14. (1) Falsch. f' hat zwar drei Nullstellen, aber bei $x = 1$ liegt ein Sattelpunkt vor, da es keinen Vorzeichenwechsel gibt.
(2) Richtig. f' hat mindestens 3 Extremstellen.
(3) Falsch. Es gilt $f'(0) = -1$. Die Steigung der Winkelhalbierenden ist 1.
(4) Falsch. Man kann den Graphen f so weit nach oben verschieben, dass f auf $]-2; 5[$ positiv ist.

51

15. a) $f'(x) = 3x^2 - 8x + 5$; $f''(x) = 6x - 8$
$\left(\frac{4}{5} \mid -\frac{137}{27}\right)$ ist Wendepunkt aber kein Sattelpunkt.

b) $f'(x) = 4x^3 - 12x^2$; $f''(x) = 12x^2 - 24x$
$(0 \mid 8)$ ist Sattelpunkt, $(2 \mid -8)$ ist Wendepunkt.

c) $f'(x) = 4x^3 + 6x^2 - 24x + 24$; $f''(x) = 12x^2 + 12x - 24$
$(-2 \mid -72)$ und $(1 \mid 39)$ sind Wendepunkte.

d) $f'(x) = 3x^2 - 12x$; $f''(x) = 6x - 12$
$(2 \mid -16)$ ist Wendepunkt.

e) $f'(x) = 15x^4 - 40x^3 + 60$; $f''(x) = 60x^3 - 120x^2$
$(2 \mid 44)$ ist Wendepunkt.

f) $f'(x) = 2x + \frac{1}{x^2}$; $f''(x) = 2 - \frac{2}{x^3}$
$(1 \mid 0)$ ist Wendepunkt.

51

16. $f'(x) = 5x^4 - 40x^3 + 120x^2 - 160x$
$f''(x) = 20x^3 - 120x^2 + 240x - 160$
$f'''(x) = 60x^2 - 240x + 240$
Einsetzen liefert: $f''(2) = f'''(2) = 0$.
Aus $f''(x_0) = f'''(x_0) = 0$ folgt nicht, dass kein Wendepunkt vorliegt. Betrachte z. B. $f(x) = x^5$

17. a) Extrema bei $x = 2$, $x = -1$, Sattelpunkt bei $x = 0$, WP bei $x \approx -0{,}75$, $x \approx 1{,}5$.
b)
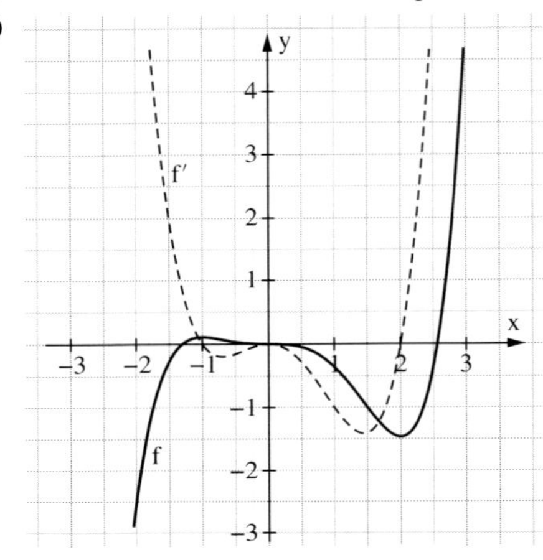

18. (1) Wahr; vgl. Schülerband S. 55 (2)
(2) Wahr; vgl. Schülerband S. 45
(3) Wahr; vgl. Schülerband S. 45
(4) Falsch; betrachte $f(x) = x^5$
(5) Falsch; vgl. S. 49 Aufgabe 8 (4)
(6) Falsch; betrachte $f(x) = x^4$ mit $x_0 = 0$
(7) Wahr; betrachte $f(x) = ax^3 + bx^2 + cx + d$
$f'(x) = 3ax^2 + 2bx + c$
$f''(x) = 6ax + 2b$
$f'''(x) = 6a \neq 0$
$f''(x) = 0 \Leftrightarrow x = -\frac{b}{3a}$; $f'''-\left(\frac{b}{3a}\right) = 6a \neq 0$, also besitzt f bei $x = -\frac{b}{3a}$ eine Wendestelle.
(8) Falsch; betrachte die Funktion $f(x) = \frac{x^6}{6} - 5x^4 + 2x^2$

19. (1) – (B) Lage der Wendepunkte
(2) – (C) Symmetrieeigenschaften, Lage der Wendepunkte
(3) – (D) Lage der Wendepunkte
(4) – (A) Lage der Wendepunkte

1.3.3 Anwenden der Kriterien zur Untersuchung von Funktionen

55

2. **Fehler** in der 1. Auflage; richtig: $x^3 - 2x^2 - x + 2$

1. Globalverlauf:
Da es sich um einen Graphen einer ganzrationalen Funktion 3. Grades handelt und das Vorzeichen der höchsten im Funktionsterm auftretenden Potenz von x (also x^3) positiv ist, gilt: $\lim\limits_{x \to -\infty} f(x) = -\infty$ und $\lim\limits_{x \to +\infty} f(x) = +\infty$

2. Nullstellen:
Am Graphen der Funktion f erkennt man, dass er drei Nullstellen hat:
$x_1 = -1$; $x_2 = +1$; $x_3 = +2$

3. Monotonie, Hoch- und Tiefpunkte:
Aus der Grafik entnehmen wir, dass der Graph einen Hochpunkt und einen Tiefpunkt hat.
Untersuchung der notwendigen Bedingung:
Die zugehörigen Stellen finden wir mithilfe der notwendigen Bedingung $f'(x) = 0$.
Dem Graphen von f' entnehmen wir, dass tatsächlich zwei Nullstellen der 1. Ableitung existieren.
Es gilt: $f'(x) = 3x^2 - 4x - 1$. Die notwendige Bedingung ist erfüllt für
$x_{e1} = \frac{2 - \sqrt{7}}{3} \approx -0{,}215$ und für $x_{e2} = \frac{2 + \sqrt{7}}{3} \approx 1{,}549$.
Untersuchung einer hinreichenden Bedingung:
Zum Nachweis, dass tatsächlich an den Stellen x_{e1} und x_{e2} Hoch- bzw. Tiefpunkte vorliegen, muss überprüft werden, ob eine hinreichende Bedingung erfüllt ist. Dies kann durch Untersuchung des Monotonieverhaltens entschieden werden oder mithilfe der 2. Ableitung.
Es gilt: $f''(x) = 6x - 4$. Einsetzen ergibt:
$f''(x_{e1}) < 0$, d. h. an der Stelle x_{e1} liegt ein Hochpunkt, und
$f''(x_{e2}) > 0$, d. h. an der Stelle x_{e2} liegt ein Tiefpunkt.
Funktionswerte der Extremwerte:
Einsetzen, beispielsweise in die Linearfaktorzerlegung des Funktionsterms, ergibt:
$f(x_{e1}) \approx 2{,}11$ und $f(x_{e2}) \approx -0{,}63$

4. Krümmung und Wendepunkte:
Aus der Grafik entnehmen wir, dass der Graph einen Wendepunkt hat.
Untersuchung der notwendigen Bedingung:
Die zugehörige Stelle finden wir mithilfe der notwendigen Bedingung $f''(x) = 0$. Dem Graphen von f'' entnehmen wir, dass tatsächlich eine Nullstelle der 2. Ableitung existiert.
Es gilt: $f''(x) = 6x - 4$. Die notwendige Bedingung $f''(x) = 0$ ist erfüllt für $x_W = \frac{2}{3}$.
Untersuchung einer hinreichenden Bedingung:
Zum Nachweis, dass tatsächlich an der Stelle x_W ein Wendepunkt vorliegt, muss überprüft werden, ob eine hinreichende Bedingung erfüllt ist. Dies kann durch Untersuchung des Krümmungsverhaltens entschieden werden oder mithilfe der 3. Ableitung.
Es gilt: $f'''(x) = 6$, also auch $f'''(x_W) = 6 \neq 0$
Bestimmung des Funktionswerts des Wendepunkts:
Es gilt: $f(x_W) \approx 0{,}74$

5. Wertebereich:
Wegen des Globalverlaufs ergibt sich $W_f = \mathbb{R}$.

55

3. a) $f(x) = x^3 + 3x^2 - 9x$; $f'(x) = 3x^2 + 6x - 9$; $f''(x) = 6x + 6$; $f'''(x) = 6$

1. keine Achsensymmetrie zur y-Achse;
   keine Punktsymmetrie zum Ursprung
2. Für $x \to \infty\ (-\infty)$ gilt $f(x) \to \infty\ (-\infty)$.
3. Nullstellen: $x = 0,\ x = -\frac{3}{2} + \frac{3}{2}\sqrt{5},\ x = -\frac{3}{2} - \frac{3}{2}\sqrt{5}$
   $f(0) = 0$, also
   $(0 \mid 0)$ ist Schnittpunkt von f mit der y-Achse
4. Extremstellen: $f'(x) = 0$, also $x = -3,\ x = 1$
   $f''(-3) < 0,\ f''(1) > 0$
   $TP(1 \mid -5),\ HP(-3 \mid 27)$
5. Wendestellen: $f''(x) = 0$, also $x = -1$
   $f'''(-1) \neq 0$, also $WP(-1 \mid 11)$
6. Wertebereich: $W = \mathbb{R}$

b) $f(x) = 2x^3 - 5x$; $f'(x) = 6x^2 - 5$; $f''(x) = 12x$; $f'''(x) = 12$

1. keine Achsensymmetrie zur y-Achse;
   $f(-x) = -f(x);\ x \to \infty$
   f(x) ist punktsymmetrisch zum Ursprung.
2. Für $x \to \infty\ (-\infty)$ gilt $f(x) \to \infty\ (-\infty)$.
3. Nullstellen: $f(x) = 0$, also $x = 0,\ x = \frac{\sqrt{10}}{2},\ x = -\frac{\sqrt{10}}{2}$
   $f(0) = 0$, also
   $(0 \mid 0)$ ist Schnittpunkt von f mit der y-Achse
4. Extremstellen: $f'(x) = 0$, also $x = \frac{\sqrt{30}}{6},\ x = -\frac{\sqrt{30}}{6}$
   $f''\left(\frac{\sqrt{30}}{6}\right) > 0,\ f''\left(-\frac{\sqrt{30}}{6}\right) < 0$
   $TP\left(\frac{\sqrt{30}}{6} \mid -\frac{5\sqrt{30}}{9}\right),\ HP\left(-\frac{\sqrt{30}}{6} \mid \frac{5\sqrt{30}}{9}\right)$
5. Wendestellen: $f''(x) = 0$, also $x = 0$
   $f'''(x) \neq 0$, also ist $WP(0 \mid 0)$ Sattelpunkt,
   da $f'(0) = 0$
6. Wertebereich: $W = \mathbb{R}$

c) $f(x) = x^3 + 4x^2$; $f'(x) = 3x^2 + 8x$; $f''(x) = 6x + 8$; $f'''(x) = 6$

1. keine Achsensymmetrie zur y-Achse;
   keine Punktsymmetrie zum Ursprung
2. Für $x \to \infty\ (-\infty)$ gilt $f(x) \to \infty\ (-\infty)$.
3. Nullstellen: $f(x) = 0$, also $x = 0$ (doppelt), $x = -4$
   $f(0) = 0$, also
   $(0 \mid 0)$ ist Schnittpunkt von f mit der y-Achse
4. Extremstellen: $f'(x) = 0$, also $x = 0,\ x = -\frac{8}{3}$
   $f''(0) > 0,\ f''\left(-\frac{8}{3}\right) < 0$
   $TP(0 \mid 0),\ HP\left(-\frac{8}{3} \mid \frac{256}{27}\right)$
5. Wendestellen: $f''(x) = 0$, also $x = -\frac{4}{3}$
   $f'''\left(-\frac{4}{3}\right) \neq 0$, also $WP\left(-\frac{4}{3} \mid \frac{128}{27}\right)$
6. Wertebereich: $W = \mathbb{R}$

55

3. d) $f(x) = -2x^3 + 3x^2 + 12x - 13$; $f'(x) = -6x^2 + 6x + 12$; $f''(x) = -12x + 6$; $f'''(x) = -12$

1. keine Achsensymmetrie zur y-Achse;
   keine Punktsymmetrie zum Ursprung
2. Für $x \to \infty$ $(-\infty)$ gilt $f(x) \to -\infty$ (∞).
3. Nullstellen: $f(x) = 0$, also $x = 1$, $x = \frac{1 + \sqrt{105}}{4}$, $x = \frac{1 + \sqrt{105}}{4}$
   $f(0) = -13$, also
   $(0 \mid -13)$ ist Schnittpunkt mit y-Achse
4. Extremstellen: $f'(x) = 0$, also $x = -1$, $x = 2$
   $f''(-1) > 0$, $f''(2) < 0$; HP$(2 \mid 7)$, TP$(-1 \mid 20)$
5. Wendestellen: $f''(x) = 0$, also $x = \frac{1}{2}$
   $f'''\left(\frac{1}{2}\right) \neq 0$, also WP$\left(\frac{1}{2} \mid -\frac{13}{2}\right)$
6. Wertebereich: $W = \mathbb{R}$

e) $f(x) = x^4 - 2x^2$; $f'(x) = 4x^3 - 4x$; $f''(x) = 12x^2 - 4$; $f'''(x) = 24x$

1. $f(-x) = f(x)$: Achsensymmetrie zur y-Achse
2. Für $x \to \pm\infty$ gilt $f(x) \to \infty$.
3. Nullstellen: $f(x) = 0$, also $x = 0$ (doppelt), $x = \sqrt{2}$, $x = -\sqrt{2}$
   $f(0) = 0$, also
   $(0 \mid 0)$ ist Schnittpunkt von f mit der y-Achse
4. Extremstellen: $f'(x) = 0$, also $x = -1$, $x = 0$, $x = 1$
   $f''(-1) > 0$, $f''(0) < 0$, $f''(1) > 0$
   TP$(-1 \mid -1)$, HP$(0 \quad 0)$, TP$(1 \mid -1)$
5. Wendestellen: $f''(x) = 0$, also $x = -\frac{\sqrt{3}}{3}$, $x = \frac{\sqrt{3}}{3}$
   $f'''\left(-\frac{\sqrt{3}}{3}\right) \neq 0$ und $f'''\left(\frac{\sqrt{3}}{3}\right) \neq 0$, also:
   WP$\left(-\frac{\sqrt{3}}{3} \mid -\frac{5}{9}\right)$, WP$\left(\frac{\sqrt{3}}{3} \mid -\frac{5}{9}\right)$
6. Wertebereich: $W = \mathbb{R}$

f) $f(x) = \frac{1}{4}x^4 - \frac{1}{3}x^3 - \frac{1}{2}x^2 + x$; $f'(x) = x^3 - x^2 - x + 1$; $f''(x) = 3x^2 - 2x - 1$; $f'''(x) = 6x - 2$

1. keine Achsensymmetrie zur y-Achse;
   keine Punktsymmetrie zum Ursprung
2. Für $x \to \pm\infty$ gilt $f(x) \to \infty$.
3. Nullstellen: $f(x) = 0$, also $x = 0$, $x = -1{,}568$
   $f(0) = 0$, also
   $(0 \mid 0)$ ist Schnittpunkt mit y-Achse
4. Extremstellen: $f'(x) = 0$, also $x = -1$, $x = 1$ (doppelt)
   $f''(-1) > 0$, $f''(1) = 0$
   TP$\left(-1 \mid -\frac{11}{12}\right)$
5. Wendestellen: $f''(x) = 0$, also $x = -\frac{1}{3}$, $x = 1$
   $f'''\left(-\frac{1}{3}\right) \neq 0$, $f'''(1) \neq 0$, also:
   WP$\left(1 \mid \frac{5}{12}\right)$ ist Sattelpunkt, da $f'(1) = 0$
   WP$\left(-\frac{1}{3} \mid -\frac{121}{324}\right)$
6. Wertebereich: $W = \mathbb{R}$

55

4. a) $f(x) = x(x-4)^2$; $f'(x) = 3x^2 - 16x + 16$; $f''(x) = 6x - 16$; $f'''(x) = 6$

1. keine Achsensymmetrie zur y-Achse; keine Punktsymmetrie zum Ursprung
2. Für $x \to \infty$ $(-\infty)$ gilt $f(x) \to \infty$ $(-\infty)$.
3. Nullstellen: $f(x) = 0$, also $x = 0$, $x = 4$ (doppelt)
   $f(0) = 0$, also
   $(0 \mid 0)$ ist Schnittpunkt von f mit der y-Achse
4. Extremstellen: $f'(x) = 0$, also $x = \frac{4}{3}$, $x = 4$
   $f''\left(\frac{4}{3}\right) < 0$; $f''(4) > 0$
   $HP\left(\frac{4}{3} \mid \frac{256}{27}\right)$, $TP(4 \mid 0)$
5. Wendestellen: $f''(x) = 0$, also $x = \frac{8}{3}$
   $f'''\left(\frac{8}{3}\right) \neq 0$, also $WP\left(\frac{8}{3} \mid \frac{128}{27}\right)$
6. Wertebereich: $W = \mathbb{R}$

b) $f(x) = x(x-1)(x+2)(x+3)$; $f'(x) = 3x^2 + 8x + 1$; $f''(x) = 6x + 8$; $f'''(x) = 6$

1. keine Achsensymmetrie zur y-Achse; keine Punktsymmetrie zum Ursprung
2. Für $x \to \infty$ $(-\infty)$ gilt $f(x) \to \infty$ $(-\infty)$.
3. Nullstellen: $f(x) = 0$, also $x = -3$, $x = -2$, $x = 1$
   $f(0) = 0$, also
   $(0 \mid -6)$ ist Schnittpunkt von f mit der y-Achse
4. Extremstellen: $f'(x) = 0$, also $x = -\frac{4}{3} + \frac{\sqrt{13}}{3}$, $x = -\frac{4}{3} - \frac{\sqrt{13}}{3}$
   $f''\left(-\frac{4}{3} + \frac{\sqrt{13}}{3}\right) > 0$, $f''\left(-\frac{4}{3} - \frac{\sqrt{13}}{3}\right) < 0$
   $TP(-0{,}131 \mid -6{,}065)$, $HP(-2{,}535 \mid 0{,}879)$
5. Wendestellen: $f''(x) = 0$, also $x = -\frac{4}{3}$
   $f'''\left(-\frac{4}{3}\right) \neq 0$, also $WP\left(-\frac{4}{3} \mid -\frac{70}{27}\right)$
6. Wertebereich: $W = \mathbb{R}$

c) $f(x) = x^2(x-2)^2$; $f'(x) = 4x^3 - 12x^2 + 8x$; $f''(x) = 12x^2 - 24x + 8$; $f'''(x) = 24x - 24$

1. keine Achsensymmetrie zur y-Achse; keine Punktsymmetrie zum Ursprung
2. Für $x \to \pm\infty$ gilt $f(x) \to \infty$.
3. Nullstellen: $f(x) = 0$, also $x = 0$ (doppelt), $x = 2$ (doppelt)
   $f(0) = 0$, also
   $(0 \mid 0)$ ist Schnittpunkt von f mit der y-Achse
4. Extremstellen: $f'(0) = 0$, also $x = 0$, $x = 1$, $x = 2$
   $f''(0) > 0$, $f''(1) < 0$, $f''(2) > 0$; $TP(0 \mid 0)$, $HP(1 \mid 1)$, $TP(2 \mid 0)$
5. Wendestellen: $f''(x) = 0$, also $x = 1 - \frac{\sqrt{3}}{3}$, $x = 1 + \frac{\sqrt{3}}{3}$
   $f'''\left(1 - \frac{\sqrt{3}}{3}\right) \neq 0$ und $f'''\left(1 + \frac{\sqrt{3}}{3}\right) \neq 0$, also
   $WP\left(1 - \frac{\sqrt{3}}{3} \mid \frac{4}{9}\right)$, $WP\left(1 + \frac{\sqrt{3}}{3} \mid \frac{4}{9}\right)$
6. Wertebereich: $W = \mathbb{R}$

55

4. d) $f(x) = \frac{1}{3}(x^2 - 1)(x^2 - 4)$; $f'(x) = \frac{4}{3}x^3 - \frac{10}{3}x$; $f''(x) = 4x^2 - \frac{10}{3}$; $f'''(x) = 8x$

1. $f(-x) = -f(x)$: Achsensymmetrie zur y-Achse
2. Für $x \to \pm\infty$ gilt $f(x) \to \infty$.
3. Nullstellen: $f(x) = 0$, also $x = -2$, $x = -1$, $x = 1$, $x = 2$
   $f(0) = 0$, also:
   $\left(0 \mid \frac{4}{3}\right)$ ist Schnittpunkt von f mit der y-Achse
4. Extremstellen: $f'(x) = 0$, also $x = 0$, $x = \sqrt{\frac{5}{2}}$, $x = -\sqrt{\frac{5}{2}}$
   $f''\left(-\sqrt{\frac{5}{2}}\right) > 0$, $f''(0) < 0$, $f''\left(\sqrt{\frac{5}{2}}\right) > 0$
   $TP\left(-\sqrt{\frac{5}{2}} \mid -\frac{3}{4}\right)$, $HP\left(0 \mid \frac{4}{3}\right)$, $TP\left(\sqrt{\frac{5}{2}} \mid -\frac{3}{4}\right)$
5. Wendestellen: $f''(x) = 0$, also $x = -\sqrt{\frac{5}{6}}$, $x = \sqrt{\frac{5}{6}}$
   $f'''\left(-\sqrt{\frac{5}{6}}\right) \neq 0$ und $f'''\left(\sqrt{\frac{5}{6}}\right) \neq 0$, also
   $WP\left(-\sqrt{\frac{5}{6}} \mid \frac{19}{108}\right)$, $WP\left(\sqrt{\frac{5}{6}} \mid \frac{19}{108}\right)$
6. Wertebereich: $W = \mathbb{R}$

e) $f(x) = x^3(1 - x^2)$; $f'(x) = -5x^4 + 3x^2$; $f''(x) = -20x^3 + 6x$; $f'''(x) = -60x^2 + 6$

1. $f(-x) = -f(x)$: Punktsymmetrie zum Ursprung
2. Für $x \to \infty$ $(-\infty)$ gilt $f(x) \to -\infty$ (∞).
3. Nullstellen: $f(x) = 0$, also $x = 0$ (dreifach), $x = 1$, $x = -1$
   $f(0) = 0$, also:
   $(0 \mid 0)$ ist Schnittpunkt von f mit der y-Achse
4. Extremstellen: $f'(x) = 0$, also $x = 0$ (doppelt), $x = \sqrt{\frac{3}{5}}$, $x = -\sqrt{\frac{3}{5}}$
   $f''\left(-\sqrt{\frac{3}{5}}\right) > 0$, $f''(0) = 0$, $f''\left(\sqrt{\frac{3}{5}}\right) < 0$, also
   $TP\left(-\sqrt{\frac{3}{5}} \mid \frac{6}{25}\sqrt{\frac{3}{5}}\right)$, $HP\left(\sqrt{\frac{3}{5}} \mid -\frac{6}{25}\sqrt{\frac{3}{5}}\right)$
5. Wendestellen: $f''(x) = 0$, also $x = 0$, $x = \sqrt{0{,}3}$, $x = -\sqrt{0{,}3}$
   $f'''(0) \neq 0$, $f'''(\sqrt{0{,}3}) \neq 0$, $f'''(-\sqrt{0{,}3}) \neq 0$
   $WP(0 \mid 0)$ ist Sattelpunkt, da $f'(0) = 0$
   $WP\left(\sqrt{0{,}3} \mid \frac{21 \cdot \sqrt{30}}{1000}\right)$, $WP\left(-\sqrt{0{,}3} \mid -\frac{21 \cdot \sqrt{30}}{1000}\right)$
6. Wertebereich: $W = \mathbb{R}$

f) $f(x) = (x^3 - 1)(x^3 + 1)$; $f'(x) = 6x^5$; $f''(x) = 30x^4$; $f'''(x) = 120x^3$

1. $f(-x) = -f(x)$: Achsensymmetrie zur y-Achse
2. Für $x \to \pm\infty$ gilt $f(x) \to \infty$.
3. Nullstellen: $f(x) = 0$, also $x = -1$, $x = 1$
   $f(0) = 0$, also:
   $(0 \mid -1)$ ist Schnittpunkt von f mit der y-Achse
4. Extremstellen: $f'(x) = 0$, also $x = 0$ (fünffach)
   $f''(0) = 0$; Vorzeichenwechselkriterium: $f'(-2) < 0$, $f'(2) > 0$
   $(- \mid +)$ Vorzeichenwechsel, also $TP(0 \mid -1)$
5. Wendestellen: $f''(x) = 0$, also $x = 0$; $f'''(0) = 0$, also keine Wendestellen
6. Wertebereich: $W = \mathbb{R}$

55

5. a) Nullstellen: $x_1 = 0$ (doppelt); $x_2 = a$
Expliziter Funktionsterm: $f(x) = x^3 - ax^2$
Globaler Verlauf: $\lim\limits_{x \to -\infty} f(x) = -\infty$ und $\lim\limits_{x \to +\infty} f(x) = +\infty$
1. Ableitung: $f'(x) = 3x^2 - 2ax$
2. Ableitung: $f''(x) = 6x - 2a$
3. Ableitung: $f'''(x) = 6$
Notwendige Bedingung für Extrema: $f'(x_e) = 0$
$x_{e1} = 0$; $x_{e2} = \frac{2}{3}a$
Hinreichende Bedingung für Extrema: $f''(x_e) \neq 0$
$f''(0) = -2a < 0$ (Hochpunkt)
$f''\left(\frac{2}{3}a\right) = 2a > 0$ (Tiefpunkt)
Funktionswerte:
$f(0) = 0$; $f\left(\frac{2}{3}a\right) = -\frac{4}{27}a$
Notwendige Bedingung für Wendepunkte: $f''(x_W) = 0$
$x_W = \frac{1}{3}a$
Hinreichende Bedingung für Wendepunkte: $f'''(x_W) \neq 0$
$f'''\left(\frac{1}{3}a\right) = 6$
Wertebereich: $W_f = \mathbb{R}$

b) Nullstellen: $x_1 = -a$; $x_2 = 0$ (doppelt)
Expliziter Funktionsterm: $f(x) = x^3 + ax^2$
Globaler Verlauf: $\lim\limits_{x \to -\infty} f(x) = -\infty$ und $\lim\limits_{x \to +\infty} f(x) = +\infty$
1. Ableitung: $f'(x) = 3x^2 + 2ax$
2. Ableitung: $f''(x) = 6x + 2a$
3. Ableitung: $f'''(x) = 6$
Notwendige Bedingung für Extrema: $f'(x_e) = 0$
$x_{e1} = -\frac{2}{3}a$; $x_{e2} = 0$
Hinreichende Bedingung für Extrema: $f''(x_e) \neq 0$
$f''\left(-\frac{2}{3}a\right) = -2a < 0$ (Hochpunkt)
$f''(0) = 2a > 0$ (Tiefpunkt)
Funktionswerte:
$f\left(-\frac{2}{3}a\right) = \frac{4}{27}a$; $f(0) = 0$
Notwendige Bedingung für Wendepunkte: $f''(x_W) = 0$
$x_W = -\frac{1}{3}a$
Hinreichende Bedingung für Wendepunkte: $f'''(x_W) \neq 0$
$f'''\left(-\frac{1}{3}a\right) = 6$
Wertebereich: $W_f = \mathbb{R}$

55

5. c) Nullstellen: $x_1 = 0$ (doppelt); $x_2 = a$ (doppelt)
Expliziter Funktionsterm: $f(x) = x^4 - 2ax^3 + a^2x^2$
Globaler Verlauf: $\lim_{x \to -\infty} f(x) = +\infty$ und $\lim_{x \to +\infty} f(x) = +\infty$
1. Ableitung: $f'(x) = 4x^3 - 6ax^2 + 2a^2x$
2. Ableitung: $f''(x) = 12x^2 - 12ax + 2a^2$
3. Ableitung: $f'''(x) = 24x - 12a$
Notwendige Bedingung für Extrema: $f'(x_e) = 0$
$x_{e1} = 0$; $x_{e2} = \frac{1}{2}a$; $x_{e3} = a$
Hinreichende Bedingung für Extrema: $f''(x_e) \neq 0$
$f''(0) = 2a^2 > 0$ (Tiefpunkt)
$f''\left(\frac{1}{2}a\right) = -a^2 < 0$ (Hochpunkt)
$f''(a) = 2a^2 > 0$ (Tiefpunkt)
Funktionswerte:
$f(0) = 0$; $f\left(\frac{1}{2}a\right) = \frac{1}{16}a^4$; $f(a) = 0$
Notwendige Bedingung für Wendepunkte: $f''(x_W) = 0$
$x_{W1} \approx 0{,}211a$; $x_{W2} \approx 0{,}789a$
Hinreichende Bedingung für Wendepunkte: $f'''(x_W) \neq 0$
$f'''(0{,}211a) < 0$; $f'''(0{,}789a) > 0$
Wertebereich: $W_f = \{y \in \mathbb{R} \mid y \geq 0\}$

d) Nullstellen: $x_1 = 0$ (dreifach); $x_2 = a$
Expliziter Funktionsterm: $f(x) = x^4 - ax^3$
Globaler Verlauf: $\lim_{x \to -\infty} f(x) = +\infty$ und $\lim_{x \to +\infty} f(x) = +\infty$
1. Ableitung: $f'(x) = 4x^3 - 3ax^2$
2. Ableitung: $f''(x) = 12x^2 - 6ax$
3. Ableitung: $f'''(x) = 24x - 6a$
Notwendige Bedingung für Extrema: $f'(x_e) = 0$
$x_{e1} = 0$ (doppelt, kein Vorzeichenwechsel); $x_{e2} = \frac{3}{4}a$
Hinreichende Bedingung für Extrema: $f''(x_e) \neq 0$
$f''(0) = 0$ (nicht erfüllt)
$f''\left(\frac{3}{4}a\right) = \frac{9}{4}a^2 > 0$ (Tiefpunkt)
Funktionswert:
$f\left(\frac{3}{4}a\right) = -\frac{27}{256}a^4$
Notwendige Bedingung für Wendepunkte: $f''(x_W) = 0$
$x_{W1} = 0$ (Sattelpunkt); $x_{W2} = \frac{1}{2}a$
Hinreichende Bedingung für Wendepunkte: $f'''(x_W) \neq 0$
$f'''(0) = -6a < 0$; $f'''\left(\frac{1}{2}a\right) = 6a > 0$
Wertebereich: $W_f = \{y \in \mathbb{R} \mid y \geq -\frac{27}{256}a^4\}$

55

5. **e)** Nullstellen: $x_1 = -a$; $x_2 = 0$ (dreifach)
Expliziter Funktionsterm: $f(x) = x^4 + ax^3$
Globaler Verlauf: $\lim_{x \to -\infty} f(x) = +\infty$ und $\lim_{x \to +\infty} f(x) = +\infty$
1. Ableitung: $f'(x) = 4x^3 + 3ax^2$
2. Ableitung: $f''(x) = 12x^2 + 6ax$
3. Ableitung: $f'''(x) = 24x + 6a$
Notwendige Bedingung für Extrema: $f'(x_e) = 0$
$x_{e1} = -\frac{3}{4}a$; $x_{e2} = 0$ (doppelt, kein Vorzeichenwechsel)
Hinreichende Bedingung für Extrema: $f''(x_e) \neq 0$
$f''\left(-\frac{3}{4}a\right) = \frac{45}{4}a^2 > 0$ (Tiefpunkt)
$f''(0) = 0$ (nicht erfüllt)
Funktionswert:
$f\left(-\frac{3}{4}a\right) = -\frac{27}{256}a^4$
Notwendige Bedingung für Wendepunkte: $f''(x_W) = 0$
$x_{W1} = -\frac{1}{2}a$; $x_{W2} = 0$ (Sattelpunkt)
Hinreichende Bedingung für Wendepunkte: $f'''(x_W) \neq 0$
$f'''\left(-\frac{1}{2}a\right) = -6a < 0$; $f'''(0) = 6a > 0$
Wertebereich: $W_f = \{y \in \mathbb{R} \mid y \geq -\frac{27}{256}a^4\}$

f) Nullstellen: $x_1 = -a$ (doppelt); $x_2 = a$ (doppelt)
Expliziter Funktionsterm: $f(x) = x^4 - 2a^2x^2 + a^4$
Globaler Verlauf: $\lim_{x \to -\infty} f(x) = +\infty$ und $\lim_{x \to +\infty} f(x) = +\infty$
1. Ableitung: $f'(x) = 4x^3 - 4a^2x$
2. Ableitung: $f''(x) = 12x^2 - 4a^2$
3. Ableitung: $f'''(x) = 24x$
Notwendige Bedingung für Extrema: $f'(x_e) = 0$
$x_{e1} = -a$; $x_{e2} = 0$; $x_{e3} = a$
Hinreichende Bedingung für Extrema: $f''(x_e) \neq 0$
$f''(-a) = 8a^2 > 0$ (Tiefpunkt)
$f''(0) = -4a^2 < 0$ (Hochpunkt)
$f''(a) = 8a^2 > 0$ (Tiefpunkt)
Funktionswerte:
$f(-a) = 0$; $f(0) = a^4$; $f(a) = 0$
Notwendige Bedingung für Wendepunkte: $f''(x_W) = 0$
$x_{W1} \approx -0{,}577a$; $x_{W2} \approx 0{,}577a$
Hinreichende Bedingung für Wendepunkte: $f'''(x_W) \neq 0$
$f'''(-0{,}577a) < 0$; $f'''(0{,}577a) > 0$
Wertebereich: $W_f = \{y \in \mathbb{R} \mid y \geq 0\}$

1.4 Extremwertaufgaben

59

2. Maße der modifizierten Schachtel: $l = 5{,}5$ cm; $b = 3{,}6$ cm; $h = 0{,}9$ cm
Materialverbrauch:
$M = 2 \cdot l \cdot h + 2 \cdot l \cdot b + 2 \cdot b \cdot h + l \cdot b = 4 \cdot l \cdot h + 2 \cdot b \cdot h + 3 \cdot l \cdot b$
Nebenbedingungen:
$V = 17{,}82$; $l = 5{,}5$, also
$b \cdot h = 3{,}24 \Leftrightarrow b = \frac{3{,}24}{h}$
Zielfunktion:
$M(h) = 2 \cdot \frac{3{,}24}{h} \cdot h + 4 \cdot 5{,}5h + 3 \cdot 5{,}5 \cdot \frac{3{,}24}{h} = 22h + \frac{53{,}46}{h} + 6{,}48$
$M'(h) = 22 - \frac{53{,}46}{h^2} = 0 \Leftrightarrow h = \pm 1{,}559$,
der Materialverbrauch ist nicht minimal.

3. Extremalbedingung: $A = x \cdot y$ maximieren
Nebenbedingung: $2x + 2y = 20$, also $x + y = 10$
Zielfunktion: $A(x) = x(10 - x) = 10x - x^2$
Extrema: $A'(x) = 10 - 2x = 0$ für $x = 5$ absolutes Maximum
Ergebnis: Maximaler Flächeninhalt für $x = y = 5$ cm mit $A = 25$ cm^2

4. Extremalbedingung: $x^2 \cdot y$ maximal
Nebenbedingung: $8x + 4y = 1 \Leftrightarrow y = \frac{1}{4} - 2x$
Zielfunktion $V(x) = x^2 \cdot \left(\frac{1}{4} - 2x\right) = \frac{x^2}{4} - 2x^3$
$V'(x) = \frac{1}{2}x - 6x^2$
$V'(x) = 0 \Leftrightarrow x = 0 \vee x = \frac{1}{12}$
Maximales Volumen $x = \frac{1}{12}$ m mit $\frac{1}{12^3}$ m^3

5. Nebenbedingung:
Fensterumfang $U = 2a + 2b + \pi \cdot a = 6$, also $b = 3 - \frac{2 + \pi}{2}a$

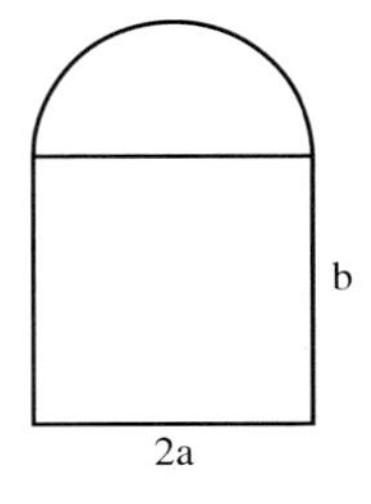

Lichteinfall proportional zur Fenstergröße bei gleicher Glassorte, damit:
$L = 0{,}9 \cdot A_{Rechteck} + 0{,}65 \cdot A_{Halbkreis} = 0{,}9 \cdot 2ab + 0{,}65 \cdot \frac{1}{2}\pi a^2$
$L(a) = 0{,}9 \cdot 2a \cdot \left(3 - \frac{2 + \pi}{2}a\right) + 0{,}65 \cdot \frac{1}{2}\pi a^2 \approx 5{,}4a - 4{,}30a^2$
$L'(a) = 5{,}4 - 8{,}6a$
$L'(a) = 0$ führt auf $a = \frac{5{,}4}{8{,}6} \approx 0{,}63$.
Maximaler Lichteinfall für $a \approx 0{,}63$ m.
Damit kann ein möglichst großer Lichteinfall erreicht werden, wenn das rechteckige Fenster die Maße 1,26 m und 1,39 m, der Halbkreis den Radius 0,63 m hat.

60

6. Ein Reagenzglas kann als Mantel eines Zylinders mit aufgesetzter Halbkugel aufgefasst werden.

Oberfläche: $O = 2\pi r \cdot h + 2\pi r^2$

Nebenbedingung: $40 = \pi r^2 h + \frac{2}{3}\pi r^3 \Leftrightarrow h = \frac{40}{\pi r^2} - \frac{2}{3}r$

Minimiere die Zielfunktion

$O(r) = 2\pi r\left(\frac{40}{\pi r^2} - \frac{2}{3}r\right) + 2\pi r^2 = \frac{80}{r} + \frac{2\pi}{3}r^2$

$O'(r) = -\frac{80}{r^2} + \frac{4\pi}{3}r = 0 \Leftrightarrow r \approx 2{,}673$

$O''(2{,}673) \approx 12{,}5664 > 0$, also Minimum

Minimaler Materialverbrauch für $r = 2{,}673$ cm und $h = 0$ cm.

Bei minimalem Materialverbrauch hat das Reagenzglas die Form einer Halbkugel.

7. Nebenbedingung $y = -\frac{3}{2}x + 6$

Zielfunktion: $f(x) = x\left(-\frac{3}{2}x + 6\right)$

$f'(x) = 0 \Leftrightarrow x = 2$

$f''(2) = 3 < 0$

also maximaler Flächeninhalt für Breite 4 cm, Höhe 3 cm

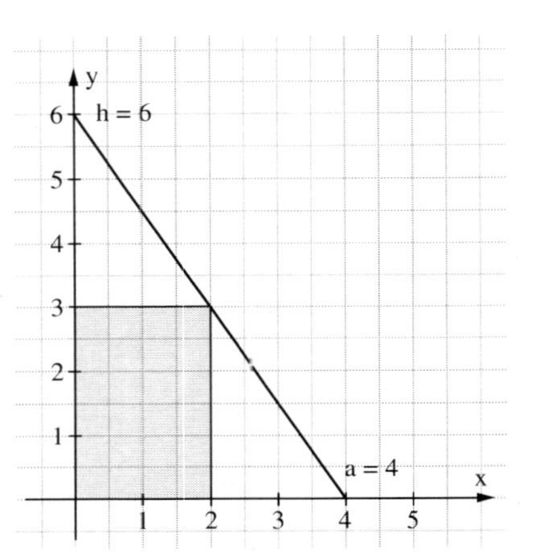

8. Maximiere $A = a \cdot b$

Nebenbedingung: $\left(\frac{a}{2}\right)^2 + \left(\frac{b}{2}\right)^2 = 10^2$

$\Leftrightarrow b = \sqrt{400 - a^2}$

Zielfunktion: $A(a) = a \cdot \sqrt{400 - a^2}$

Symbolische Rechnung (erfordert Produkt- und Kettenregel)

$A'(a) = \frac{400 - 2a^2}{\sqrt{400 - a^2}} = 0 \Leftrightarrow a = \sqrt{200} = 10\sqrt{2}$

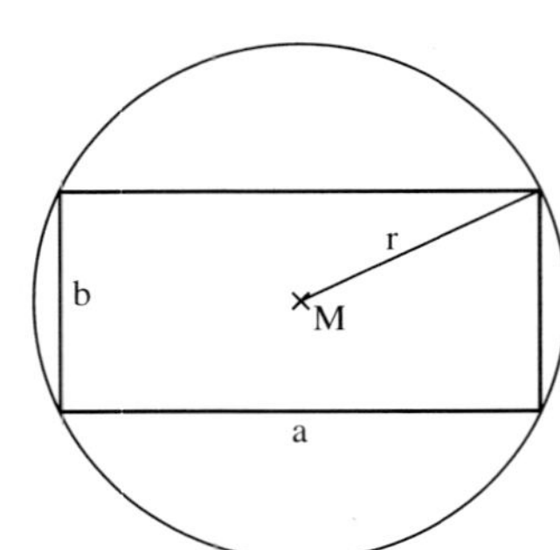

Maximiere $u = 2a + 2b$ unter Nebenbedingung $b = \sqrt{400 - a^2}$

Symbolisch: $u'(a) = 2 - \frac{2a}{\sqrt{400 - a^2}} = 0 \Leftrightarrow a = 10\sqrt{2}$

nummerisch: $a \approx 14{,}142$, $b \approx 14{,}142$

60

9. Maximiere $M = 2\pi a \cdot b$
Nebenbedingung: $b = -2a + 10$
Zielfunktion: $M(a) = 2\pi a(10 - 2a)$
$M'(a) = 4\pi(5 - 2a) = 0 \Leftrightarrow a = 2{,}5$
$M''(2{,}5) = -8\pi < 0$, also Maximum
Maximaler Mantel für $a = 2{,}5$ und $b = 5$

Maximiere $V = \pi a^2 \cdot b$
Nebenbedingung: $b = -2a + 10$
Zielfunktion: $V(a) = \pi a^2(10 - 2a)$
$V'(a) = 2\pi(10a - 3a^2) = 0 \Leftrightarrow a = \frac{10}{3} \vee a = 0$
$V''\left(\frac{10}{3}\right) = -62{,}832 < 0$, also Maximum
Maximales Volumen für $a = \frac{10}{3}$ und $b = \frac{10}{3}$

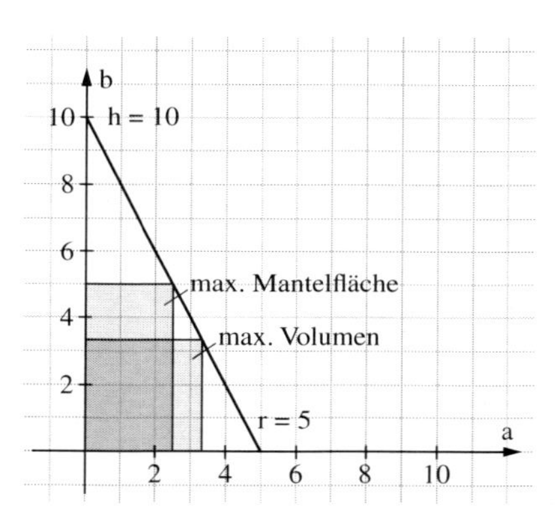

10. Innenfläche: $A = M_{Zylinder} + O_{Halbkugel} = 2\pi r(r + h)$
Nebenbedingung: $V = V_{Zylinder} + V_{Halbkugel} = \pi r^2 h + \frac{2}{3}\pi r^3 = \pi r^2\left(h + \frac{2}{3}r\right) = 80$, also
$h = \frac{80}{\pi r^2} - \frac{2}{3}r$
Zielfunktion: $A(r) = 2\pi r\left(\frac{80}{\pi r^2} - \frac{2}{3}r + r\right)$ bzw. $A(r) = \frac{2}{3}\pi r^2 + \frac{160}{r}$
Bestimmen der Extrema von A:
$A'(r) = \frac{4}{3}\pi r - \frac{160}{r^2}$; $A''(r) = \frac{4}{3}\pi + \frac{320}{r^3}$
Aus $A'(r) = 0$ folgt $r = \sqrt[3]{\frac{120}{\pi}}$.
$A''\left(\sqrt[3]{\frac{120}{\pi}}\right) > 0$, also lokales Minimum für $r = \sqrt[3]{\frac{120}{\pi}} \approx 3{,}37$.
Zugehörige Höhe des Zylinders:

$$h = \frac{80}{\pi\left(\sqrt[3]{\frac{120}{\pi}}\right)^2} - \frac{2}{3}\sqrt[3]{\frac{120}{\pi}} = \frac{80 \cdot \sqrt[3]{\frac{120}{\pi}}}{\pi \cdot \frac{120}{\pi}} - \frac{2}{3}\sqrt[3]{\frac{120}{\pi}} = \frac{2}{3}\sqrt[3]{\frac{120}{\pi}} - \frac{2}{3}\sqrt[3]{\frac{120}{\pi}} = 0$$

D. h.: Die kostengünstigste Lösung wäre ein Silo, das die Form einer Halbkugel mit $r \approx 3{,}37$ m hat.

11. a) r und h bezeichnen Radius und Höhe des gesuchten Kegels.
Maximiere $V = \frac{1}{3}r^2 \cdot \pi \cdot h$
Nebenbedingung:
Für die Höhe h eines Kegels mit Radius r und Mantellinie s gilt:
$h = \sqrt{s^2 - r^2}$
Zielfunktion: $V(r) = \frac{1}{3}r^2 \cdot \pi \cdot \sqrt{10^2 - r^2}$
numerisch: $V'(r) = 0 \Leftrightarrow r = 0 \vee r = \pm 8{,}165$
V hat Maximum bei $r = 8{,}165$.
Dann gilt für den Mittelpunktswinkel $\alpha \approx 293{,}94°$.

60

11. b) Umfang des Kreises: 20π

Sind r_1 und r_2 die Radien der Kegel, dann maximiere

$V = \frac{1}{3}r_1^2\pi h_1 + \frac{1}{3}r_2^2\pi h_2$ unter den Nebenbedingungen

$h_i = \sqrt{100 - r_i^2}$; $i = 1; 2$

$2\pi r_1 + 2\pi r_2 = 20\pi \Leftrightarrow r_2 = 10 - r_1$

Zielfunktion:

$V(r_1) = \frac{1}{3}\pi\left(r_1^2\sqrt{100 - r_1^2} + (10 - r_1)^2 \cdot \sqrt{100 - (10 - r_1)^2}\right)$

numerisch: $V'(r_1) = 0 \Leftrightarrow r_1 = 5 \vee r_1 \approx 6{,}760 \vee r_1 \approx 3{,}240$

V' hat bei $r_1 \approx 3{,}240$ und $r_1 \approx 6{,}760$ einen Vorzeichenwechsel von + nach – und bei $r_1 = 5$ ein Vorzeichenwechsel von – nach +.

Also Maximum für $r_1 \approx 3{,}240$ und $r_1 \approx 6{,}760$.

12. Maximiere $V = \frac{1}{3}\pi r_1^2 h$

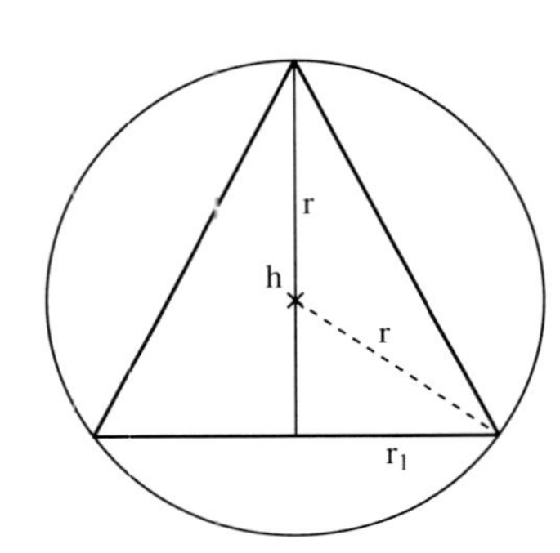

Nebenbedingung: $h = r + \sqrt{r^2 - r_1^2}$

Zielfunktion: $V(r_1) = \frac{1}{3}\pi r_1^2 \cdot \left(r + \sqrt{r^2 - r_1^2}\right)$

Symbolische Lösung (erfordert Produkt- und Kettenregel):

$V'(r_1) = \frac{1}{3}\pi r_1 \cdot \left(2r + \frac{2r^2 - 3r_1^2}{\sqrt{r^2 - r_1^2}}\right)$

$V'(r_1) = 0 \Leftrightarrow r_1 = 0 \vee r_1 = \pm\frac{2}{3}\sqrt{2}\,r$

$V''\left(\frac{2}{3}\sqrt{2}\,r\right) = -\frac{32}{3}\pi r < 0$, also Maximum

numerisch: Wähle z. B. $r = 10$.

Zielfunktion: $V(r_1) = \frac{1}{3}\pi r_1^2 \cdot \left(10 + \sqrt{100 - r_1^2}\right)$

$V'(r) = 0 \Leftrightarrow r_1 = 0 \vee r_1 \approx \pm 9{,}428$

V' hat bei $r_1 \approx 9{,}428$ ein Vorzeichenwechsel von + nach –, also Maximum.

13. Es gilt Tragfähigkeit $\sim b \cdot h^2$

Maximiere $f = b \cdot h^2$

Nebenbedingung: $b^2 + h^2 = 30^2$

Zielfunktion: $f(b) = b(30^2 - b^2)$

$f'(b) = 0 \Leftrightarrow b \approx \pm 17{,}321$

f' hat bei $b \approx 17{,}321$ ein Vorzeichenwechsel von + nach –, also Maximum.

Damit $b = 17{,}32$ cm, $h = 24{,}49$ cm

61

14. a) Minimiere $O = 2\pi r^2 + 2\pi rh$

Nebenbedingung: $\pi r^2 \cdot h = 425$

Zielfunktion: $O(r) = 2\pi r^2 + \frac{850}{r}$

$O'(r) = 4\pi r - \frac{850}{r^2}$

$O'(r) = 0 \;\Leftrightarrow\; r \approx 4{,}074$

O' besitzt bei $r \approx 4{,}074$ ein Vorzeichenwechsel von – nach +, also Minimum für Durchmesser $d = 8{,}15$ cm und Höhe $h = 8{,}15$ cm.

b) Materialverbrauch:

$O = 2\pi r^2 + 2\pi rh$

Nebenbedingung: $425 = \pi(r - 0{,}9)^2 \cdot (h - 1{,}4)$

$\Leftrightarrow\; h = \frac{425}{\pi(r - 0{,}9)^2} + 1{,}4$

Minimiere die Zielfunktion

$O(r) = 2\pi r^2 + 2\pi r \cdot \left(\frac{425}{\pi(r - 0{,}9)^2} + 1{,}4\right)$

Nullstelle von O' (numerisch) $r \approx 5{,}02139$

$O''(5{,}02139) \approx 52{,}76 > 0$, also Minimum

$h = \frac{425}{\pi(5{,}02139 - 0{,}9)^2} + 1{,}4 \approx 9{,}36437$

Damit Maße: $r = 5{,}02$ cm, $h = 9{,}36$ cm

15. Minimiere $d = (x - 1)^2 + (y - 2)^2$

Nebenbedingung: $y = x^2$

Zielfunktion

$d(x) = (x - 1)^2 + (x^2 - 2)^2$

$d'(x) = 0 \;\Leftrightarrow\; x = -1 \vee x = \frac{1 \pm \sqrt{3}}{2}$

$d''(-1) = 6 > 0$, also Minimum

$d''\left(\frac{1 + \sqrt{3}}{2}\right) = 6(1 + \sqrt{3}) > 0$, also Minimum

$d(-1) = 5$, $d\left(\frac{1 + \sqrt{3}}{2}\right) = \frac{11 - 6\sqrt{3}}{4} \approx 0{,}152$, also Abstand für $x = \left(\frac{1 + \sqrt{3}}{2}\right)$ minimal

16. Maximiere $A = \frac{1}{2}(-x) \cdot y$

Nebenbedingung: $y = \frac{1}{6}x^3 - \frac{3}{2}x$

Zielfunktion:

$A(x) = -\frac{1}{2}x\left(\frac{1}{6}x^3 - \frac{3}{2}x\right)$

$A'(x) = 0 \;\Leftrightarrow\; x = 0 \vee x = \pm\frac{3}{\sqrt{2}}$

$A''\left(-\frac{3}{\sqrt{2}}\right) = -3 < 0$, also Maximum

Dreieck für $x = -\frac{3}{\sqrt{2}}$ maximal.

Flächeninhalt: $A\left(-\frac{3}{\sqrt{2}}\right) = \frac{27}{16}$

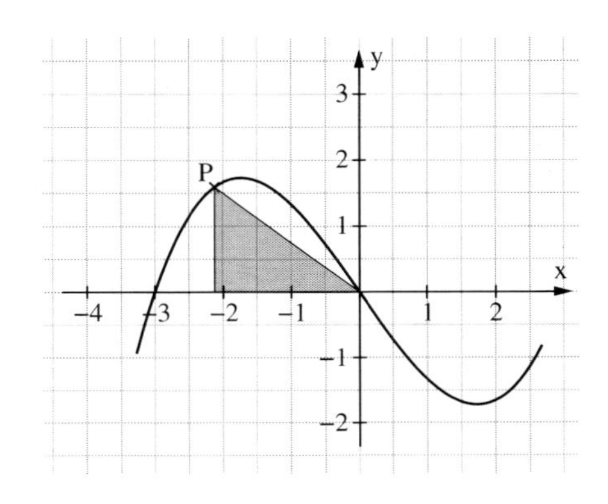

61

17. $A(u) = \frac{1}{2}(f(u) + f(u + 1)$

$= -\frac{1}{4}u^3 - \frac{3}{8}u^2 + \frac{21}{8}u + \frac{11}{8}$

$A'(u) = 0 \Leftrightarrow u = -\frac{1 \pm \sqrt{15}}{2}$

$u = \frac{\sqrt{15} - 1}{2} \approx 1{,}436$ liegt im erlaubten Bereich.

$A''\left(\frac{\sqrt{15} - 1}{2}\right) = -\frac{3\sqrt{15}}{4} < 0$, also Maximum

Flächeninhalt: $A\left(\frac{\sqrt{15} - 1}{2}\right) = \frac{15}{16}\sqrt{15}$

18. Maximiere

$h(x) = -\frac{1}{2}x^2 + 8 - \left(\frac{1}{2}x^2 - 4x + 8\right) = -x^2 + 4x$

$h'(x) = 0 \Leftrightarrow x = 2$

$h''(2) = -2 < 0$, also Maximum

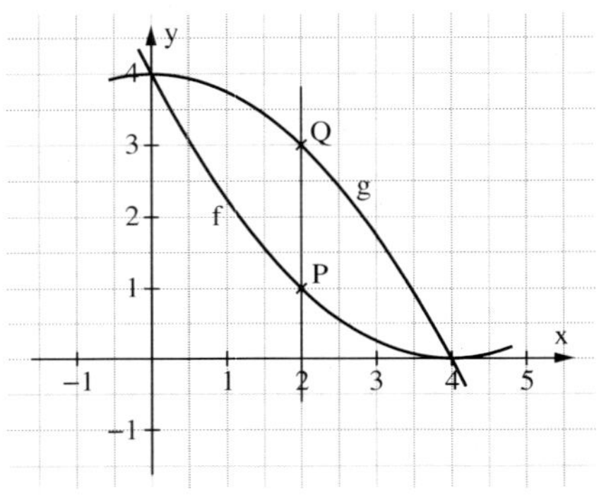

19. Maximiere $A = u \cdot v$

Nebenbedingung: $v = \frac{1}{6}u^2(6 - u)$

Zielfunktion: $A(u) = u\frac{1}{6}u^2(6 - u)$

$A'(u) = 0 \Leftrightarrow u = 0 \vee u = \frac{9}{2}$

$A''\left(\frac{9}{2}\right) = -\frac{27}{2} < 0$, also Maximum für $u = \frac{9}{2}$

Maximiere $U = 2u + 2v$

Nebenbedingung: $v = \frac{1}{6}u^2(6 - u)$

Zielfunktion: $U(u) = -\frac{1}{3}u^3 + 2u^2 + 2u$

$U'(u) = 0 \Leftrightarrow u = 2 \pm \sqrt{6}$

$U''(2 + \sqrt{6}) = -2\sqrt{6} < 0$, also Maximum für $u = 2 + \sqrt{6}$

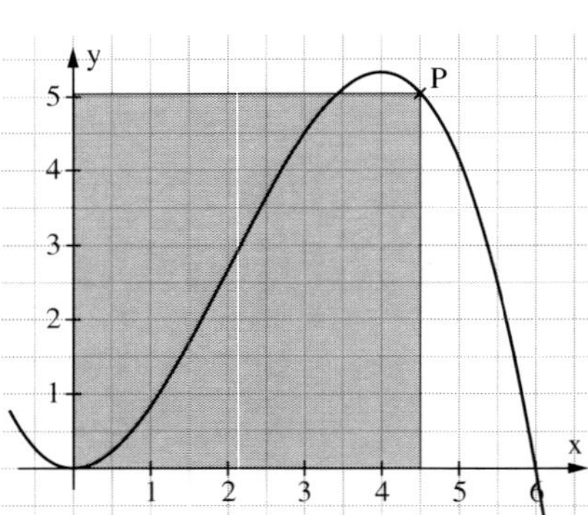

1.5 Kurvenanpassung – Gleichungssysteme

1.5.1 Bestimmen ganzrationaler Funktionen – lineare Gleichungssysteme

65

2. Lösen Sie das System

$$\left|\begin{array}{l} 4a + 2b + c = 1 \\ 4a + b = 0 \\ -2a + b = 3 \end{array}\right|;$$

das ergibt: $f(x) = -\frac{x^2}{2} + 2x - 1$.

Der Graph läuft durch den Punkt $(2 \mid 1)$ und hat dort die Steigung 0. An der Stelle -1 hat der Graph die Steigung 3.
Die Lösung des Systems ergibt eine Parabel mit Hochpunkt.
Die Bedingungen sind nicht erfüllbar.

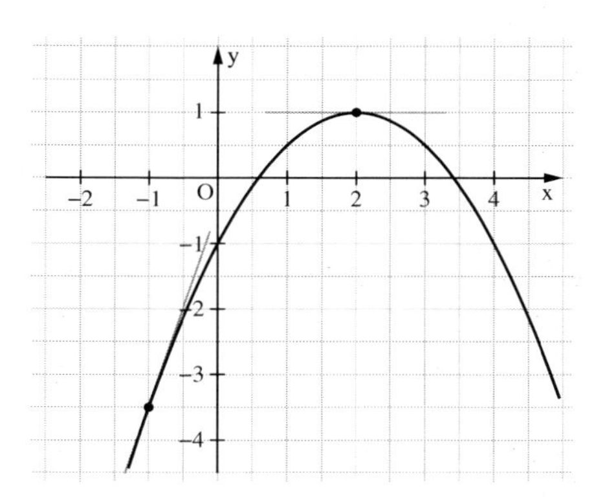

3. Die Bedingungen führen auf das System

$$\left|\begin{array}{l} 4a + b = 0 \\ a + b + c = 2 \\ 9a + 3b + c = 3 \end{array}\right|;$$

es ist nicht lösbar. Das Extremum einer quadratischen Funktion, die durch die Punkte $P(1 \mid 2)$ und $Q(3 \mid 3)$ geht, liegt nicht an der Stelle 2.

4. Lösen Sie das System

$$\left|\begin{array}{l} a + b + c = 1 \\ 9a + 3b + c = 1 \\ 4a + b = 0 \end{array}\right|;$$

das ergibt die Schar:

$f_c(x) = \left(\frac{c}{3} - \frac{1}{3}\right)x^2 + \left(\frac{4}{3} - \frac{4c}{3}\right)x + c,\ c \in \mathbb{R}$.

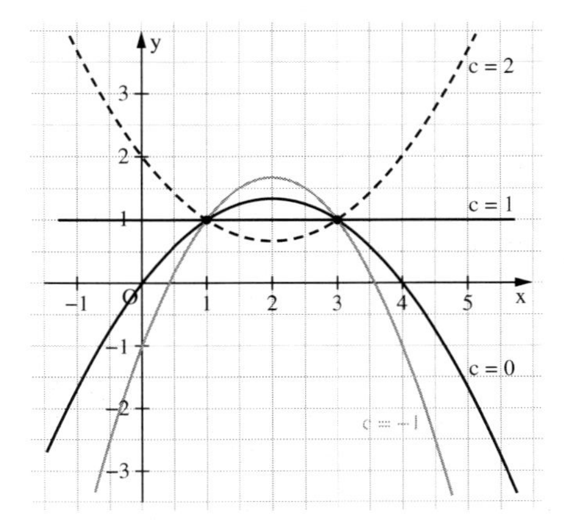

5. $f(x) = x^3 + \frac{3}{2}x^2 - 6x$

65

6. a) $f(x) = \frac{5}{4}x^3 - \frac{15}{2}x^2 + 12x$

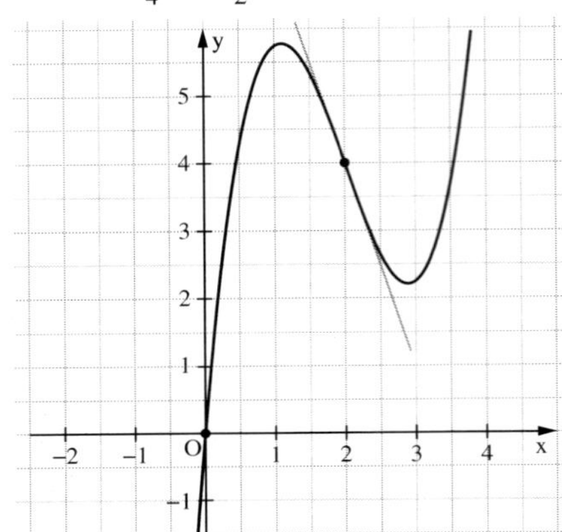

b) $f(x) = -\frac{1}{27}x^3 + x$

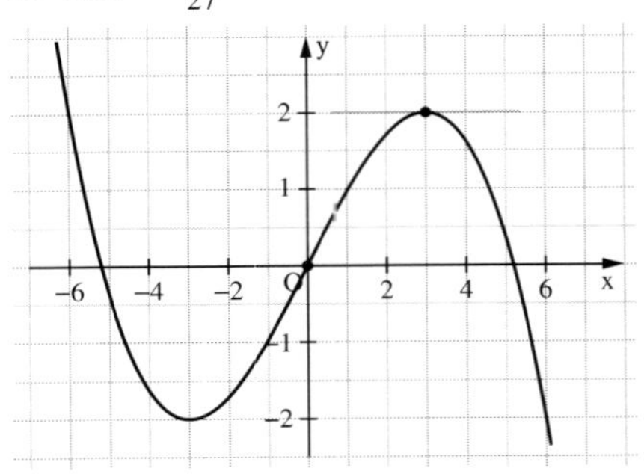

c) $f(x) = \frac{13}{70}x^3 + \frac{1}{35}x^2 - \frac{37}{70}x + \frac{46}{35}$

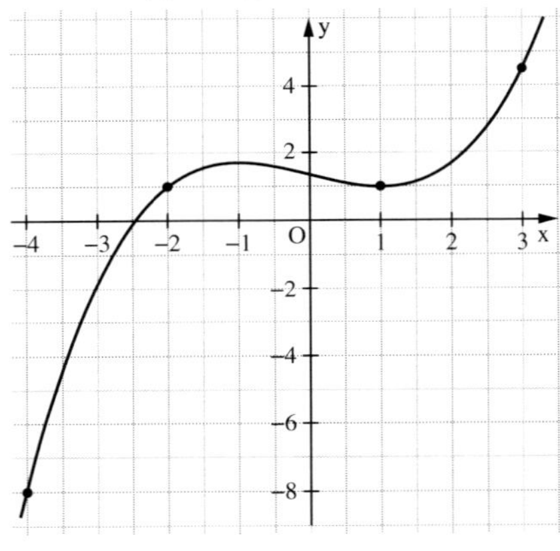

d) $f(x) = \frac{1}{8}x^3 - \frac{3}{4}x^2 + \frac{3}{2}x$

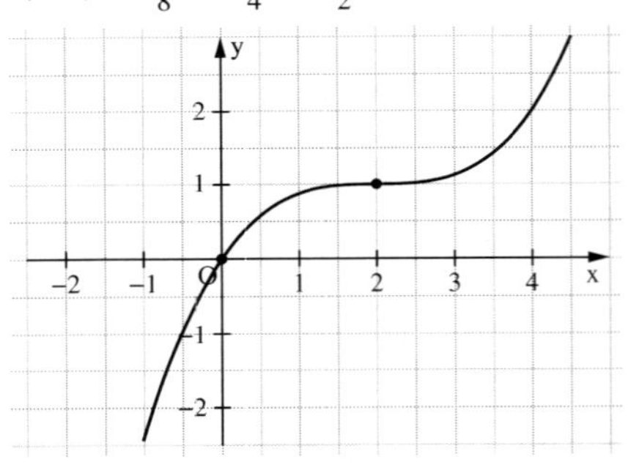

e) Die Parabel hat den Scheitelpunkt $\left(-\frac{1}{2} \mid -\frac{1}{4}\right)$. $f(x) = -5x^3 + \frac{15}{4}x + 1$

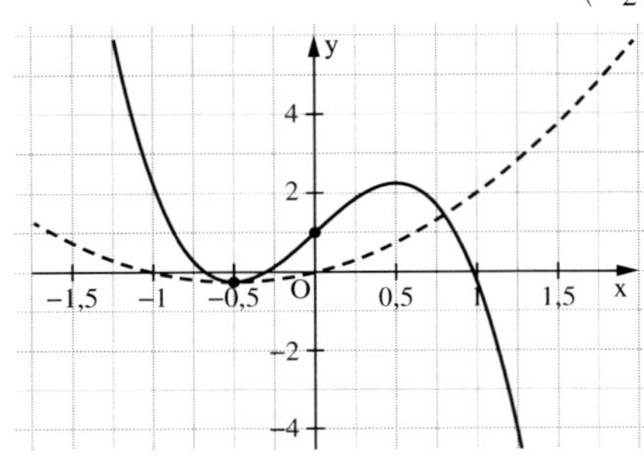

7. $r(h) = \frac{1}{60}h^3 - \frac{3}{20}h^2 + \frac{19}{30}h + 1$

8. Mit $f(0) = 7$; $f(20) = 0$; $f'(0) = 0$; $f'(20) = 0$ und $f(x) = ax^3 + bx^2 + cx + d$;
$f'(x) = 3ax^2 + 2bx + c$ ergibt sich der Funktionsterm: $t(x) = \frac{7}{4000}x^3 - \frac{21}{400}x^2 + 7$.

1.5.2 Lösen linearer Gleichungssysteme – GAUSS-Algorithmus

68

3. Wenn man das System auf Dreiecksgestalt bringen will, fallen die unteren beiden Gleichungen weg. Man führt dann in $2x_1 + 6x_2 - 3x_3 = -6$ zwei Parameter ein, indem man $x_3 = t$ und $x_2 = s$ setzt, mit $s, t \in \mathbb{R}$. Man erhält so die Lösung
$L = \left\{\left(-3 - 3s + \frac{3}{2}t \mid s \mid t\right) \mid s, t \in \mathbb{R}\right\}$.

4. (1) Das System besitzt die eindeutige Lösung $x = 1$; $y = 2$.
(2) Das System besitzt keine Lösung.
(3) Das System besitzt unendlich viele Lösungen: $x = 3 - t$, $y = -1 + 2t$; $z = t$ mit $t \in \mathbb{R}$.
(4) Das System besitzt keine Lösung.

5. **a)**
$$\begin{bmatrix} 2 & 1 & 2 & 0 & 5 \\ 3 & 2 & 3 & 0 & 8 \\ 4 & 3 & 4 & -1 & 1 \end{bmatrix} \begin{matrix} \cdot\left(-\frac{3}{2}\right) \text{ zu Zeile 2 addieren} \\ \cdot(-2) \text{ zu Zeile 3 addieren} \\ \end{matrix}$$

$$\begin{bmatrix} 2 & 1 & 2 & 0 & 5 \\ 0 & \frac{1}{2} & 0 & 0 & \frac{1}{2} \\ 0 & 1 & 0 & -1 & -9 \end{bmatrix} \begin{matrix} \\ \cdot(-2) \text{ zu Zeile 1 und Zeile 3 addieren} \\ \end{matrix}$$

$$\begin{bmatrix} 2 & 0 & 2 & 0 & 4 \\ 0 & \frac{1}{2} & 0 & 0 & \frac{1}{2} \\ 0 & 0 & 0 & -1 & -10 \end{bmatrix} \begin{matrix} :2 \\ \cdot 2 \\ \cdot(-1) \end{matrix}$$

$$\begin{bmatrix} 1 & 0 & 1 & 0 & 2 \\ 0 & 1 & 0 & 0 & 1 \\ 0 & 0 & 0 & 1 & 10 \end{bmatrix}$$

b) Die dritte Zeile entspricht der Gleichung $1 \cdot t = 10$. Damit gilt $x_1 + x_3 = 2$ und $x_2 = 1$. Man erhält die Lösung $L = \{(2 - s \mid 1 \mid s) \mid s \in \mathbb{R}\}$.

c) $L = \{\ \}$

69

6. **a)** $L = \{(-1 \mid 2)\}$ **b)** $L = \{(0 \mid 0 \mid 0)\}$ **c)** $L = \{(1 \mid 2 \mid -3)\}$

7. **a)** $L = \left\{\left(\frac{19}{5} \mid 0 \mid \frac{1}{5}\right)\right\}$

b) $L = \{(2 - t \mid -1 + t \mid 4 + t \mid t) \mid t \in \mathbb{R}\}$
Konkrete Lösungen: $t = 0$: $(2 \mid -1 \mid 4 \mid 0)$; $t = 1$: $(1 \mid 0 \mid 5 \mid 1)$; $t = 2$: $(0 \mid 1 \mid 6 \mid 2)$

c) $L = \{(0 \mid 0 \mid 1)\}$

8. **a)** $f(x) = \frac{5}{2}x^2 - \frac{3}{2}x - 3$

b) $f(x) = -\frac{7}{10}x^2 + \frac{1}{10}x + \frac{53}{5}$

c) $f(x) = \frac{13}{70}x^3 + \frac{1}{35}x^2 - \frac{37}{70}x + \frac{46}{35}$

d) $f(x) = -\frac{7}{3}x^3 - 12x^2 - \frac{38}{3}x$

9. **a)** Der Ansatz $f(x) = ax^3 + bx^2 + cx + d$ führt auf das LGS

$$\left|\begin{array}{l} a + b + c + d = 4 \\ 3a + 2b + c = 0 \\ 2b = 0 \\ d = 2 \end{array}\right|$$

$\Rightarrow L = \{(-1 \mid 0 \mid 3 \mid 2)\} \Rightarrow f(x) = -x^3 + 3x + 2$

69

9. b) Der Ansatz $f(x) = ax^3 + bx^2 + cx + d$ führt auf das System

$$\left| \begin{array}{l} 64a + 16b + 4c + d = 32 \\ -a + b - c + d = 7 \\ 3a - 2b + c = 0 \\ 3a + 2b = 0 \end{array} \right|$$

Es liefert die Funktion $f(x) = 2x^3 - 3x^2 - 12x$. Wegen $f''(-1) = -18$ liegt bei $(-1 \mid 7)$ ein Hochpunkt. Es gibt also keine Funktion dritten Grades mit den gewünschten Eigenschaften.

Der Ansatz $f(x) = ax^4 + bx^3 + cx^2 + dx + e$ führt auf das System

$$\left| \begin{array}{l} 256a + 64b + 16c + 4d + e = 32 \\ a - b + c - d + e = 7 \\ -4a + 3b - 2c + d = 0 \\ 3a + 3b + 2c = 0 \end{array} \right|$$

Es besitzt die Lösung $a = \frac{t}{68}$, $b = 2 - \frac{19t}{68}$; $c = -3 + \frac{27t}{68}$; $d = -12 + \frac{115t}{68}$; $e = t$, $t \in \mathbb{R}$.

Wegen $f''(-1) = \frac{45t}{17} - 18$ ist jede Funktion mit $t > \frac{34}{5}$ eine Lösung.

c) $f(x) = ax^3 + bx$ liefert das LGS $\left| \begin{array}{l} a + b = -1 \\ 12a + b = 0 \end{array} \right|$ mit $L = \left\{ \left(\frac{1}{11} \middle| -\frac{12}{11} \right) \right\}$

$\Rightarrow f(x) = \frac{1}{11}x^3 - \frac{12}{11}x$

d) Die Extremstellen $x = -2$ und $x = 4$ sind die Nullstellen der Ableitung, die bis auf einen Faktor a bestimmt ist:

$f'(x) = a \cdot (x + 2) \cdot (x - 4) = a \cdot (x^2 - 2x - 8)$.

Für f'' gilt: $f''(x) = a(2x - 2)$. $f''(x)$ hat für kein $a \neq 0$ bei $x = 0$ eine Nullstelle. Also gibt es keine Funktion 3. Grades, die die Bedingung erfüllt.

Der Ansatz $f(x) = ax^4 + bx^3 + cx^2 + dx + e$ führt auf das System

$$\left| \begin{array}{l} -32a + 12b - 4c + d = 0 \\ 256a + 48b + 8c + d = 0 \\ 2c = 0 \end{array} \right|$$

Es besitzt die Lösung $a = \frac{t}{128}$; $b = -\frac{1}{16}$; $c = 0$; $d = t$; $e = s$; $s, t \in \mathbb{R}$

Eine Funktion ist z. B. für $d = t = 16$: $\frac{1}{8}x^4 - x^3 + 16x$; diese hat bei $x = 4$ einen Sattelpunkt und kein Extremum.

Wegen $f''(4) = 0$ und $f'''(4) = \frac{3t}{8} \neq 0$ für $t \neq 0$ besitzt die Schar einen Wendepunkt bei $x = 4$. Es gibt also auch keine Funktion vierten Grades, die die Bedingungen erfüllt.

10. a) Vermutung: f ist eine ganzrationale Funktion 3. Grades mit den folgenden Eigenschaften: (1) $f(0) = 0$; (2) $f(2) = 8$; (3) $f(2) = 0$; (4) $f(6) = 0$.

Der Ansatz $f(x) = ax^3 + bx^2 + cx + d$ führt auf das Gleichungssystem

(1) $d = 0$

(2) $8a + 4b + 2c + d = 8$

(3) $12a + 4b + c = 0$

(4) $216a + 36b + 6c + d = 0$

Lösungen: $a = \frac{1}{4}$; $b = -3$; $c = 9$; $d = 0 \Rightarrow f(x) = \frac{1}{4}x^3 - 3x^2 + 9x$

b) Ansatz: $f(x) = ax^4 + bx^2 + 1$ (Graph symmetrisch zur y-Achse mit $f(0) = 1$)

Weitere Bedingungen: (1) $f(2) = -3$; (2) $f'(2) = 0$

69

10. Gleichungssystem:

(1) $16a + 4b = -4$

(2) $32a + 4b = 0$

Lösungen: $a = \frac{1}{4}$; $b = -2 \Rightarrow f(x) = \frac{1}{4}x^4 - 2x^2 + 1$

c) Ansatz: $f(x) = ax^3 + bx^2 + cx + d$

Bedingungen: (1) $f(-1) = 0$; (2) $f(1) = -1$; (3) $f(1) = 0$; (4) $f''(1) = 0$

Gleichungssystem:

(1) $-a + b - c + d = 0$

(2) $a + b + c + d = -1$

(3) $3a + 2b + c = 0$

(4) $6a + 2b = 0$

Lösungen: $a = -\frac{1}{8}$; $b = \frac{3}{8}$; $c = -\frac{3}{8}$; $d = -\frac{7}{8} \Rightarrow f(x) = \frac{1}{8} \cdot (-x^3 + 3x^2 - 3x - 7)$

11. a) Der Ansatz $f(x) = ax^4 + bx^2 + c$ liefert $f(x) = -\frac{8}{9}x^4 + 8x^2$.

$\left[f(x) = \frac{1}{27}x^4 - \frac{1}{3}x^2;\ f(x) = 0\right]$

b) Der Ansatz $f(x) = ax^4 + bx^2 + c$ liefert $f(x) = \frac{1}{4}x^4 - \frac{3}{2}x^2 + \frac{17}{4}$.

12. a) Der Ansatz $f(x) = ax^3 + bx$ liefert $f(x) = x^3 - 4x$.

b) Der Ansatz $f(x) = ax^5 + bx^3 + cx$ liefert $f(x) = x^5 - 2x^3 + x$.

1.5.3 Trassierung

72

1. Gesucht f mit

$f(0) = 0$; $f'(0) = 0$; $f''(0) = 0$; $f(10) = 2$; $f'(10) = 0$; $f''(10) = 0$

Ansatz: $f = ax^5 + bx^4 + cx^3 + dx^2 + ex + g$

Lösen des LGS liefert: $f(x) = \frac{3}{25\,000}x^5 - \frac{3}{1\,000}x^4 + \frac{1}{50}x^3$.

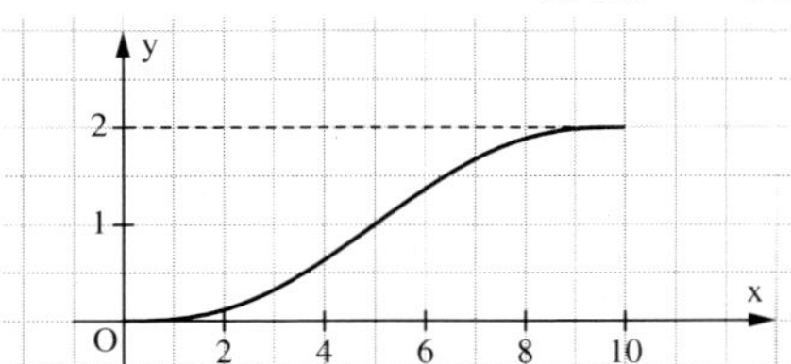

73

2. Je nach „Glattheit“ des Übergangs gibt es verschiedene Lösungen.

Abrupte Änderung der Steigung

$f(0) = 0$; $f(4) = 1 \Rightarrow f(x) = \frac{1}{4}x$

Stetige Änderung der Steigung

$f(0) = 0$; $f'(0) = 0$; $f(4) = 1$; $f'(4) = 0 \Rightarrow f(x) = -\frac{1}{32}x^3 + \frac{3}{16}x^2$

Stetige Änderung der 2. Ableitung

$f(0) = 0$; $f'(0) = 0$; $f''(0) = 0$; $f(4) = 1$; $f'(4) = 0$; $f''(4) = 0$

$\Rightarrow f(x) = \frac{3}{512}x^5 - \frac{15}{256}x^4 + \frac{5}{32}x^3$

73

3. **a)** $f(x) = \frac{1}{8}x^3 - \frac{3}{4}x^2 + 4$

b) Die Rutsche hat an der steilsten Stelle eine Neigung von 56,3°.

c) Wenn Länge und Höhe beibehalten werden sollen, ergibt sich nur die Lösung $f(x) = 4 - x$. Bei einer Länge von 4 m und waagerechten Tangenten in Anfangs- und Endpunkt muss die Höhe reduziert werden.
Legt man die Rutsche durch den Startpunkt $P(0 \mid h)$, so ergibt sich das Profil $f(x) = \frac{h}{32}x^3 - \frac{3h}{16}x^2 + h$ mit der maximalen Steigung bei $x = 2$.
Aus $f'(2) = -1$ folgt $h = \frac{8}{3}$; d. h. die Rutsche hat eine Höhe von 2,66 m.

4. Die Funktion f, die den Verlauf des Übergangsbogens beschreibt, muss die folgenden Ausschlussbedingungen erfüllen:
$f(1) = 2;\ f'(1) = \frac{3}{4};\ f(3) = 4;\ f'(3) = 0$
Der Ansatz $f(x) = ax^3 + bx^2 + cx + d$ führt zu den folgenden Gleichungen:

$$\left|\begin{array}{l} a + b + c + d = 2 \\ 3a + 2b + c = 0{,}75 \\ 27a + 9b + 3c + d = 4 \\ 27a + 6b + c = 0 \end{array}\right|$$

Mit dem rref-Befehl des GTR ergibt sich
$a = -0{,}3125;\ b = 1{,}6875;\ c = -1{,}6875;\ d = 2{,}3125$ und damit
$f(x) = \frac{1}{16} \cdot (-5x^3 + 27x^2 - 27x + 37)$.
Wenn der Übergang glatter sein soll, sind den 4 Bedingungen noch die Bedingungen $g''(1) = g''(3) = 0$ hinzuzufügen. Dem entsprechend arbeiten wir mit ganzrationalen Funktionen 5. Grades:
$g(x) = ax^5 + bx^4 + cx^3 + dx^2 + ex + f$
$g'(x) = 5ax^4 + 4bx^3 + 3cx^2 + 2dx + e$
Das lineare Gleichungssystem lautet nun:

$$\begin{array}{ll} (1) & a + b + c + d + e + f = 2 \\ (2) & 5a + 4b + 3c + 2d + e = 0{,}75 \\ (3) & 20a + 12b + 6c + 2d = 0 \\ (4) & 243a + 81b + 27c + 9d + 3e + f = 4 \\ (5) & 405a + 108b + 27c + 6d + e = 0 \\ (6) & 540a + 108b + 18c + 2d = 0 \end{array}$$

Unter Verwendung des rref-Befehls ergibt sich daraus die folgende Funktion:
$g(x) = \frac{1}{64} \cdot (15x^5 - 147x^4 + 526x^3 - 846x^2 + 675x - 95)$

5. Gesucht f mit:
$f(0) = 15;\ f'(0) = -\tan(35°) \approx -0{,}7;\ f(30) = 0;\ f'(30) = -\tan(10°) \approx -0{,}176$
Ansatz: $f(x) = ax^3 + bx^2 + cx + d$ liefert:
$f(x) = \frac{31}{225\,000}x^3 + \frac{19}{7\,500}x^2 - \frac{7}{10}x + 15$

74

6. Wir legen den Koordinatenursprung genau in die Mitte zwischen die beiden Knickpunkte und lassen dort die beiden Parabeln aneinander stoßen. Dann besitzt die linke Parabel einen Funktionsterm der Form

74

6. $p_1(x) = 3{,}5 - \frac{1}{4}x + ax^2$ (mit $a < 0$)
und die rechte Parabel
$p_2(x) = 3{,}5 - \frac{1}{4}x + bx^2$ (mit $b > 0$).
Die Parabel p_1 muss die Gerade g_1 mit
$g_1(x) = \frac{1}{2} \cdot (x + 2) + 4 = \frac{1}{2}x + 5$ in einem Punkt A_1 berühren, wobei der x-Wert von A_1 kleiner als -2 sein muss.

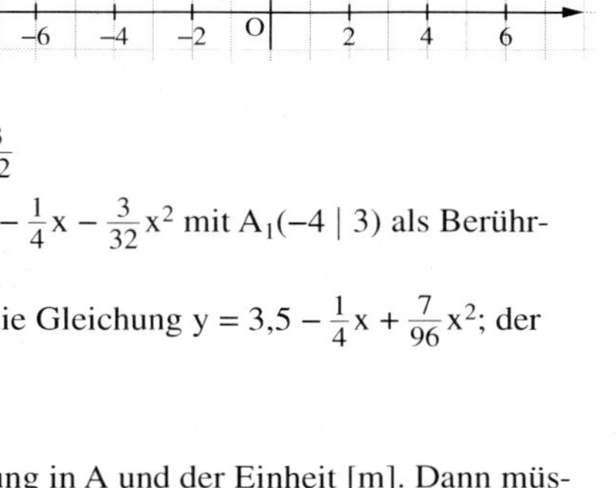

$p_1'(x) = -\frac{1}{4} + 2a \cdot x = \frac{1}{2} \Rightarrow x = \frac{3}{8a}$

$p_1\left(\frac{3}{8a}\right) = g_1\left(\frac{3}{8a}\right)$; $3{,}5 + \frac{3}{64a} = 5 + \frac{3}{16a} \Rightarrow a = -\frac{3}{32}$

Die linke Parabel hat also die Gleichung $y = 3{,}5 - \frac{1}{4}x - \frac{3}{32}x^2$ mit $A_1(-4 \mid 3)$ als Berührpunkt.

Entsprechend erhält man für die rechte Parabel die Gleichung $y = 3{,}5 - \frac{1}{4}x + \frac{7}{96}x^2$; der Berührpunkt hat die Koordinaten $A_2\left(4 \mid \frac{11}{3}\right)$.

7. (1) Lege ein Koordinatensystem mit dem Ursprung in A und der Einheit [m]. Dann müssen die folgenden Eigenschaften erfüllt sein:
$f(0) = 0$; $f'(0) = -1$; $f(4) = 4$; $f'(4) = 7$.
Die einzige Funktion dritten Grades mit diesen Eigenschaften lautet
$f(x) = \frac{1}{4}x^3 - \frac{1}{2}x^2 - x$. Sie besitzt aber einen Wendepunkt in $P\left(\frac{2}{3} \middle| -\frac{22}{27}\right)$ und kommt daher nicht in Frage.

(2) Der Ansatz $f(x) = ax^4 + bx^3 + cx^2 + dx + e$ führt auf das System

$$\left|\begin{array}{rl} e &= 0 \\ 256a + 64b + 16c + 4d + e &= 4 \\ d &= -1 \\ 256a + 48b + 8c + d &= 7 \end{array}\right|$$

Es besitzt die Lösungen $a = \frac{1}{32} + \frac{t}{16}$; $b = -\frac{t}{2}$; $c = t$; $d = -1$; $e = 0$; $t \in \mathbb{R}$.

Suche in der Schar $f_t(x) = \left(\frac{1}{32} + \frac{t}{16}\right)x^4 - \frac{t}{2}x^3 + tx^2 - x$ eine Lösung ohne Wendepunkte.

Löse dazu $f_t''(x) = 0$, also $\left(\frac{3}{8} + \frac{3t}{4}\right)x^2 - 3tx + 2t = 0$ und wähle t so, dass keine Lösung im Intervall $(0; 4)$ liegt.

Ein geeigneter Wert ist z. B. $t = \frac{1}{2}$. Die Funktion vierten Grades lautet dafür
$f(x) = \frac{x^4}{16} - \frac{x^3}{4} + \frac{x^2}{2} - x$.

8. $h(-1) = 1$; $h'(-1) = -1$; $h(1) = 1$; $h'(1) = 1$;
$h''(-1) = 0$; $h''(1) = 0$.
Da h achsensymmetrisch zur y-Achse, genügen die drei Bedingungen:
$h(1) = 1$; $h'(1) = 1$ und $h''(1) = 0$.
Ansatz $h(x) = ax^4 + bx^2 + c$ liefert:
$-\frac{1}{8}x^4 + \frac{3}{4}x^2 + \frac{3}{8}$.

74

9. Wenn nur eine Verbindung mit glattem Übergang hergestellt werden soll, dann müssen folgende Bedingungen erfüllt sein:
(1) $h(0) = 0$; (2) $h'(0) = 0$; (3) $h(1) = 0{,}5$; (4) $h'(1) = 0{,}5$
Ansatz mit einer ganzrationalen Funktion 3. Grades:
$h(x) = ax^3 + bx^2 + cx + d$; $h'(x) = 3ax^2 + 2bx + c$
Lineares Gleichungssystem:
(1) $d = 0$; (2) $c = 0$; (3) $a + b + c + d = 0{,}5$; (4) $3a + 2b + c = 0{,}5$
Lösung: $h(x) = -0{,}5x^3 + x^2$ (Grafik links)
Wird zusätzlich noch die Bedingung eines krümmungsruckfreien Übergangs verlangt, dann müssen auch die Bedingungen erfüllt sein:
(5) $h''(0) = 0$; (6) $h''(1) = 0$.
Ansatz mit ganzrationaler Funktion 5. Grades:
$h(x) = ax^5 + bx^4 + cx^3 + dx^2 + ex + f$; $h'(x) = 5ax^4 + 4bx^3 + 3cx^2 + 2dx + e$;
$h''(x) = 20ax^3 + 12bx^2 + 6cx + 2d$
(1) $f = 0$; (2) $e = 0$; (3) $a + b + c + d + e + f = 0{,}5$; (4) $5a + 4b + 3c + 2d + e = 0{,}5$;
(5) $d = 0$; (6) $20\,a + 12b + 6c + 2d = 0$
Das lineare Gleichungssystem hat die Lösung $h(x) = 1{,}5x^5 - 4x^4 + 3x^3$ (Grafik rechts).

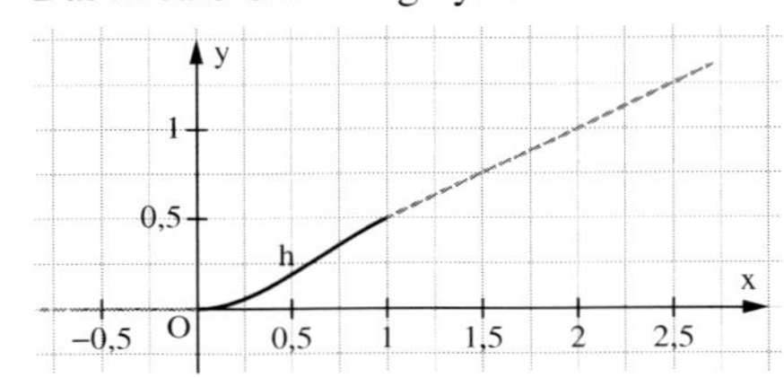

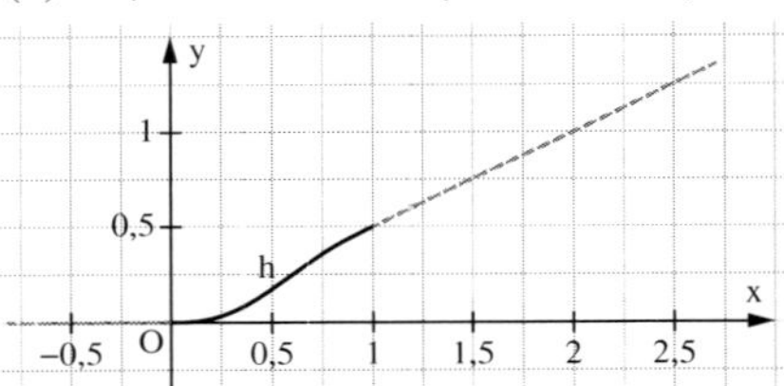

10. Wir legen den Baum in den Ursprung und schätzen, dass er 1 m von dem Weg entfernt ist und 2 m vor dem Baum die Umfahrung beginnt.
Der Ansatz $f(x) = ax^6 + bx^4 + cx^2 + d$ und die Bedingungen $f(0) = 1$; $f(2) = 0$; $f'(2) = 0$; $f''(2) = 0$ liefert folgenden Funktionsterm:
$-\frac{1}{64}x^6 + \frac{3}{16}x^4 - \frac{3}{4}x^2 + 1.$

1.5.4 Interpolation – Spline-Interpolation – Regression

77

2. (1) $f(x) = 0{,}1528x^3 - 2{,}0139x^2 + 7{,}0833x - 3$
(2) $f(x) = 0{,}1528x^3 - 2{,}0139x^2 + 7{,}0833x - 3$
(3) $f(x) = 0{,}2832x^2 - 1{,}3257x - 2{,}9416$
(1) und (2) liefern die gleiche Funktion, die exakt durch die Punkte verläuft.
(3) enthält keinen der 4 Punkte.

78

3. a) $f(x) = \frac{1}{108}x^3 - \frac{23}{108}x^2 + \frac{65}{54}x$

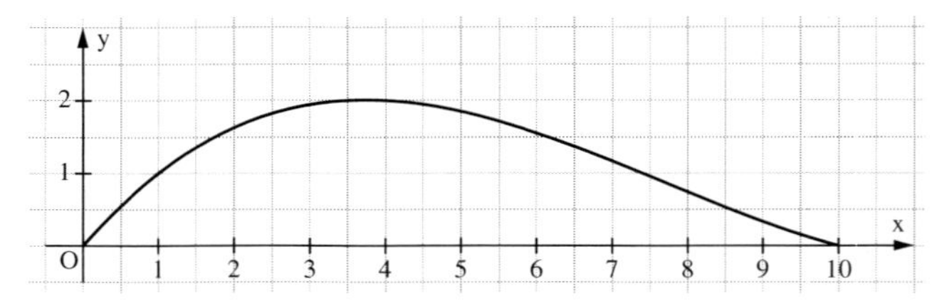

78

3. Anders als im abgebildeten Querschnitt hat der Graph der Funktion im Intervall [4; 10] einen Wendepunkt.

b) $x \in [0; 1]$: $f(x) = -\frac{2}{27}x^3 + \frac{29}{27}x$

$x \in [1; 4]$: $f(x) = \frac{4}{243}x^3 - \frac{22}{81}x^2 + \frac{109}{81}x - \frac{22}{243}$

$x \in [4; 10]$: $f(x) = \frac{1}{243}x^3 - \frac{10}{81}x^2 + \frac{61}{81}x + \frac{170}{243}$

c) Eine Funktion: $f(x) = -\frac{3}{400}x^3 + \frac{61}{400}x^2 - \frac{31}{40}x$

$x \in [0; 2]$: $f(x) = \frac{37}{1510}x^3 - \frac{903}{1510}x$

$x \in [2; 5]$: $f(x) = -\frac{23}{1510}x^3 + \frac{36}{151}x^2 - \frac{1623}{1510}x + \frac{48}{151}$

$x \in [5; 10]$: $f(x) = -\frac{1}{1510}x^3 + \frac{3}{151}x^2 + \frac{27}{1510}x - \frac{227}{151}$

4. (1) $f(x) = -\frac{5}{16}x^2 + \frac{7}{8}x$

(2) $x \in [0; 0{,}4]$: $f(x) = -\frac{25}{64}x^3 + \frac{13}{16}x$

$x \in [0{,}4; 0{,}8]$: $f(x) = \frac{25}{64}x^3 - \frac{15}{16}x^2 + \frac{19}{16}x - \frac{1}{20}$

5. $x \in [0; 10]$: $f(x) = -\frac{1011}{703000}x^3 + \frac{1015}{703}x + 9$

$x \in [10; 20]$: $f(x) = -\frac{569}{70300}x^3 - \frac{663}{35150}x^2 + \frac{302}{185}x + \frac{5885}{703}$

$x \in [20; 39]$: $f(x) = \frac{79}{66785}x^3 - \frac{9243}{66785}x^2 + \frac{268688}{66785}x - \frac{101073}{13357}$

Abschnitt unten links: $f(x) = \frac{5}{24}x^3 - \frac{16}{3}x + 9$

Abschnitt unten rechts: $f(x) = -\frac{1}{24}x^3 + \frac{39}{8}x^2 - \frac{14957}{8}x + \frac{18909}{8}$

79

6. Die Bedingungen für die gesuchte Funktion f lauten:

(1) $f(0) = 0$

(2) $f'(0) = 0$

(3) $f(30) = 0$

(4) $f(x_{min}) = -8$

Da insgesamt 4 Bedingungen vorliegen, gehen wir vom Ansatz

$f(x) = ax^3 + bx^2 + cx + d$

aus, wobei (1) und (2) sofort die Parameterwerte $c = d = 0$ liefern.

Mit $f(x) = ax^3 + bx^2$ und der dritten Bedingung $f(30) = 0$ folgt

$27000a + 900b = 0 \Rightarrow b = -30a$.

In der Funktionenschar $f_a(x) = ax^3 - 30ax^2 = a \cdot (x^3 - 30x^2)$ ist nun der Parameter a so zu wählen, dass $f(x_{min}) = -8$ ist. Wir bestimmen zunächst x_{min}:

$f_a'(x) = a \cdot (3x^2 - 60x) = 3ax \cdot (x - 20) = 0$ für $x = 0$ und $x = 20$

$f_a''(x) = a \cdot (6x - 60)$

$f_a''(20) = 60a > 0$ für $a > 0$

Für positive a-Werte liegt bei $x_{min} = 20$ ein relatives Minimum.

Für die Ordinate dieses Tiefpunktes gilt:

$y_T = f_a(20) = 8000a - 12000a = -4000a$.

Die Bedingung $f(20) = -8$ führt zu $a = \frac{-8}{-4000} = 0{,}002$.

79

6. Demnach gilt für die gesuchte Funktion f: $f(x) = 0{,}002 \cdot x^2 \cdot (x - 30)$.
Der tiefste Punkt liegt in $T(20 \mid -8)$ und die Durchbiegung genau in der Mitte beträgt wegen $f(15) = -6{,}75$ genau 6,75 cm.

7. Durch die 6 Punkte kann man eine Funktion 5. Grades legen:
$f(x) = 0{,}04583x^5 - 1{,}25x^4 + 13{,}35417x^3 - 69x^2 + 174{,}35x - 170$
Näherungswert für 75 km/h: $f(7{,}5) = 22{,}73$
$\Rightarrow$ Mindestradius 227,3 m.

8. a) $(5 \mid 25)$; $(6 \mid 30)$; $(7 \mid 45)$; $(8 \mid 55)$; $(9 \mid 60)$ liefert:
$f(x) = 0{,}625x^4 - 18{,}75x^3 + 206{,}875x^2 - 983{,}75x + 1\,725$
Je nach Wahl der Punkte können sich unterschiedliche Funktionsausdrücke ergeben.

b) Hochpunkt: $H(9 \mid 60)$; Wendepunkt: $W(6{,}5 \mid 37)$ mit $m_W = 20$.
Ansatz:
$f(x) = ax^4 + bx^3 + cx^2 + dx + e$; $f'(x) = 4ax^3 + 3bx^2 + 2cx + d$;
$f''(x) = 12ax^2 + 6bx + 2c$
Bedingungen:
(1) $f(9) = 60$; (2) $f'(9) = 0$ (3) $f(6{,}5) = 37$ (4) $f'(6{,}5) = 17{,}5$
(5) $f''(6{,}5) = 0$
Gleichungen:
(1) $6\,561a + 729b + 81c + 9d + e = 60$
(2) $2\,916a + 243b + 18c + d = 0$
(3) $\frac{28\,561}{16}a + \frac{2\,197}{8}b + \frac{169}{4}c + 6{,}5d + e = 37$
(4) $\frac{2\,197}{2}a + \frac{507}{4}b + 13c + d = 17{,}5$
(5) $507a + 39b + 2c = 0$
Mithilfe des rref-Befehls ergibt sich:
$a = 0{,}4736$; $b = -14{,}8256$; $c = 169{,}0416$; $d = -821{,}1456$; $e = 1\,458{,}5156$
$f(x) = 0{,}4736x^4 - 14{,}8256x^3 + 169{,}0416x^2 - 821{,}1456x + 1\,458{,}5156$

9. a)

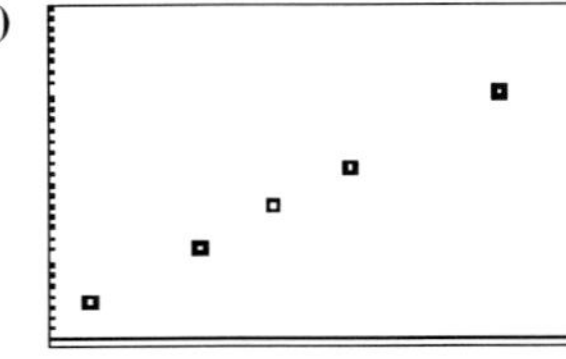

```
LinReg
 y=ax+b
 a=.1727616279
 b=44.61831395
```

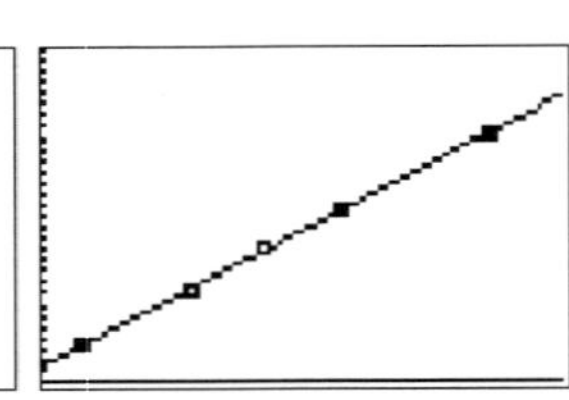

Am Graph kann man erkennen, dass von einem linearen Zusammenhang ausgegangen werden kann.

b) ca. 48,07 Ω

10. a) Zu gleichen Zeitabständen gehören bei exponentiellem Wachstum gleiche Vervielfachungsfaktoren, hier aber findet von der 1. bis zur 2. Sekunde ungefähr eine Vervierfachung, dann aber von der 2. bis zur 3. Sekunde nur eine Verdopplung statt. Da diese Vervielfachungsfaktoren nicht gleich sind, kann kein exponentielles Wachstum vorliegen.

b) Der Prozess kann durch eine Funktion zweiten Grades beschrieben werden. Der GTR liefert mit dem Befehl QuadReg die Regressionsparabel $y = 5{,}05x^2 - 0{,}1x + 0{,}2$.

79

11. Logarithmiert man die Werte der Tabelle, dann stellt man fest, dass die Punkte auf einer Geraden liegen. Durch lineare Regression ergibt sich dann:

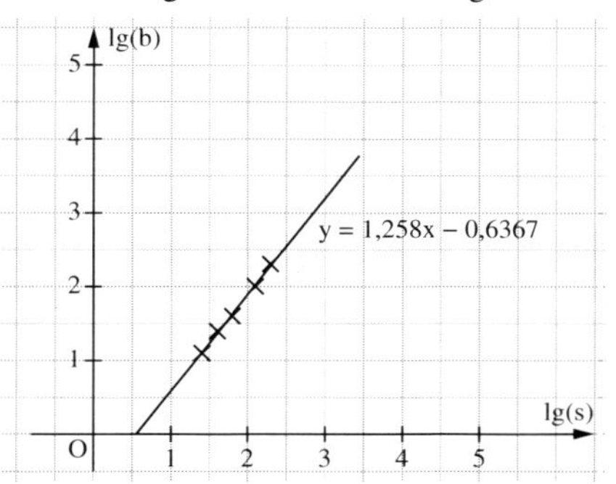

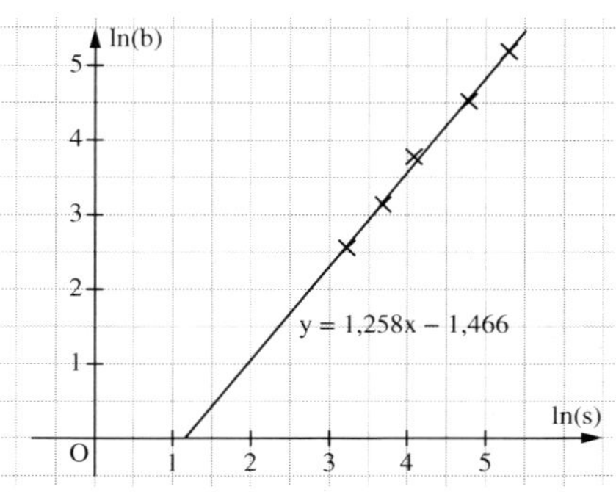

Macht man das Logarithmieren wieder rückgängig, so erhält man hieraus:
für den Logarithmus zur Basis 10:
$\lg(b) = 1{,}258 \cdot \lg(s) - 0{,}6367$; $b = 10^{1{,}258 \cdot \lg(s) - 0{,}6367} = (10^{\lg(s)})^{1{,}258} \cdot 10^{-0{,}6367} = 0{,}231 \cdot s^{1{,}258}$
oder für den Logarithmus zur Basis e:
$\ln(b) = 1{,}258 \cdot \ln(s) - 1{,}466$; $b = e^{1{,}258 \cdot \ln(s) - 1{,}466} = (e^{\ln(s)})^{1{,}258} \cdot e^{-1{,}466} = 0{,}231 \cdot s^{1{,}258}$

1.5.5 Lineare Gleichungssysteme und Kurvenanpassung in technischen Anwendungen

81

2. a) An der Einspannstelle sollte der Metallstab möglichst nicht gekrümmt sein, daher der Ansatz $f''(0) = 0$.

b) Gemäß Teilaufgabe a) und der Sachsituation gilt auch $f'(0) = 0$, d. h. der Graph hat an der Stelle $x = 0$ einen Sattelpunkt. Wenn eine ganzrationale Funktion 3. Grades einen Sattelpunkt hat, besitzt sie keine Extrempunkte.
Ansatz:
$f(x) = a_4x^4 + a_3x^3 + a_2x^2 + a_1x + a_0$
$f'(x) = 4a_4x^3 + 3a_3x^2 + 2a_2x + a_1$
$f''(x) = 12a_4x^2 + 6a_3x + 2a_2$
Eigenschaften:
$f(0) = 0$: $a_0 = 0$; $f'(0) = 0$: $a_1 = 0$; $f''(0) = 0$: $a_2 = 0$. Diese Eigenschaften werden im Folgenden verwendet.
$f(1) = 0$: $a_4 + a_3 = 0$; also $a_3 = -a_4$.
$f'(x_e) = 0$ mit $f(x_e) = -0{,}105$
$f'(x_e) = 4a_4x_e^3 + 3 \cdot (-a_4) \cdot x_e^2 = a_4x_e^2 \cdot (4x_e - 3) = 0$. Dies ist erfüllt für $x_e = \frac{3}{4}$.
$f\left(\frac{3}{4}\right) = a_4 \cdot \left(\frac{3}{4}\right)^4 + (-a_4) \cdot \left(\frac{3}{4}\right)^3 = -0{,}105$
Aus $\frac{81}{256}a_4 - \frac{27}{64}a_4 = -0{,}105$ folgt: $a_4 \approx 0{,}996 \approx 1$.
Die Modellierungsfunktion f ist also gegeben durch $f(x) \approx x^4 - x^3$.

c) Änderungen gegenüber Teilaufgabe **b)**:
$f(e) = 0$: $a_4e^4 + a_3e^3 = 0$, d. h. wegen $e^3 \cdot (a_4 \cdot e + a_3) = 0$ folgt, dass $a_3 = -a_4 \cdot e$.
Aus $f'(x_e) = 4a_4x_e^3 - 3a_4 \cdot e \cdot x_e^2 = a_4 \cdot x_e^2 \cdot (4x_e - 3e) = 0$ ergibt sich
$x_e = \frac{3}{4}e$ und $f\left(\frac{3}{4}e\right) = a_4 \cdot \left(\frac{3}{4}e\right)^4 + (-a_4 \cdot e)\left(\frac{3}{4}e\right)^3 = a$; also
$a_4 \cdot e^4 \cdot \left(\frac{81}{256} - \frac{27}{64}\right) = a_4 \cdot e^4 \cdot \left(-\frac{27}{256}\right) = -a$; d. h. $a_4 = \frac{256}{27} \cdot \frac{a}{e^4}$.

81

2. Daher gilt:

$f(x) = \frac{256}{27} \cdot \frac{a}{e^4} \cdot (x^4 - ex^3)$

wobei a, e in derselben Einheit angegeben werden müssen.

d) $x_e = \frac{3}{4}e$ (vgl. Teilaufgabe **c**)) und $f(x_e) = a$; also $T\left(\frac{3}{4}e \mid a\right)$ Tiefpunkte.

$f'(x) = \frac{256a}{27e^4} \cdot (4x^3 - 3ex^2)$

$f''(x) = \frac{256a}{27e^4} \cdot (12x^2 - 6ex) = \frac{256a}{27e^4} \cdot 6x \cdot (2x - e)$

$f'''(x) = \frac{256a}{27e^4} \cdot (24x - 6e)$

$f'''(0) = \frac{256a}{27e^4} \cdot (-6e) \neq 0$ und $f'''\left(\frac{e}{2}\right) = \frac{256a}{27e^4} \cdot \left(24 \cdot \frac{e}{2} - 6e\right) \neq 0$;

also Wendepunkte in $W_1(0 \mid 0)$ und $W_2\left(\frac{e}{2} \mid -\frac{16a}{27}\right)$.

$f\left(\frac{e}{2}\right) = \frac{256a}{27e^4} \cdot \left(\frac{e^4}{16} - \frac{e^4}{8}\right) = \frac{256a}{27e^4} \cdot \left(-\frac{e^4}{16}\right) = -\frac{16a}{27}$

3. Ansatz: ganzrationale Funktion 4. Grades:

$f(x) = ax^4 + bx^3 + cx^2 + dx + e$

$f'(x) = 4ax^3 + bx^2 + cx + d$

$f''(x) = 12ax^2 + 6bx + c$

Aus den Bedingungen:

$f(0) = 2{,}5$ folgt $e = 2{,}5$; $f'(0)$ folgt $d = 0$

und dann weiter:

$f(-2) = 0$: $16a - 8b + 4c = 0 + 2{,}5 = 0$

$f(5) = 0$: $625a + 125b + 25c + 0 + 2{,}5 = 0$

$f'(5) = 0$: $500\,a + 75b + 10c = 0$.

Lösung dieses linearen Gleichungssystems ergibt:

$f(x) = -0{,}005x^4 + 0{,}09x^3 - 0{,}425x^2 + 2{,}5$.

Nimmt man noch die Bedingung $f''(5) = 0$ hinzu (bedeutet: „flaches“ Ende der Rutsche), dann führt der Ansatz $f(x) = ax^5 + bx^4 + cx^3 + dx^2 + ex + f$ zu den Bedingungen:

$f(0) = 0$: $f = 2{,}5$

$f'(0) = 0$: $e = 0$

$f(-2) = 0$: $-32a + 16b - 8c + 4d + 0 + 2{,}5 = 0$

$f(5) = 0$: $3125a + 625b + 125c + 25d + 0 + 2{,}5 = 0$

$f'(5) = 0$: $3125a + 500b + 75c + 10d + 0 = 0$

$f''(5) = 0$: $2500a + 300b + 30c + 2d = 0$

und zu der Funktionsgleichung:

$f(x) = -0{,}001x^5 + 0{,}003x^4 + 0{,}085x^3 - 0{,}475x^2 + 2{,}5$.

82

4. Ansatz: Die Bedingungen

$f(60) = 90$; $f'(60) = 1$; $f(100) = 110$; $f'(100) = 0$

führen auf ein lineares Gleichungssystem mit 4 Gleichungen und 4 Variablen, passend zu einer ganzrationalen Funktion 3. Grades:

$f(x) = ax^3 + bx^2 + cx + d$

$f'(x) = 3ax^2 + 2bx + c$

$f(60) = 90$: $216\,000a + 3600b + 60c + d = 90$

$f'(60) = 1$: $10\,800a + 120b + c = 1$

82

4. $f(100) = 110$: $1\,000\,000a + 10\,000b + 100c + d = 110$
$f'(100) = 0$: $30\,000a + 200b + c = 0$
Lösung:
$f(x) = -0{,}125x^2 + 2{,}5x - 15$; also eine ganzrationale Funktion 2. Grades: Man kann demnach eine quadratische Parabel in die Lücke so einzeichnen, dass der Übergang „glatt" ist (d. h. mit übereinstimmenden Steigungen).
Hinweis: Wenn man noch die Bedingungen $f''(60) = 0$ und $f''(100) = 0$ hinzufügt, wäre der Übergang „ruckfrei" (übereinstimmende Krümmung).

5. Dem eingezeichneten Koordinatensaystem rechts ist zu entnehmen:
Graph 1 (als Beispiel)
$P_1(-2 \mid 1{,}6)$; $P_2(-0{,}8 \mid 2{,}4)$; $P_3(0{,}6 \mid 0)$;
$P_4(1{,}5 \mid -1{,}7)$ führt zu
$f(x) \approx 0{,}240x^3 - 0{,}388x^2 - 1{,}971x + 1{,}238$
(Lösung eines linearen Gleichungssystems oder kubische Regression) – Nachteil: Die Extrema liegen bei $x \approx -1{,}18$ und $x \approx 2{,}26$.
Alternativ kann man Hoch- und Tiefpunkte eingeben mit der Bedingung $f'(x_e) = 0$, also
$f(x) = ax^3 + bx^2 + cx + d$; $f'(x) = 3ax^2 + 2bx + c$ mit
$f(-0{,}8) = 2{,}4$; $f'(-0{,}8) = 0$; $f(1{,}5) = -1{,}7$; $f'(1{,}5) = 0$.
Dies führt zu
$f(x) \approx 0{,}674x^3 - 0{,}708x^2 - 2{,}426x + 1{,}257$.
Hiermit werden die Extrempunkte exakt wiedergegeben, jedoch der Auf- und Abstrich der Kurve nicht gut getroffen.

6.  **a)**

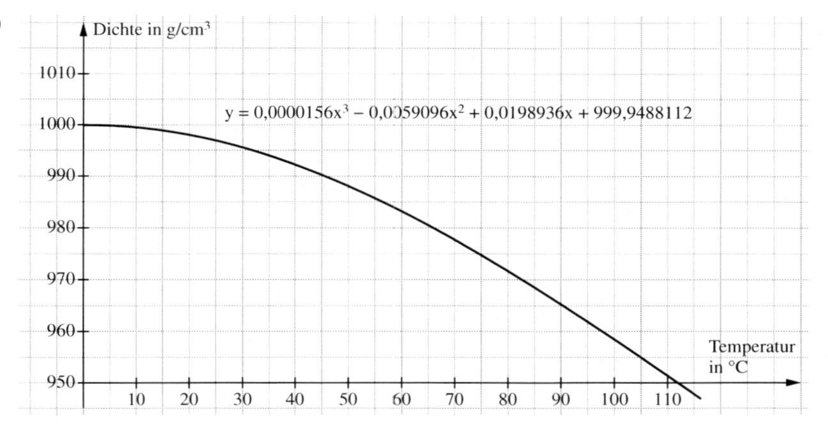

82

6. b)

Temperatur in °C	Dichte in g/cm³	Werte Modellierung	Abweichung in %
0	999,84	999,95	0,011
10	999,70	999,57	–0,013
20	998,20	998,11	–0,009
30	995,64	995,66	0,002
40	992,21	992,30	0,010
50	988,03	988,15	0,012
60	983,19	983,27	0,009
70	977,76	977,78	0,002
80	971,79	971,77	–0,002
90	965,30	965,32	0,002
100	958,35	958,54	0,020

Die Modellierungswerte wurden mithilfe der in der Grafik angegebenen kubischen Funktion berechnet. In der Spalte rechts sind die prozentualen Abweichungen angegeben.

c)

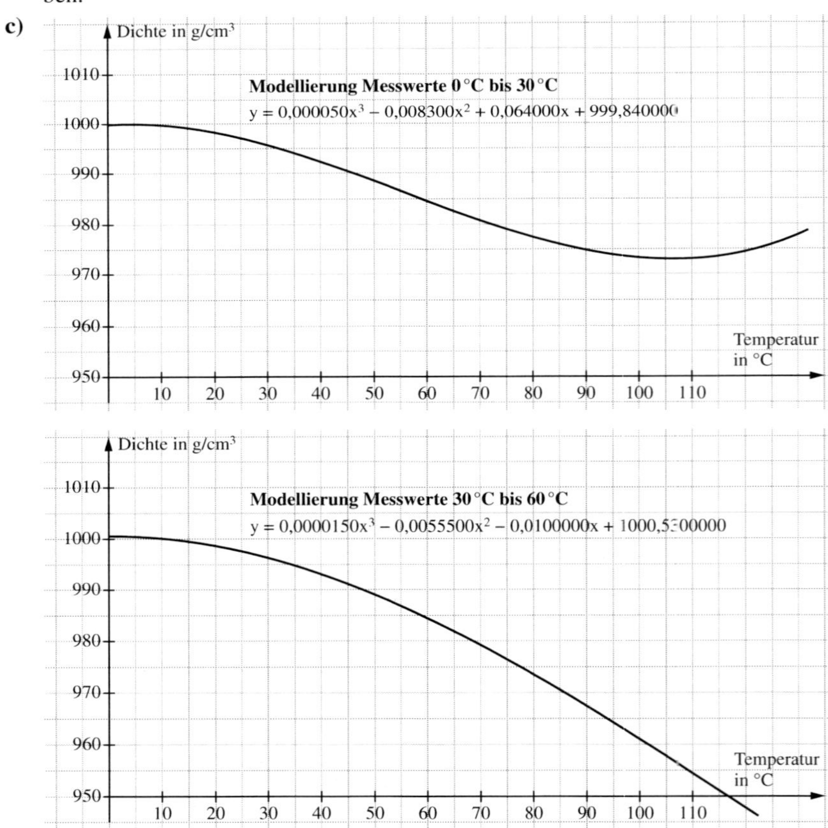

82

6.

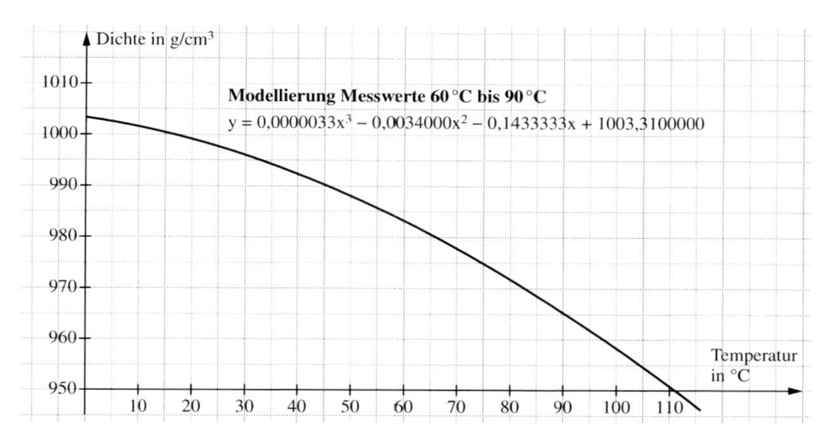

Modellierung mithilfe der Daten von 0° bis 30°:

Temperatur in °C	Dichte in g/cm³	Modellierung 1	Abweichung in %
0	999,84	999,84	0,000
10	999,70	999,70	0,000
20	998,20	998,20	0,000
30	995,64	995,64	0,000
40	992,21	992,32	-0,011
50	988,03	988,54	-0,052
60	983,19	984,60	-0,143
70	977,76	980,80	-0,311
80	971,79	977,44	-0,581
90	965,30	974,82	-0,986
100	958,35	973,24	-1,554
25	997,04	997,03	0,001
45	990,21	990,47	-0,026
75	974,84	979,05	-0,431

d) Wenn eine Splinesfunktion zu den 11 Messwerten ermittelt werden soll, muss zu den 11 Datenpunkten $(a_1 \mid b_1), \dots, (a_{11} \mid b_{11})$ eine abschnittsweise definierte Funktion f zu bestimmen, für die folgendes gilt:
Für jeden der 10 Abschnitte zwischen den Stützstellen $a_1, \dots, a_{11}$ bestimmt man eine ganzrationale Funktion höchstens 3. Grades mit folgenden Eigenschaften:
An den Stützstellen stimmen die Funktionswerte sowie die Werte der 1. und der 2. Ableitung der Teilfunktionen links und rechts überein. Außerdem muss für die 2. Ableitung am 1. und 11. Datenpunkt gelten: $f''(a_1) = 0$ und $f''(a_{11}) = 0$.
Gesucht sind zehn ganzrationale Funktionen
$p_1(x) = a_1x^3 + b_1x^2 + c_1x + d_1$; $p_2(x) = a_2x^3 + b_2x^2 + c_2x + d_2$; … ;
$p_{10}(x) = a_{10}x^3 + b_{10}x^2 + c_{10}x + d_{10}$.
Zu lösen ist ein Gleichungssystem mit 40 Gleichungen und 40 Variablen, welche die folgenden Bedingungen erfüllen:
$p_1(0) = 999{,}84$; $p_1(10) = p_2(10) = 999{,}70$; $p_2(20) = p_3(20) = 998{,}20$; … ;
$p_9(90) = p_{10}(90) = 965{,}30$; $p_{10}(100) = 958{,}35$ (20 Gleichungen)
$p_1'(10) = p_2'(10)$; $p_2'(20) = p_3'(20)$; … ; $p_9'(90) = p_{10}'(90)$ (9 Gleichungen)
$p_1''(0) = 0$; $p_1''(10) = p_2''(10)$; $p_2''(20) = p_3''(20)$; … ;
$p_9''(90) = p_{10}''(90)$; $p_{10}''(100) = 0$ (11 Gleichungen)
wobei $p_i'(x) = 3a_ix^2 + 2b_ix + c_i$ und $p_i''(x) = 6a_ix + 2b_i$ (i = 1; 2; … ; 10).

82

7. (1) $\left| \begin{array}{l} a + b = 9 \\ a + d = 8 \\ a + c = 4 \\ c + d = 5 \end{array} \right|$

$a = \frac{7}{2};\ b = \frac{11}{2};\ c = \frac{1}{2};\ d = \frac{9}{2}$

(2) $\left| \begin{array}{l} a + b = 5 \\ a + c = 4 \\ a + d = 9 \\ b + d = 8 \\ c + d + e = 14 \end{array} \right|$

$a = 3;\ b = 2;\ c = 1;\ d = 6;\ e = 7$

(3) $\left| \begin{array}{l} a + c = 5 \\ a + d + f = 21 \\ b + c = 8 \\ b + d + g = 12 \\ c + d + e = 10 \\ c + g = 3 \\ e + g = 4 \end{array} \right|$

$a = 3;\ b = 6;\ c = 2;\ d = 5;\ e = 3;\ f = 13;\ g = 1$

83

8. Umsortierung der Gleichungen und Umrechnungen der Widerstände in Ohm führt auf folgendes Gleichungssystem:

$$\left| \begin{array}{l} I_1 + I_2 - I_A = 0 \\ 0{,}01\, I_1 + 0{,}05\, I_A = 9{,}2 \\ -0{,}01\, I_2 - 0{,}05\, I_A = -12{,}8 \end{array} \right|$$

Lösung: $I_1 = -80$ A; $I_2 = 280$ A; $I_A = 200$ A

9. $f(x) = ax^3 + bx^2 + cx + d$

$f(0) = 200 \Rightarrow d = 200$

$f(5) = 325 \Rightarrow 125a + 25b + 5c = 125$

$f(15) = 575 \Rightarrow 3375a + 225b + 15c = 375$

$f(20) = 550 \Rightarrow 8000a + 400b + 20c = 350$

Lösung: $f(x) = -0{,}1x^3 + 2x^2 + 17{,}5x + 200$

10. Sorte I: x Tonnen; Sorte II: y Tonnen; Sorte III: z Tonnen

$$\left| \begin{array}{l} x + y + z = 20 \\ 0{,}2x + 0{,}15y + 0{,}12z = 0{,}18 \cdot 20 \\ 0{,}1x + 0{,}05y + 0{,}08z = 0{,}08 \cdot 20 \end{array} \right|$$

Lösung: x = 12 [Tonnen]; y = 8 [Tonnen]; z = 0 [Tonnen]

11. a) Im Gleichungssystem wird für jedes einzelne Atom die Bedingung dargestellt, dass es links und rechts gleich viele sein müssen. Als Lösung ergibt sich:

$$\left| \begin{array}{l} a = \frac{1}{4}d \\ b = \frac{1}{4}d \\ c = \frac{1}{4}d \end{array} \right|$$

83

11. Hier erkennt man, dass man ohne Einschränkung unendlich viele Zahlen für d einsetzen kann und immer eine Lösung erhält.
Möglichst kleine natürliche Zahlen sind:

$$\begin{vmatrix} a = 1 \\ b = 1 \\ c = 1 \\ d = 4 \end{vmatrix}$$

b) (1) Es ergibt sich als Gleichungssystem

$$\begin{vmatrix} 3a = 1c \\ 8a = 2d \\ 2b = 2c + d \end{vmatrix}$$

Als Lösung ergibt sich:

$$\begin{vmatrix} a = \frac{1}{4}d \\ b = \frac{5}{4}d \\ c = \frac{3}{4}d \end{vmatrix}$$

oder mit natürlichen Zahlen $a = 1$; $b = 5$; $c = 3$; $d = 4$.

(2) Als Gleichungssystem ergibt sich:

$$\begin{vmatrix} 3a = 1b \\ 5a = 2c \\ 3a = 2d \\ 9a = 2e \end{vmatrix}$$

Als Lösung ergibt sich:

$$\begin{vmatrix} a = \frac{2}{3}e \\ b = \frac{2}{3}e \\ c = \frac{5}{9}e \\ d = \frac{1}{3}e \end{vmatrix}$$

oder mit möglichst kleinen natürlichen Zahlen: $a = 2$; $b = 6$; $c = 5$; $d = 3$; $e = 9$.

(3) Als Gleichungssystem ergibt sich:

$$\begin{vmatrix} 2a = e \\ 4a = d \\ 7a + c = 3d \\ b + 2c = 3d \\ b = e \end{vmatrix}$$

Als Lösung ergibt sich:

$$\begin{vmatrix} a = \frac{1}{2}e \\ b = e \\ c = \frac{5}{2}e \\ d = 2e \end{vmatrix}$$

oder mit möglichst kleinen natürlichen Zahlen: $a = 1$; $b = 2$; $c = 5$; $d = 4$; $e = 2$.

1.5.6 Krümmung von Funktionsgraphen

86

1. **a)** Krümmungskreise:

$P_1(0 \mid 0)$: $r_1 = \frac{1}{2}$ und $M_1\left(0 \mid \frac{1}{2}\right)$

$P_2(1 \mid 1)$: $r_2 = \frac{5}{2} \cdot \sqrt{5}$ und $M_2\left(-4 \mid \frac{7}{2}\right)$

$P_3(2 \mid 4)$: $r_3 = \frac{17}{2} \cdot \sqrt{17}$ und $M_3\left(-32 \mid \frac{25}{2}\right)$

b) Krümmungsfunktion: $\kappa(x) = \dfrac{2}{(1 + 4x^2)^{\frac{3}{2}}}$

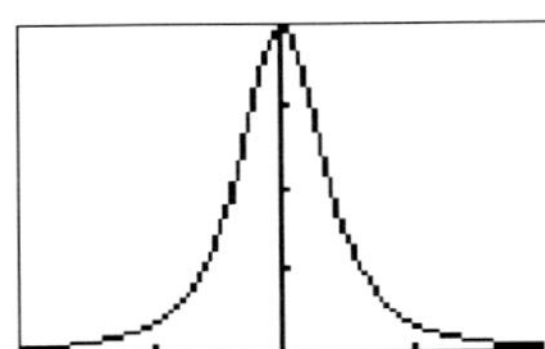

c) Ortskurve der Krümmungsmittelpunkte:

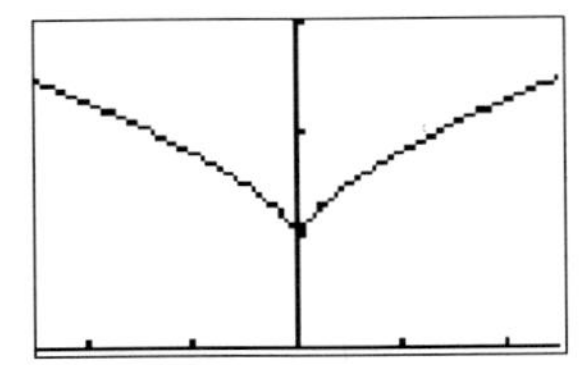

$x_M = -4t^3$; $y_M = \frac{1}{2} + 3t^2 \Rightarrow y = \frac{1}{2} + 3 \cdot \left(\frac{x}{4}\right)^{\frac{2}{3}}$

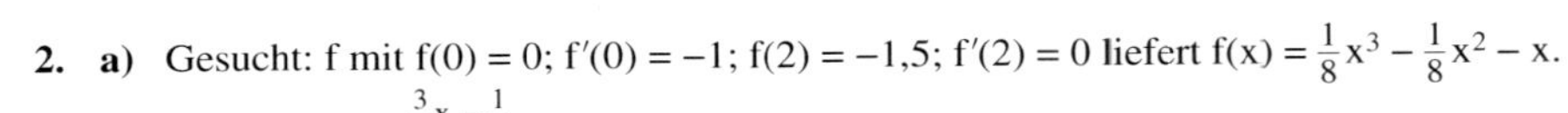

2. **a)** Gesucht: f mit $f(0) = 0$; $f'(0) = -1$; $f(2) = -1{,}5$; $f'(2) = 0$ liefert $f(x) = \frac{1}{8}x^3 - \frac{1}{8}x^2 - x$.

b) $\kappa(x) = \dfrac{\frac{3}{4}x - \frac{1}{4}}{\left(\sqrt{1 + \left(\frac{3}{8}x^2 - \frac{1}{4}x - 1\right)^2}\right)^3}$

Bei $x = 0$ liegt eine Krümmung von $-\frac{1}{8\sqrt{2}} \approx -0{,}08839$ vor.

Bei $x = 2$ liegt eine Krümmung von $\frac{5}{4} = 1{,}25$ vor.

Bei $x = 2$ liegt eine viel stärkere Krümmung vor als bei $x = 0$. Bei $x = 2$ ist die Verbindung also weniger krümmungsruckfrei als bei $x = 0$.

3. Ursprung in Darmstadt Hbf, x-Achse in N-S-Richtung:

Variante III a:

$f'(0) = 0{,}375$; $f(0) = 0$; $f(6{,}625) = -3{,}5$; $f(-5) = -0{,}875$; $f'(6{,}625) = -0{,}625$; $f'(-5) = 0$
liefert: $f(x) = 0{,}0005x^5 - 0{,}0012x^4 - 0{,}031x^3 - 0{,}022x^2 + 0{,}375x$.

Variante III b: mit Splines:

$f(-5) = -0{,}875$; $f(0) = 0$; $f(1) = 0{,}625$; $f(3{,}75) = 0$; $f(6{,}625) = -3{,}5$

$s_0(x) = 0{,}0091x^3 + 0{,}137x^2 + 0{,}63x$; $x \in [-5; 0]$

$s_1(x) = -0{,}142x^3 + 0{,}137x^2 + 0{,}63x$; $x \in [0; 1]$

$s_2(x) = 0{,}011x^3 - 0{,}322x^2 + 1{,}689x - 0{,}153$; $x \in [1; 3{,}75]$

$s_3(x) = 0{,}0022x^3 - 0{,}446x^2 + 1{,}553x - 0{,}73$; $x \in [3{,}75; 6{,}625]$

1.6 Funktionenscharen – Ortslinien

89

2. $f_a(x) = x(x^2 - a)$
Nullstellen: $f_a(x) = 0$; $x = 0$ oder $x^2 = a$
für $a > 0$: 3 Nullstellen: $x_1 = 0$; $x_{2,3} = \pm\sqrt{a}$
für $a \leq 0$: eine Nullstelle: $x = 0$
Extremwerte: $f_a'(x) = 3x^2 - a$
$f_a'(x) = 0$, also $3x^2 - a = 0$; $x = \pm\sqrt{\frac{a}{3}}$ für $a > 0$
$f_a''\left(\sqrt{\frac{a}{3}}\right) = 6 \cdot \sqrt{\frac{a}{3}} > 0$; Tiefpunkt bei $\left(\sqrt{\frac{a}{3}} \mid -\sqrt{\frac{a}{3}} \cdot \frac{2a}{3}\right)$
$f_a''\left(-\sqrt{\frac{a}{3}}\right) = -6 \cdot \sqrt{\frac{a}{3}} < 0$; Hochpunkt bei $\left(-\sqrt{\frac{a}{3}} \mid \sqrt{\frac{a}{3}} \cdot \frac{2a}{3}\right)$
Für $a < 0$ keine Extremwerte
Wendepunkte: $f_a''(x) = 6x$; $f_a''(x) = 0$, also $6x = 0$; $x = 0$; $f_a'''(0) = 6 \neq 0$; Wendepunkt bei $(0 \mid 0)$. Zusammenfassung:

	$a > 0$	$a \leq 0$
Nullstellen	$0; \pm\sqrt{a}$	0
Extremstellen	$\pm\sqrt{\frac{a}{3}}$	—
Wendestellen	0	0

3. Die Extrempunkte liegen vor bei $x = a$.
Daraus ergibt sich für die Ortslinie die Gleichung $t(x) = 0$.
Für $a = 0$ gilt: $f_0(x) = 0$, d. h. diese Funktion hat keinen Hochpunkt bei $a = 0$. Jeder übrige Punkt auf der Ortslinie ist Extrempunkt eines Graphen der Schar.

4. —

5. **a)** Wurfweite: 19,61 m
Gründe für Abweichungen:
Luftwiderstand; Messungenauigkeit;
Abweichungen in der Stoßtechnik

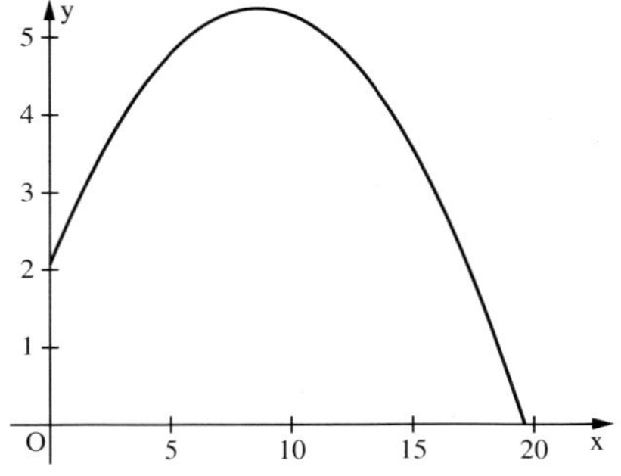

b) Betrachten Sie
$f_h(x) = -0{,}0445x^2 + 0{,}7673x + h$

Stoßweite in Abhängigkeit von h:
positive Nullstelle:
$\frac{0{,}7673 + \sqrt{0{,}5887 + 0{,}178h}}{0{,}089}$

Mit zunehmender Höhe nimmt die Stoßweite ebenfalls zu. Faustregel: Bei Zunahme von h um 10 cm nimmt die Weite auch um ca. 10 cm zu.

90

6. **a)** Extremwerte:

$f_a'(x) = 2x + a$

$f_a'(x) = 0$, also $2x + a = 0$; $x = -\frac{a}{2}$

$f_a''\left(-\frac{a}{2}\right) = 2 > 0$;

Tiefpunkt bei $\left(-\frac{a}{2} \mid a - \frac{a^2}{4}\right)$

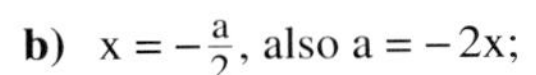

b) $x = -\frac{a}{2}$, also $a = -2x$;

Einsetzen in $y = a - \frac{a^2}{4}$ ergibt

$y = -2x - \frac{4x^2}{4} = -x^2 - 2x$.

c) $f_a\left(-\frac{a}{2}\right) > 0 \Leftrightarrow a - \frac{a^2}{4} > 0$, also $a \cdot (4 - a) > 0$, also $0 < a < 4$

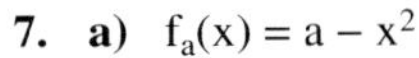

7. **a)** $f_a(x) = a - x^2$

b) $f_a(x) = (x - a)^2 + a$

c) $f_a(x) = x(x - a)$

8. Orientiert man sich zunächst an den Heizkennlinien zu k = 0, k = 10 und k = 20, so erhält bei quadratischer Interpolation folgende Funktionsterme:

$y = ax^2 + bx + c$

k = 10: $P_1(-20 \mid 75)$, $P_2(0 \mid 57{,}5)$, $P_3(20 \mid 25)$; $\quad y = -\frac{3}{160}x^2 - \frac{5}{4}x + \frac{115}{2}$

k = 0: $Q_1(-20 \mid 52{,}5)$, $Q_2(0 \mid 42{,}5)$, $Q_3(20 \mid 25)$; $\quad y = -\frac{3}{320}x^2 - \frac{11}{16}x + \frac{85}{2}$

k = 20: $R_1(0 \mid 72{,}5)$, $R_2(10 \mid 52{,}5)$, $R_3(20 \mid 25)$; $\quad y = -\frac{3}{80}x^2 - \frac{13}{8}x + \frac{145}{2}$

Hieraus erhält man mit jeweils quadratischer Interpolation wiederum:

$a = -\frac{15}{2(k^2 - 50k + 800)}$; $b = \frac{3k^2 - 210k - 2200}{3200}$; $c = \frac{3k + 85}{2}$

Es liegt auf dem Intervall [0; 20] jeweils monotones Verhalten vor.

Es ergibt sich $f_k(x) = -\frac{15}{2(k^2 - 50k + 800)}x^2 + \frac{3k^2 - 210k - 2200}{3200}x + \frac{3k + 85}{2}$.

Die zugehörigen Graphen ergeben für $0 \le k \le 20$ folgendes Bild:

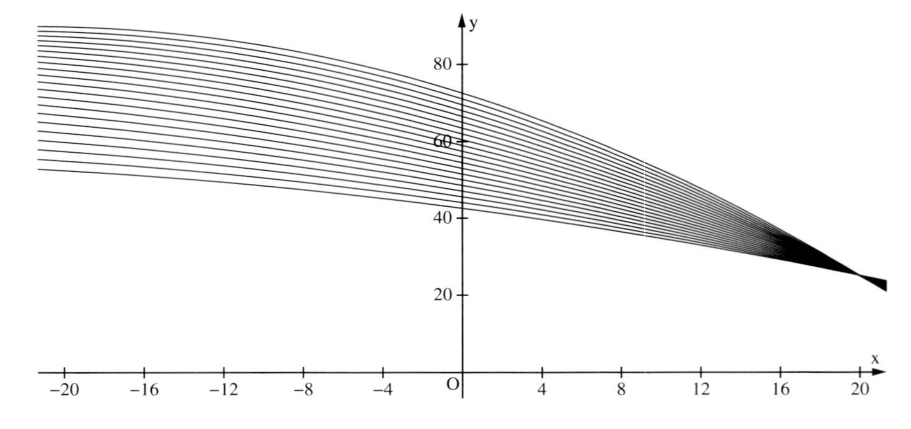

90

9. a) Extrempunkte:

$f_k'(x) = 0$: $4x^3 - 2kx = 0$; $2x(2x^2 - k) = 0$

$x = 0$ oder $x = \pm\sqrt{\frac{k}{2}}$ für $k \geq 0$

$f_k'' = 12 \cdot 0^2 - 2k \begin{cases} > 0 \text{ für } k < 0 \text{ (TP)} \\ < 0 \text{ für } k > 0 \text{ (HP)} \end{cases}$

$k = 0$: $f_0'(x) = 4x^3$ hat VZW bei $x = 0$ von − nach + (Tiefpunkt).

$f_k''\left(\pm\sqrt{\frac{k}{2}}\right) = 12 \cdot \frac{k}{2} - 2k > 0$ für $k > 0$ (Tiefpunkt)

Damit für $k \leq 0$ TP bei $(0 \mid 0)$; für $k > 0$ HP bei $(0 \mid 0)$ und TP bei $\left(\pm\sqrt{\frac{k}{2}} \mid -\frac{k^2}{4}\right)$.

Wendepunkte:

$f_k''(x) = 0$: $12x^2 - 2k = 0$; $x = \pm\sqrt{\frac{k}{6}}$ für $k \geq 0$

$f_k'''\left(\sqrt{\frac{k}{6}}\right) = 24 \cdot \sqrt{\frac{k}{6}} \neq 0$ für $k > 0$; $f_k'''\left(-\sqrt{\frac{k}{6}}\right) = 24 \cdot \left(-\sqrt{\frac{k}{6}}\right) \neq 0$ für $k > 0$

Wendepunkte für $k > 0$ bei $\left(\pm\sqrt{\frac{k}{6}} \mid -\frac{5k^2}{36}\right)$.

b) TP an den Stellen: $x = \pm\sqrt{\frac{h}{2}}$; y-Werte der Stellen: $y = -\frac{1}{4} \cdot k^2$

Daraus ergibt sich die Ortslinie für die Tiefpunkte: $y = -x^4$.

c) $\frac{x_e}{x_w} = \frac{\pm\sqrt{\frac{k}{2}}}{\pm\sqrt{\frac{k}{6}}} = \pm\sqrt{3}$; $x_e = \pm\sqrt{3} \cdot x_w$

Die Extremstelle x_e ist unabhängig von k immer um ein festes Vielfaches größer als die Wendestelle x_w.

10. a) Nullstellen: $f_k(x) = 0$: $x^2 - kx^3 = 0$; $x^2(1 - kx) = 0$; $x = 0$ oder $x = \frac{1}{k}$ für $k \neq 0$

Extremstellen:

$f_k'(x) = 0$: $2x - 3kx^2 = 0$; $x(2 - 3kx) = 0$; $x = 0$ oder $x = \frac{2}{3k}$ für $k \neq 0$

$f_k''(0) = 2 - 6k \cdot 0 > 0$: TP bei $x = 0$

$f_k''\left(\frac{2}{3k}\right) = 2 - 6k \cdot \frac{2}{3k} = -2 < 0$: HP bei $x = \frac{2}{3k}$

Wendestellen:

$f_k''(x) = 0$: $2 - 6kx = 0$; $x = \frac{1}{3k}$ für $k \neq 0$

$f_k'''\left(\frac{1}{3k}\right) = -6k \neq 0$ für $k \neq 0$; WP bei $x = \frac{1}{3k}$

b) $f_k(100) = 100^2 - k \cdot 100^3 = 0$; $k = \frac{1}{100}$

Für $k = \frac{1}{100}$ hat f_k an der Stelle $x = 100$ eine Nullstelle.

c) Es gilt $y_w = \frac{2}{3}x_w^2$.

d) $d^2(k) = \left(\frac{2}{3k} - 0\right)^2 + \left(\frac{4}{27k^2} - 2\right)^2$

$d^2(k)$ wird minimal für $k_1 = \sqrt{\frac{8}{27}}$ und $k_2 = -\sqrt{\frac{8}{27}}$.

Es gilt: $d^2(k_1) = d^2(k_2) = 3{,}75$. Für den Extrempunkt $(0 \mid 0)$ ergibt sich $d^2 = 4$. Somit haben die beiden Extrempunkte $(\sqrt{1{,}5} \mid 0{,}5)$ und $(-\sqrt{1{,}5} \mid 0{,}5)$ minimalen Abstand vom Punkt $P(0 \mid 2)$.

90

11. $f_k(x) = 2x^3 - 3kx^2 + k^3$

$f_k'(x) = 6x^2 - 6kx$

$f_k''(x) = 12x - 6k$

$f_k'''(x) = 12$

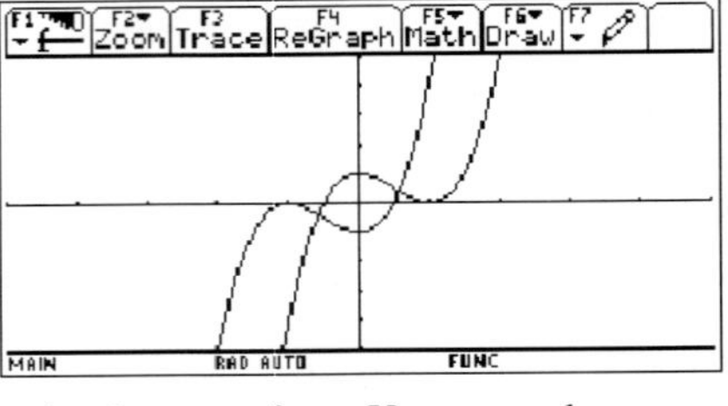

a) $f_k(x) = 0$: $x = -\frac{k}{2}$ oder $x = k$ (doppelt)

$f_k'(x) = 0$, also $x = k$ Nullstelle mit waagerechter Tangente

b) Der Graph von f_{-1} ergibt sich aus der Punktspiegelung von f_1 am Ursprung, also $f_{-1}(x) = -f_1(-x)$.

$-f_{-1}(-x) = -(-2x^3 - 3x + 1) = 2x^3 + 3x - 1 = f_{-1}(x)$

c) $f_{-k}(x) = -f_k(-x)$

$-f_k(-x) = -(-2x^3 - 3kx^2 + k^3) = 2x^3 + 3x^2 - k^3 = f_{-k}(x)$

91

12. $f_k(x) = (x^2 - 1) \cdot (x - k)$

$f_k'(x) = 3x^2 - 2kx - 1$

$f_k''(x) = 6x - 2k$

$f_k'''(x) = 6$

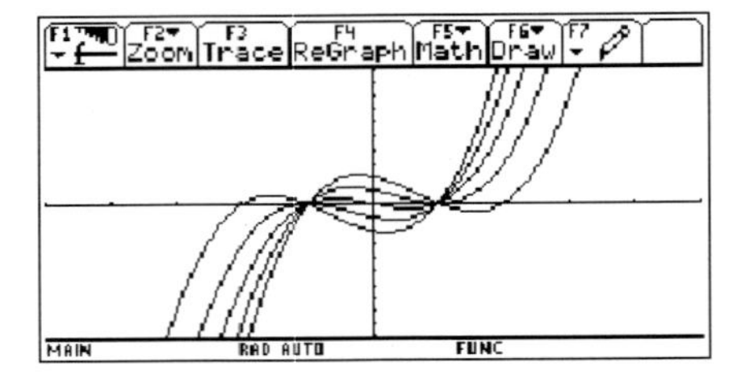

a) Unabhängig von k haben alle Funktionen f_k folgende Schnittpunkte mit der 1. Achse: $N_1(1 \mid 0)$ und $N_2(-1 \mid 0)$.

b) $f_k'(x) = 0$ für $x_1 = \frac{k}{3} - \frac{\sqrt{k^2+3}}{3}$ und

$x_2 = \frac{k}{3} + \frac{\sqrt{k^2+3}}{3}$

b) Wir bestimmen nun k so, dass $f_k(x_1) = 0$ bzw. $f_k(x_2) = 0$ gilt.
Es gilt: $f_k(x) = 0$ für $x = 1$, $x = -1$ und $x = k$.

$$\frac{k}{3} - \frac{\sqrt{k^2+3}}{3} = 1 \qquad\qquad \frac{k}{3} - \frac{\sqrt{k^2+3}}{3} = -1$$

$$k - \sqrt{k^2+3} = 3 \qquad\qquad k - \sqrt{k^2+3} = -3$$

$$-\sqrt{k^2+3} = 3 - k \qquad\qquad -\sqrt{k^2+3} = -3 - k$$

$$k^2 + 3 = 9 - 6k + k^2 \qquad\qquad k^2 + 3 = 9 + 6k + k^2$$

$$6k = 6 \qquad\qquad -6k = 6$$

$$k = 1 \qquad\qquad k = -1$$

Für x_2 erhält man auch $k = 1$ und $k = -1$.

$$\frac{k}{3} - \frac{\sqrt{k^2+3}}{3} = k$$

$$k - \sqrt{k^2+3} = 3k$$

$$-\sqrt{k^2+3} = 2k$$

$$k^2 + 3 = 4k^2$$

$3 = 3k^2$, also auch $k = 1$ und $k = -1$.

91

13. $f_t(x) = x^5 - tx^3$

$f_t'(x) = 5x^4 - 3tx^2$

$f_t''(x) = 20x^3 - 6tx$

$f_t'''(x) = 60x^2 - 6t$

Nullstellen:

$x_1 = 0$; $x_2 = \sqrt{t}$ für $t > 0$;

$x_3 = \sqrt{t}$ für $t > 0$

Extrempunkte:

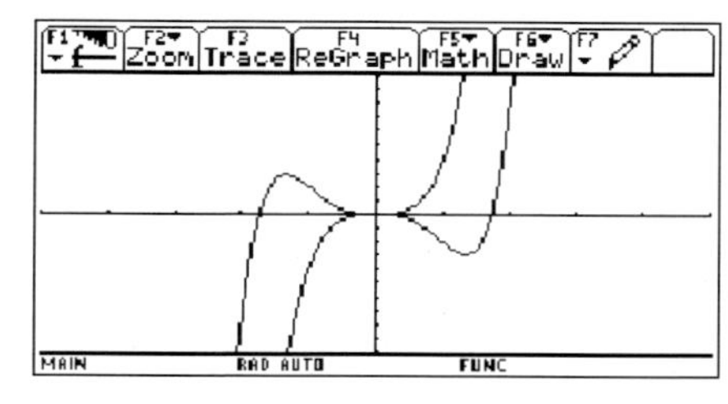

Tiefpunkt $\left(\sqrt{\frac{3}{5}}\sqrt{t} \mid t^2\sqrt{t} \cdot \left(-\frac{6}{25}\right) \cdot \sqrt{\frac{3}{5}}\right)$ für $t > 0$

Hochpunkt $\left(-\sqrt{\frac{3}{5}}\sqrt{t} \mid t^2\sqrt{t} \cdot \left(+\frac{6}{25}\right) \cdot \sqrt{\frac{3}{5}}\right)$ für $t > 0$

Sattelpunkt: $(0 \mid 0)$

Wendepunkte:

$\left(\sqrt{\frac{3}{10}}\sqrt{t} \mid t^2\sqrt{t} \cdot (-0{,}21) \cdot \sqrt{\frac{3}{10}}\right)$ für $t \neq 0$; $\left(-\sqrt{\frac{3}{10}}\sqrt{t} \mid t^2\sqrt{t} \cdot 0{,}21 \cdot \sqrt{\frac{3}{10}}\right)$ für $t \neq 0$

$y_e = -\frac{6}{9}x_e^5$

14. $f_k(x) = -x^3 + kx^2 + (k - 1)x$

$f_k'(x) = -3x^2 + 2kx + k - 1$

$f_k''(x) = -6x + 2k$

$f_k'''(x) = -6$

a) Sei $S(x_S \mid y_S)$ ein Schnittpunkt von f_{k_1} und f_{k_2}. Es gilt dann:

$-x_S^3 + k_1x_S^2 + (k_1 - 1)x_S = -x_S^3 + k_2x_S^2 + (k_2 - 1)x_S$

Für $x_S \neq 0$ ergibt sich

$k_1x_S + k_1 - 1 = k_2x_S + k_2 - 1$

$(k_1 - k_2)x_S = -(k_1 - k_2)$

Für $k_1 \neq k_2$ erhält man so $x_S = -1$. Damit ergibt sich $S(-1 \mid 2)$. Außerdem schneiden sich alle Graphen im Punkt $(0 \mid 0)$.

b) $f_k'(3) = -27 + 6k + k - 1 = -28 + 7k = 0$

$f_k'(3) = 0$ für $k = 4$

Der Punkt $(3 \mid 18)$ ist ein Hochpunkt von $f_4(x)$.

c) $-3x^2 + 2kx + k - 1 = 0$

$x^2 - \frac{2k}{3}x - \frac{k-1}{3} = 0$

$x_{1/2} = \frac{k}{3} \pm \sqrt{\frac{k^2}{9} + \frac{k-1}{3}} = \frac{k}{3} \pm \sqrt{\frac{k^2 + 3k - 3}{9}}$

Keine Extrempunkte für $-\frac{3}{2} - \frac{\sqrt{21}}{2} < k < -\frac{3}{2} + \frac{\sqrt{21}}{2}$

d) f_k hat für jedes k einen Wendepunkt W.

$W\left(\frac{k}{3} \mid \frac{k(2k^2 + 9k - 9)}{27}\right)$

91

15. a)

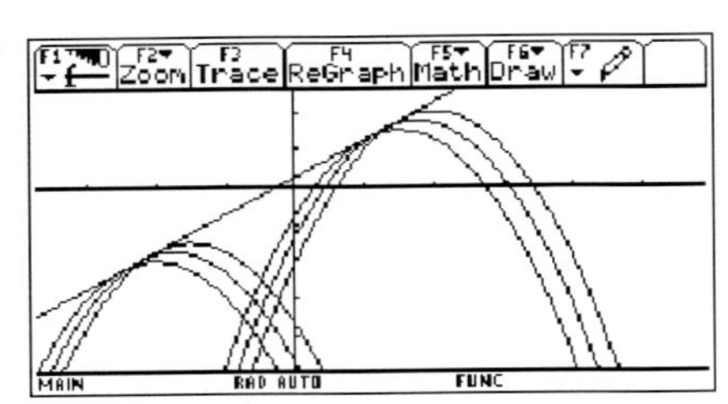

b) Die Gerade $y = x + 0{,}25$ scheint eine gemeinsame Tangente zu sein, sie wurde in das Koordinatensystem eingezeichnet.
$f_k'(x) = 2k - 2x = 1$ für $x_0 = k - 0{,}5$
$f_k(k - 0{,}5) = k - 0{,}25$
Die Gleichung der Tangente: $y = x + 0{,}25$. Wir setzen x_0 ein und erhalten $y = k - 0{,}25$. Jeder Graph von f_k hat an der Stelle $x_0 = k - 0{,}5$ die Steigung 1. Die Tangente $y = x + 0{,}25$ berührt f_k im Punkt $(k - 0{,}5 \mid k - 0{,}25)$.

16. a) (1) Die Parabel muss nach oben geöffnet sein, also $t > 0$.
(2) Für den Scheitelpunkt S muss gelten: $0 < x_S < 500$.
Aus $f_t'(x) = 2tx + 0{,}2 - 500t = 0$ folgt $x_S = 250 - \frac{1}{10t}$.
Aus $0 < x_S < 500$ folgt $t > 0{,}0004$.
Für den Parameter kommen Werte größer als 0,0004 in Frage.

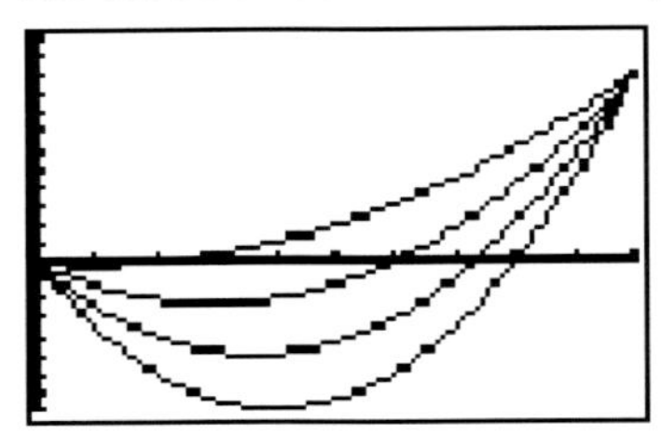

$0 \le x \le 500$; $-80 \le y \le 120$; $t = 0{,}0005; 0{,}01; 0{,}0015; 0{,}002$

b) Das Seil kommt in der Bergstation unter einem Winkel von 45° an, falls $f_t'(500) = 1$, d. h. für $500t + 0{,}2 = 1$, also für $t = 0{,}0016$.
Winkel des Seils in der Talstation: $f'_{0{,}0016}(0) = -0{,}6$; $\tan(\alpha) = -0{,}6$, also $\alpha \approx -30{,}96°$
Das Seil verlässt unter einem Winkel von ca. 31° gegenüber der Horizontalen die Talstation.

c) Gerade zwischen Tal- und Bergstation: $g(x) = \frac{1}{5}x$
Durchhang: $d(x) = g(x) - f_{0{,}0016}(x) = -0{,}0016x^2 + 0{,}8x$; $0 < x < 500$
$d'(x) = -0{,}0032x + 0{,}8$; $d''(x) = -0{,}0032$
$d'(x_e) = 0$ führt auf $x_e = \frac{0{,}8}{0{,}0032} = 250$; $d''(250) < 0$
Der Durchhang ist nach 250 m am größten, er beträgt an dieser Stelle 100 m.

91

17. a)

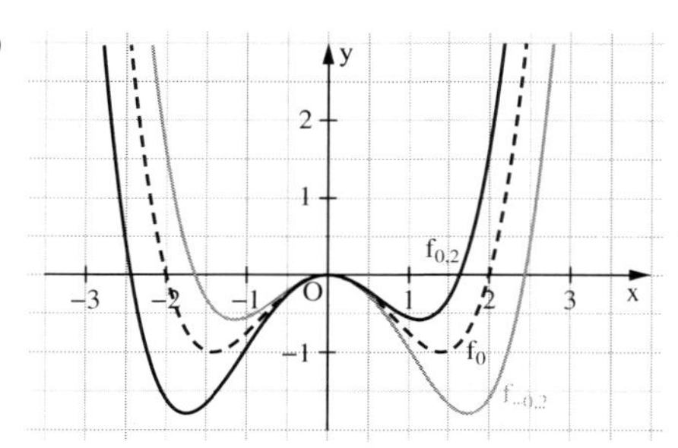

b) $f_0(x) = \frac{1}{4}x^4 - x^2$

Der Graph von f_0 ist achsensymmetrisch zur y-Achse, deshalb müssen sich die Wendetangenten auf der y-Achse schneiden.

Wendepunkte des Graphen von f_0:

$W_{1,2}\left(\pm\frac{\sqrt{6}}{3} \mid -\frac{5}{9}\right)$

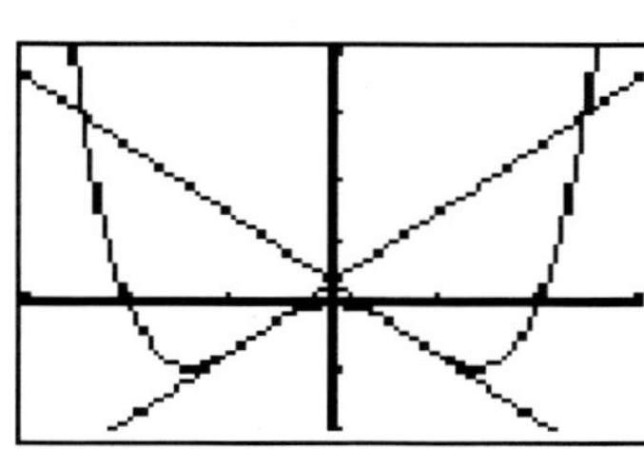

Wendetangente in $W_2\left(\frac{\sqrt{6}}{3} \mid -\frac{5}{9}\right)$:

$f_0'\left(\frac{\sqrt{6}}{3}\right) = -\frac{4}{9}\sqrt{6}$

$\frac{y + \frac{5}{9}}{x - \frac{\sqrt{6}}{3}} = -\frac{4}{9}\sqrt{6}$ bzw. $y = -\frac{4}{9}\sqrt{6} \cdot x + \frac{1}{3}$

Die beiden Wendetangenten schneiden sich in $S\left(0 \mid \frac{1}{3}\right)$.

c) $f_t(0) = 0$, also gehen alle Graphen K_t durch den Ursprung. Gemeinsame Punkte von K_{t_1} und K_{t_2}, $t_1 \neq t_2$:

$\frac{1}{4}x^4 + t_1x^3 - x^2 = \frac{1}{4}x^4 + t_2x^3 - x^2$ bzw. $(t_1 - t_2)x^3 = 0$, also $x = 0$.

Es gibt nur einen Punkt, nämlich den Ursprung, den alle Graphen K_t gemeinsam haben.

Nullstellen von K_t: $x^2\left(\frac{1}{4}x^2 + tx - 1\right) = 0$, also $x_1 = 0$ oder $x^2 + 4tx - 4 = 0$, also

$x_{2,3} = -2t \pm 2\sqrt{t^2 + 1}$.

Wegen $t^2 + 1 > 0$ für alle $t \in R$ hat jeder Graph K_t drei Nullstellen (gemeinsame Punkte mit der x-Achse).

Bleib fit in Exponentialfunktionen und Logarithmen

96

1. Iod-Gewinnung aus dem Meer:
$f(t) = 2^t$, $t \geq 0$ mit f(t) Höhe der Anpflanzung in dm und t in Wochen

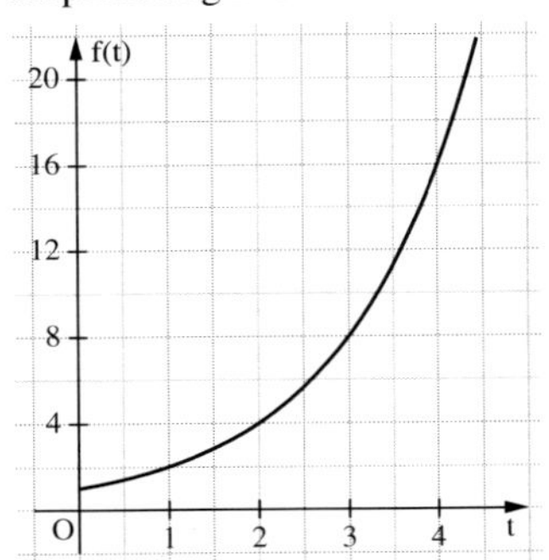

Iod in der Szintigrafie:
$f(t) = 1{,}6 \cdot 0{,}5^t$, $t \geq 0$ mit f(t) Menge des Iods in mg und t in Wochen

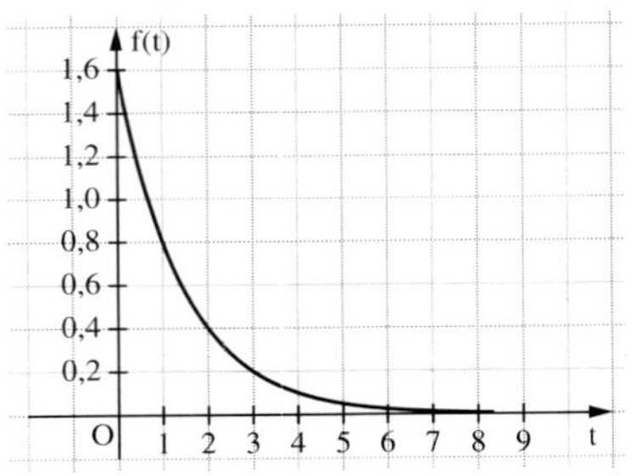

2.

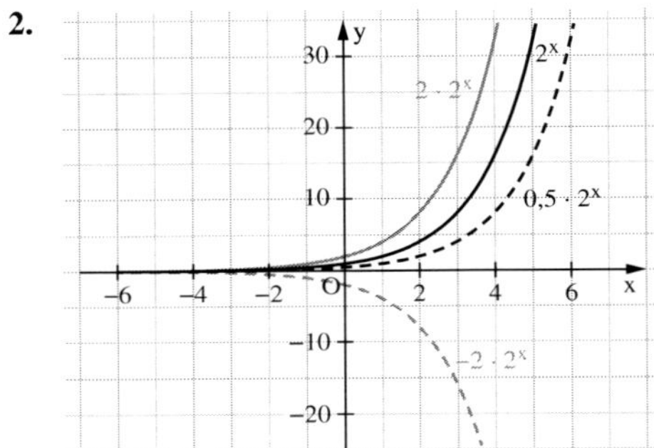

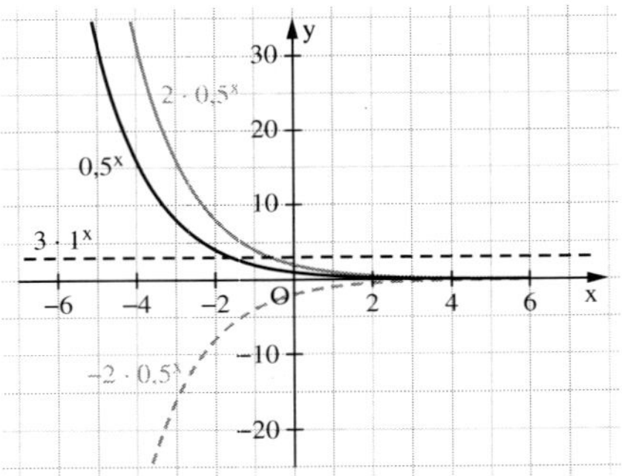

Ist $a < 0$, so wird die Kurve an der x-Achse gespiegelt. Ist $0 < |a| < 1$, so wird die Kurve gestaucht, ist $|a| > 1$, so wird sie gestreckt.
Ist $0 < b < 1$, so wird die Kurve an der y-Achse gespiegelt.
Der Schnitt mit der y-Achse ist a.

3. **a)** (1) $x = 3$ (2) $x = 0$ (3) $x = -1$ (4) $x = \frac{1}{2}$

b) $x \approx 3{,}4$

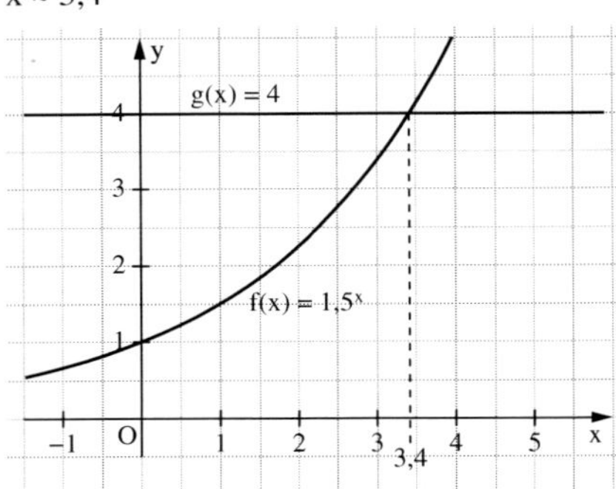

4. (1) $x \mapsto 2 \cdot 3^x$ (2) $x \mapsto 0{,}5 \cdot 3^x$ (3) $x \mapsto -2 \cdot 3^x$

99

5. **a)** $f(t) = 500\,000 \cdot 1{,}045^t$

b) Nach diesem Graphen würde das Geld auf dem Konto stetig steigen, meist werden Zinsen aber nur monatlich, vierteljährlich oder ganzjährlich ausgezahlt. Wenn die Zinsen vierteljährlich ausgezahlt würden, hätte der Graph einen stufenförmigen Verlauf.

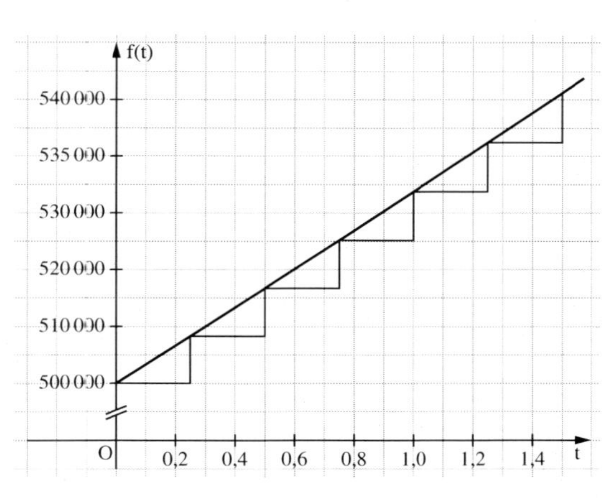

6. farblose Flasche: $f(t) = 1\text{ mg} \cdot 0{,}95^t$
getönte Flasche: $g(t) = 1\text{ mg} \cdot 0{,}98^t$

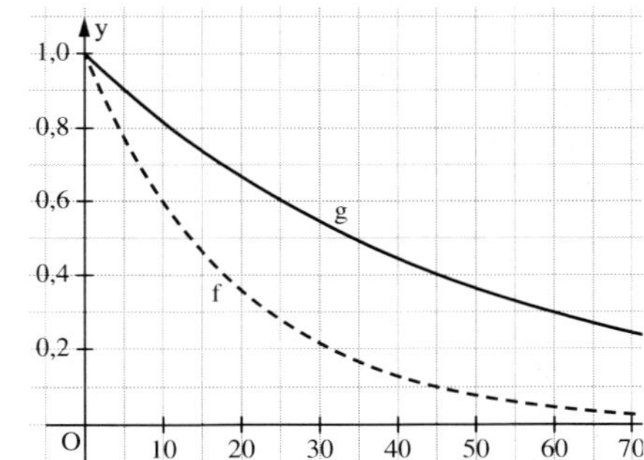

100

7. **a)** $f(x) = 0{,}6^x$
b) $f(x) = 0{,}8^x$
c) $f(x) = 1{,}2^x$
d) $f(x) = 1{,}5^x$

8. $x \mapsto 2^{-x}$, gespiegelt an der y-Achse

$x \mapsto \frac{1}{2^x} = 2^{-x}$, gespiegelt an der y-Achse

$x \mapsto 2^{x-1}$, gestaucht um den Faktor $\frac{1}{2}$

$x \mapsto 2^{x+1}$, gestreckt um den Faktor 2

$x \mapsto \frac{1}{2^{1-x}} = 2^{x-1}$, gestaucht um den Faktor $\frac{1}{2}$

$x \mapsto \frac{1}{2^{x-1}}$, gestreckt um den Faktor 2 und gespiegelt an der y-Achse

$x \mapsto \frac{1}{2}2^x$, gestaucht um den Faktor $\frac{1}{2}$

$x \mapsto \left(\frac{1}{2}\right)^{x-1}$, gestreckt um den Faktor 2 und gespiegelt an der y-Achse

9. **a)** $f(x) = 3 \cdot 2^x + 1$
Ergibt sich aus: Asymptote ist bei $y = 1$, y-Achsenabschnitt ist 4 und der Punkt $(-1; 2{,}5)$ liegt auf dem Graphen.

b) $f(x) = -2 \cdot 4^x + 3$
Ergibt sich aus: Asymptote ist bei $y = 3$, y-Achsenabschnitt ist 1 und der Punkt $(1; -5)$ liegt auf dem Graphen.

100

10. a) $\log_3 9 = 2$

b) $\log_b\left(\sqrt[3]{b^2}\right) = \frac{2}{3}$

c) $\log_3 \frac{1}{27} = -3$

d) $\log_a \sqrt{a^k} = \frac{k}{2}$

e) $\log_3\left(3^{\frac{4}{5}}\right) = \frac{4}{5}$

f) $\log_c \sqrt[3]{\frac{1}{c^2}} = -\frac{2}{3}$

g) $\log_3 \sqrt{3} = \frac{1}{2}$

h) $\log_b \frac{1}{\sqrt[4]{b^7}} = -\frac{7}{4}$

i) $\log(1000) = 3$

j) $\log(0{,}01) = -2$

11. a) $L = \{32\}$

b) $L = \{\sqrt{3}\}$

c) $L = \left\{\frac{1}{4}\right\}$

d) $L = \left\{\sqrt[5]{100}\right\}$

e) $L = \{b^2\}$

12. a) $f(t) = 0{,}5 \cdot e^{\ln(0{,}917)t}$

b) $0{,}5 \cdot e^{\ln(0{,}917)t} = 320 \cdot 10^{-6} \Rightarrow t = 84{,}87$

c) (1) $t = 8$ (2) $t = 16$

Es dauert ca. 8 Tage, bis sich der Bestand jeweils halbiert.

d) $e^{-\ln(0{,}917) \cdot 8} \approx 0{,}5$

13. Bestimme den Faktor k: $20\,000 \cdot e^{k \cdot 5} = 140\,000$

$e^{k \cdot 5} = 7;\ k = \frac{\ln 7}{5} \approx 0{,}39$

Es ergibt sich folgende Gleichung für die Anzahl der Keime: $f(t) = 20\,000 \cdot e^{0{,}39t}$

$20\,000 \cdot e^{0{,}39t} = 1\,000\,000 \Rightarrow t = 10$

Es dauert etwa 10 Stunden, bis die Milch sauer ist.

101

14. Bestimmen von k:

$e^{k \cdot 30} = \frac{1}{2};\ k = \frac{\ln\left(\frac{1}{2}\right)}{30} \approx -0{,}023$

Mit der Annahme, dass die Bodenbelastung proportional zum Cäsiumbestand ist, ergibt sich für die Strahlenbelastung folgender Term: $f(t) = 55\,000\,000 \cdot e^{-0{,}023t}$.

$55\,000\,000 \cdot e^{-0{,}023t} = 35\,000;\ t \approx 318{,}5$; also ca. 319 Jahre.

15. a) Bestimmung des Parameters k:

$e^{k \cdot 50} = \frac{1}{2};\ k = \frac{\ln 0{,}5}{50} \approx -0{,}014$

Funktionsgleichung für das Medikament:

$f(t) = a \cdot e^{-0{,}014t}$; a: Menge des Medikaments in mg

$f(30) = 5 \cdot e^{-0{,}42} = 3{,}285$

Beim OP-Beginn sind noch 3,285 mg vorhanden.

b) Nach einer Stunde sind noch 2,159 mg vorhanden, mit zusätzlicher Injektion 7,159 mg. Es ergibt sich die neue Funktionsgleichung $f(t) = 7{,}159 \cdot e^{-0{,}014t}$.

$7{,}159 \cdot e^{-0{,}014t} = 1;\ t \approx 140{,}6$

Der Patient wacht nach etwa 141 min auf.

16. $e^{k \cdot 50} = 0{,}5;\ k = -0{,}000121$

Zerfallsprozess für ^{14}C: $f(t) = e^{-0{,}000121 \cdot t}$; $e^{-0{,}000121 \cdot t} = 0{,}53;\ t = 5248{,}31$

Ötzi war 1991 ca. 5250 Jahre alt.

Bleib fit in trigonometrischen Funktionen

102

2. a) Die 2. Koordinate eines Punktes P kann direkt in den Graphen übertragen werden.

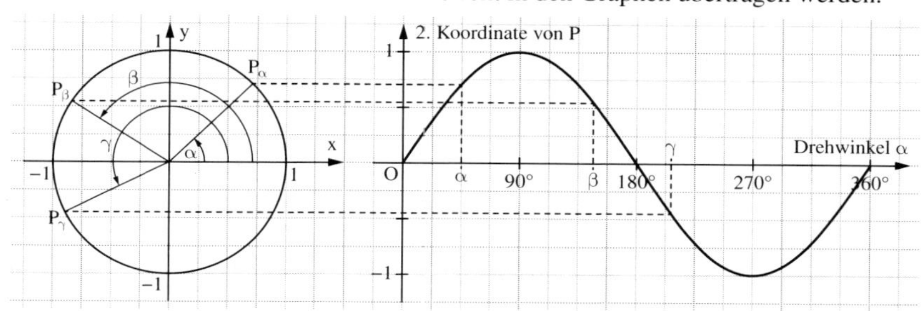

r = 1

1
sin(α)
α

b) Die 1. Koordinate eines Punktes P kann auf der Rechtsachse abgelesen werden. Um sie direkt in den Graphen zu übertragen, müssen wir die Koordinate zunächst auf die Hochachse übertragen. Dazu zeichnen wir einen Viertelkreis von der 1. Koordinate auf der Rechtsachse bis zur Hochachse. Der Wert, an dem der Viertelkreis auf die Hochachse trifft, kann nun direkt in den Graphen als 2. Koordinate übertragen werden.

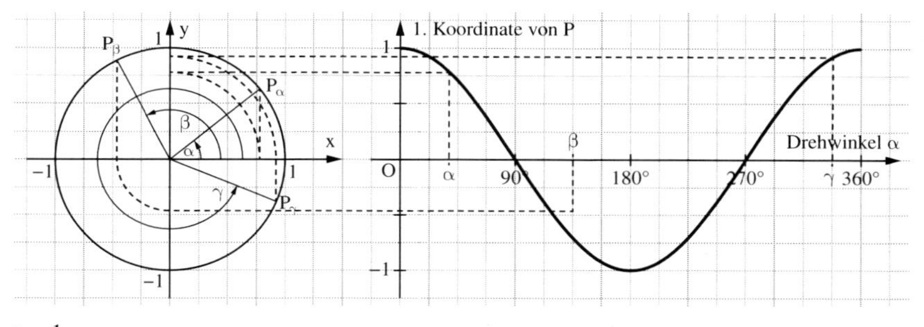

r = 1

1
α
cos(α)

2. a) $\sin^{-1}(0{,}4) \approx 23{,}58°$

Aus Symmetriegründen auch: $\alpha = 156{,}42°$. Also $\alpha_1 = 23{,}58°$; $\alpha_2 = 156{,}42°$.

b) $\sin^{-1}(-0{,}7) \approx 315{,}\ 57°$

Aus Symmetriegründen auch $x = 224{,}43°$. Mit Periodizität und $z \in \mathbb{R}$ folgt:
$L = \{315{,}57° + z \cdot 360°;\ 224{,}43° + z \cdot 360°\}$.

102

3. a) (1) $f(x) = 2 \cdot \sin(x) - 1$

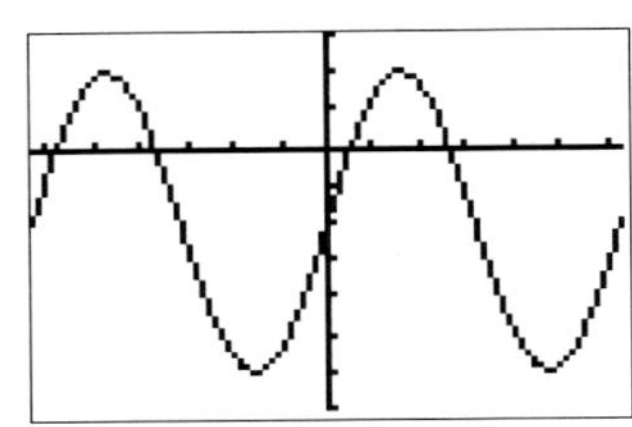

(2) $f(x) = -\sin\left(\frac{x}{3}\right)$

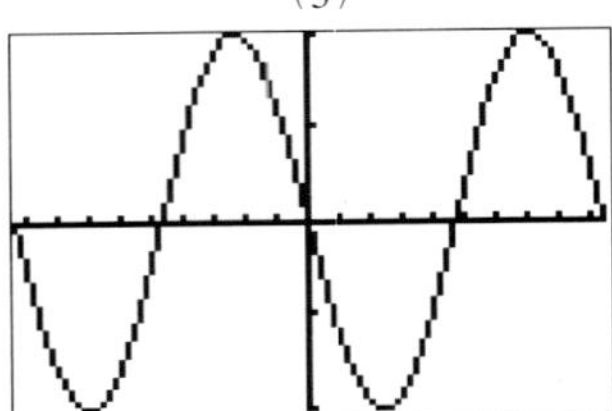

(3) $f(x) = 1{,}5 \cdot \sin(x + 1)$

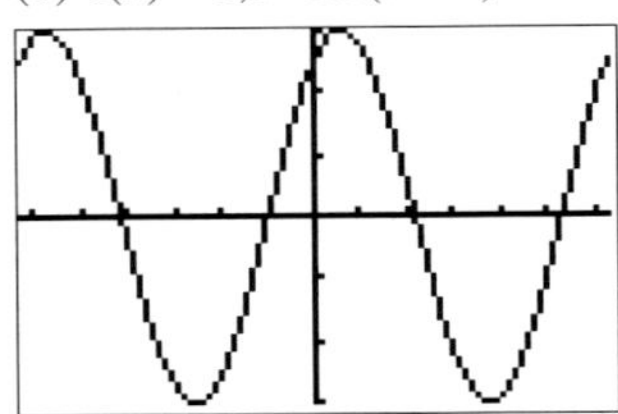

b) (1) Strecke den Graphen mit dem Faktor 2 parallel zur y-Achse und verschiebe den Graphen um 1 parallel zur y-Achse nach unten.

(2) Strecke den Graphen mit dem Faktor 3 parallel zur x-Achse und spiegele den Graphen an der y-Achse.

(3) Strecke den Graphen mit dem Faktor 1,5 parallel zur y-Achse und verschiebe den Graphen um 1 parallel zur x-Achse nach links.

4. a) $f(x) = 3{,}2 \cdot \sin\left(\frac{2\pi}{1{,}5}x\right)$;
mit f(x): Auslenkung in cm, x: Zeit in s.

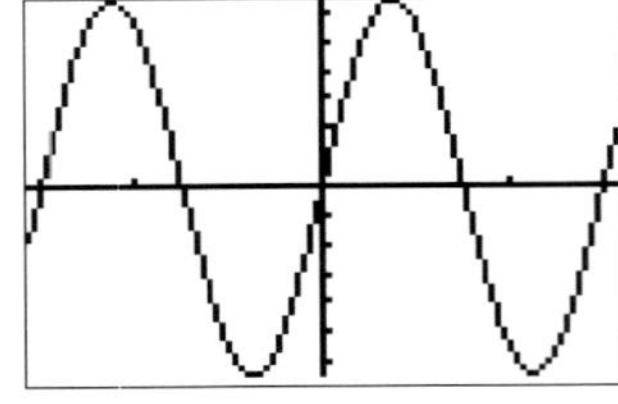

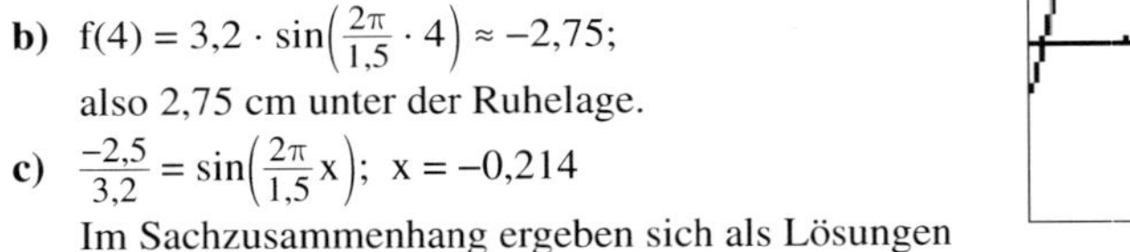

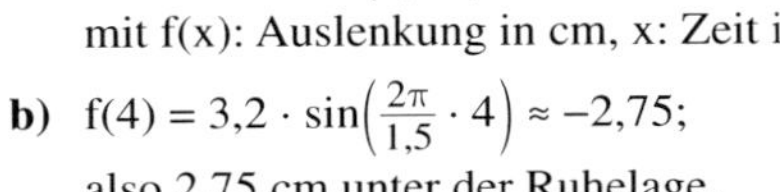

b) $f(4) = 3{,}2 \cdot \sin\left(\frac{2\pi}{1{,}5} \cdot 4\right) \approx -2{,}75$;
also 2,75 cm unter der Ruhelage.

c) $\frac{-2{,}5}{3{,}2} = \sin\left(\frac{2\pi}{1{,}5}x\right)$; $x = -0{,}214$
Im Sachzusammenhang ergeben sich als Lösungen
$x_1 = 0{,}964$ und $x_2 = 1{,}286$.
Also: Die Feder befindet sich nach ca. 1 s zum ersten Mal und nach ca. 1,3 s zum zweiten Mal in der Auslenkung −2,5 cm.

106

5. a) Streckung mit Faktor $\frac{1}{2}$ in Richtung der x-Achse.
b) Verschiebung um π nach rechts.
c) Streckung mit Faktor 3 in Richtung der y-Achse.
d) Streckung mit Faktor 3 in Richtung der x-Achse und Verschiebung um 1 nach unten.
e) Streckung mit Faktor $\frac{1}{2}$ in Richtung der x-Achse und Verschiebung um π nach rechts.
f) Streckung mit 4 in Richtung der x- und um 3 in Richtung der y-Achse.

6. a) Periode: 2π
Nullstellen: $\frac{1}{2}\pi + k \cdot 2\pi;\ k \in \mathbb{Z}$
$\frac{3}{2}\pi + k \cdot 2\pi;\ k \in \mathbb{Z}$

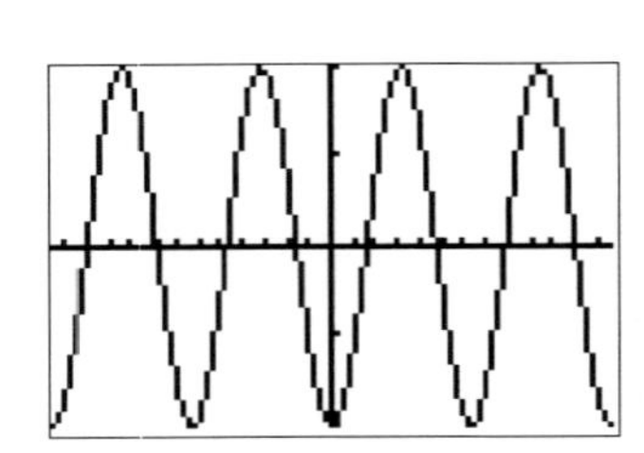

106

6. b) Periode: 4π

Nullstellen: $k \cdot 2\pi;\ k \in \mathbb{Z}$

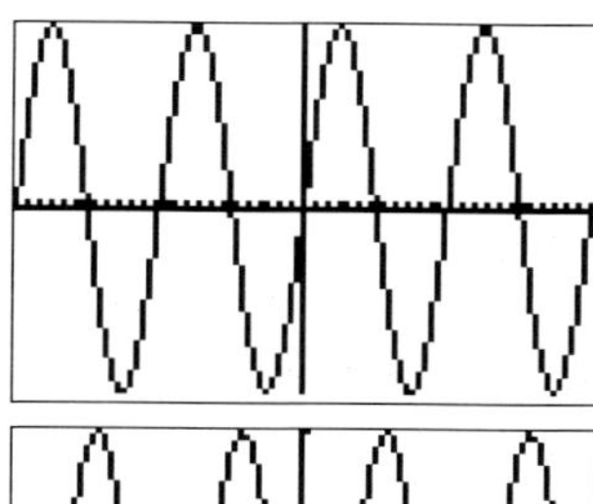

c) Periode: 2π

Nullstellen: $\frac{2}{3}\pi + k \cdot 2\pi;\ k \in \mathbb{Z}$

$\frac{5}{3}\pi + k \cdot 2\pi;\ k \in \mathbb{Z}$

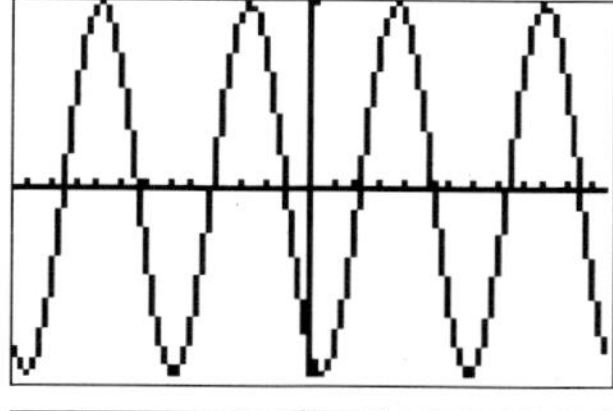

d) Periode: π

Nullstellen: $\frac{1}{4}\pi + k \cdot \pi;\ k \in \mathbb{Z}$

$\frac{3}{4}\pi + k \cdot \pi;\ k \in \mathbb{Z}$

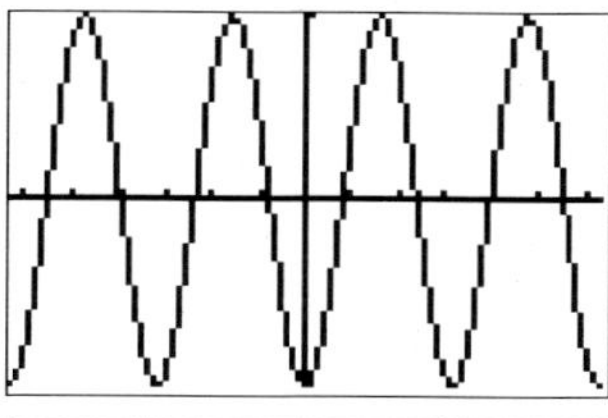

e) Periode: 2π

Nullstellen: $\frac{1}{2}\pi + k \cdot 2\pi;\ k \in \mathbb{Z}$

$\frac{3}{2}\pi + k \cdot 2\pi;\ k \in \mathbb{Z}$

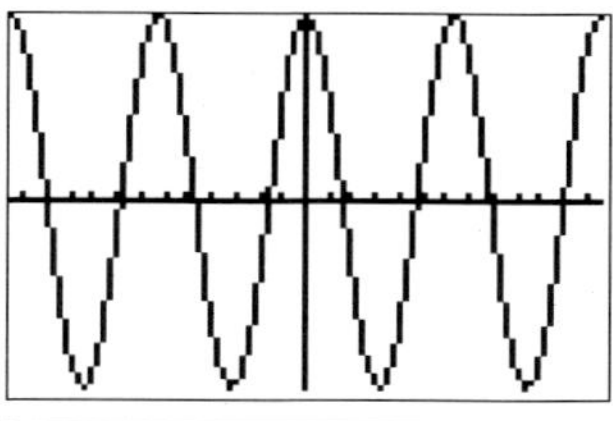

f) Periode: π

Nullstellen: $\frac{k}{2}\pi;\ k \in \mathbb{Z}$

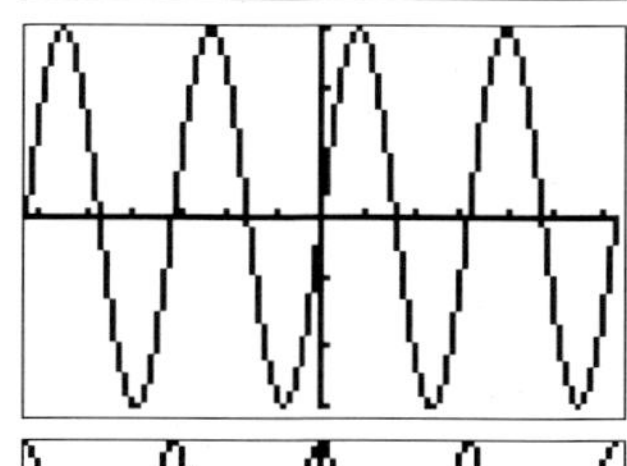

g) Periode: 2π

Nullstellen: $\frac{1}{2}\pi + k \cdot 2\pi;\ k \in \mathbb{Z}$

$\frac{3}{2}\pi + k \cdot 2\pi;\ k \in \mathbb{Z}$

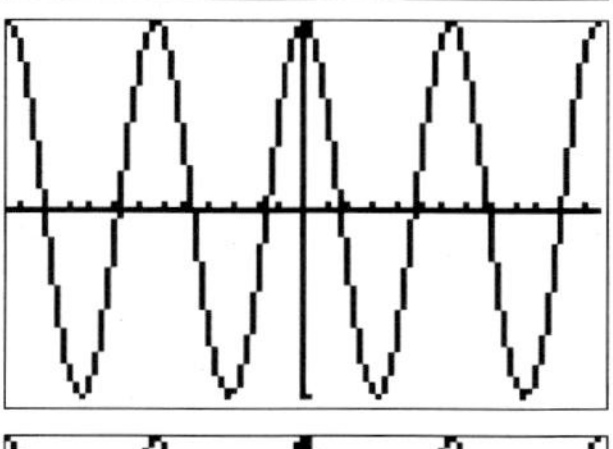

h) Periode: 2π

Nullstellen: $\frac{1}{2}\pi + k \cdot 2\pi;\ k \in \mathbb{Z}$

$\frac{3}{2}\pi + k \cdot 2\pi;\ k \in \mathbb{Z}$

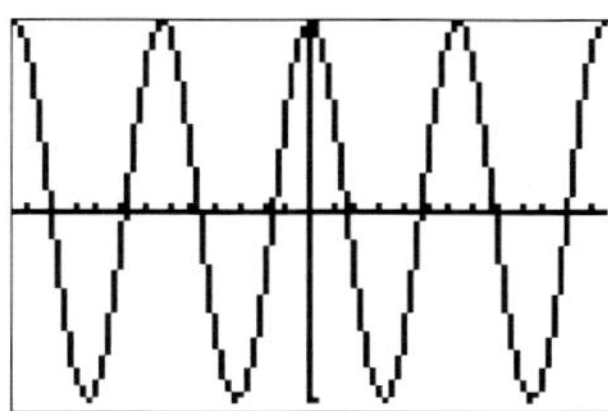

106

6. i) Periode: 4π

Nullstellen: $\pi + k \cdot 4\pi;\ k \in \mathbb{Z}$

$3\pi + k \cdot 4\pi;\ k \in \mathbb{Z}$

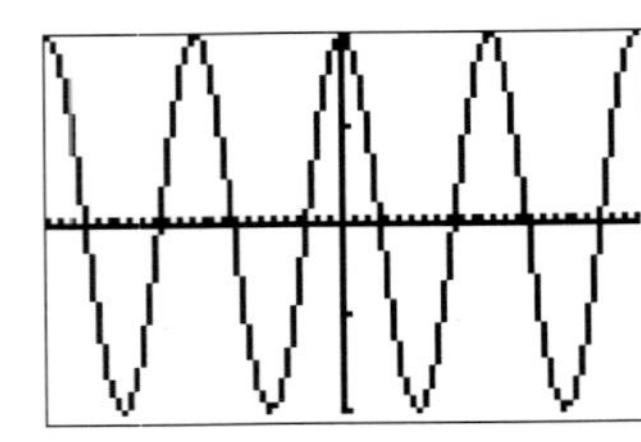

7. a) Strecken mit $\frac{1}{4}$ parallel zur y-Achse
Strecken mit $\frac{1}{2}$ parallel zur x-Achse
Verschieben um $\frac{\pi}{4}$ nach rechts
Verschieben um $\frac{1}{2}$ nach unten

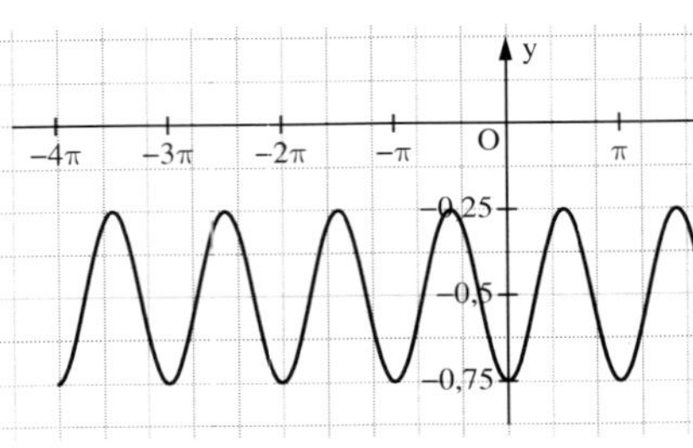

b) Strecken mit 2 parallel zur y-Achse
Strecken mit 2 parallel zur x-Achse
Verschieben um π nach links
Verschieben um 1 nach oben

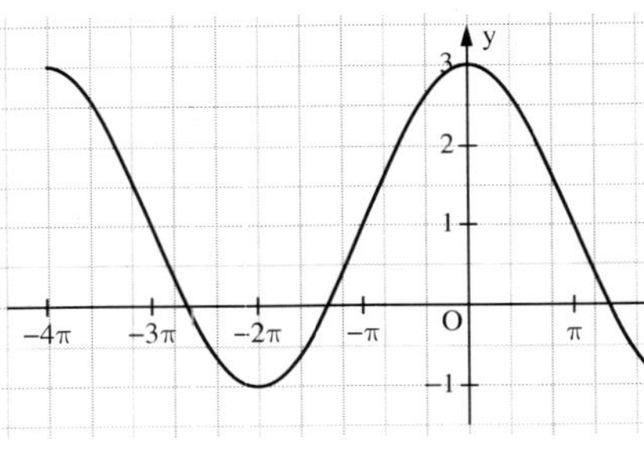

c) Strecken mit $-\frac{1}{2}$ parallel zur y-Achse
Strecken mit $\frac{1}{3}$ parallel zur x-Achse
Verschieben um $\frac{\pi}{3}$ nach links
Verschieben um 1 nach oben

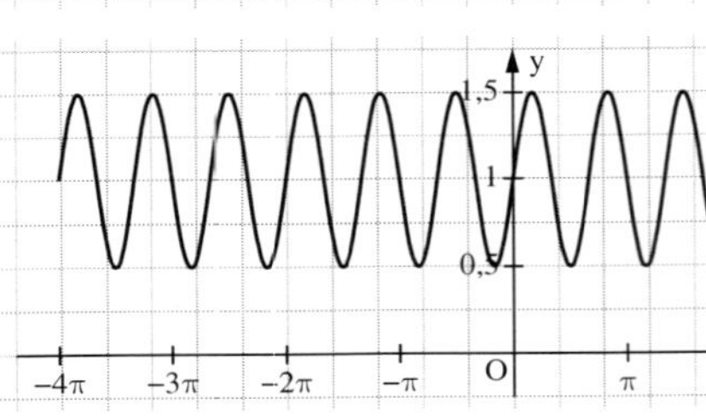

d) Strecken mit 2 parallel zur y-Achse
Strecken mit 2 parallel zur x-Achse
Verschieben um 2π nach links
Verschieben um 1 nach oben

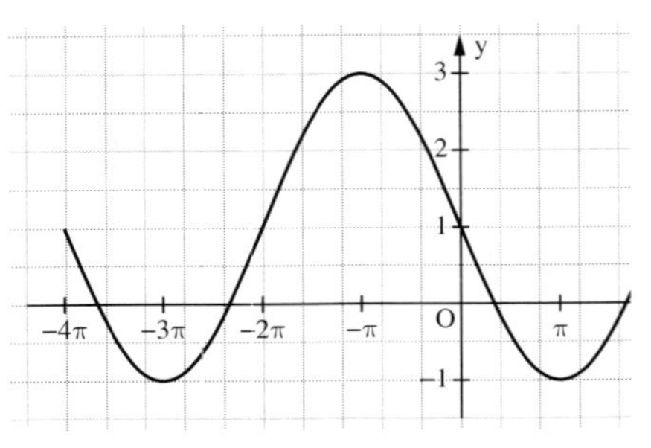

106

8. a) Der Graph von f_2 entsteht aus dem Graphen von f_1 durch Verschiebung um $\frac{\pi}{4}$ nach links.

b) Der Graph von f_2 entsteht aus dem Graphen von f_1 durch Verschiebung um π nach unten und durch Verschiebung um π nach links.

c) Der Graph von f_2 entsteht aus dem Graphen von f_1 durch Streckung mit $\frac{1}{2}$ parallel zur y-Achse und Streckung mit $\frac{1}{2}$ parallel zur x-Achse.

9. a) $\sin\left(\frac{\pi}{2}x\right)$ **c)** $\sin\left(\frac{\pi}{4}x - \frac{\pi}{4}\right)$

b) $\sin\left(\frac{\pi}{6}x\right)$ **d)** $2 \cdot \sin\left(\frac{\pi}{2}x - \frac{\pi}{2}\right) + 1$

10. a) $f(x) = 2 \cdot \sin\left(2x + \frac{\pi}{4}\right) - 1$ $\left[f(x) = 2 \cdot \cos\left(2x - \frac{\pi}{4}\right) - 1\right]$

b) $f(x) = 4 \cdot \sin\left(\frac{1}{2}x + \frac{5\pi}{6}\right) + 1$ $\left[f(x) = 4 \cdot \cos\left(\frac{1}{2}x + \frac{\pi}{3}\right) + 1\right]$

11. a) Periodenlänge: 365 Tage: $b = \frac{2\pi}{365}$

Am Tage des Sommeranfangs (22.6.) ist die astronomische Sonnenscheindauer maximal, am Tage des Winteranfangs (22.12.) minimal. Maximaler und minimaler Wert sind gleich weit von dem Wert entfernt, der für Frühlings- bzw. Herbstanfang angegeben ist, nämlich

$16{,}2\ h - 12{,}0\ h = 12{,}0\ h - 7{,}8\ h = 4{,}2\ h$;

also: $a = 4{,}2$; $d = \frac{1}{2}(16{,}2 + 7{,}8) = 12$.

Den Beginn einer periodischen Bewegung kann man auf den 22.3. (81. Tag seit Jahresbeginn) festlegen (Frühlingsanfang): $c = 81$.

Also: $f(x) = 4{,}2\sin\left(\frac{2\pi}{365} \cdot (x - 81)\right) + 12$

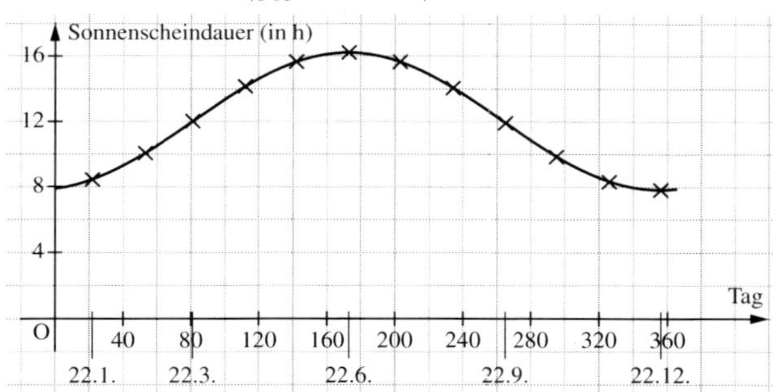

b) 10. Juli: 191. Kalendertag des Jahres:

$f(191) = 4{,}2\sin\left(\frac{2\pi}{365} \cdot (191 - 81)\right) + 12 \approx 16{,}0$

Die astronomische Sonnenscheindauer beträgt also ungefähr 16 Stunden.

2 Exponentialfunktionen – trigonometrische Funktionen

Lernfeld: Mehr und immer mehr

108

1. Würgegriff der Wasserhyazinthe

a) Beim ersten Modell handelt es sich um exponentielles Wachstum, beim zweiten um lineares.

Es gilt nach ca. 17,5 Tagen $100 \cdot a^{17,5} = 200$, also $a = \sqrt[17,5]{2} \approx 1,0404$. Also:

$f(t) = 100 \cdot 1,0404^t$, mit t in Tagen, f(t) in m^2

$f(t) = 0,1 + 40t$, mit t in Tagen, f(t) in Tonnen.

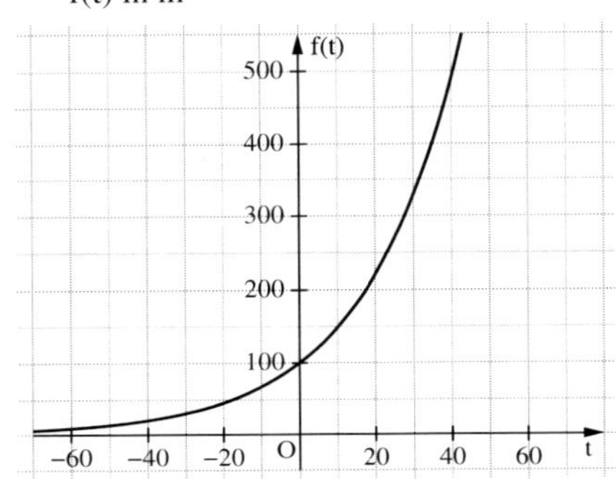

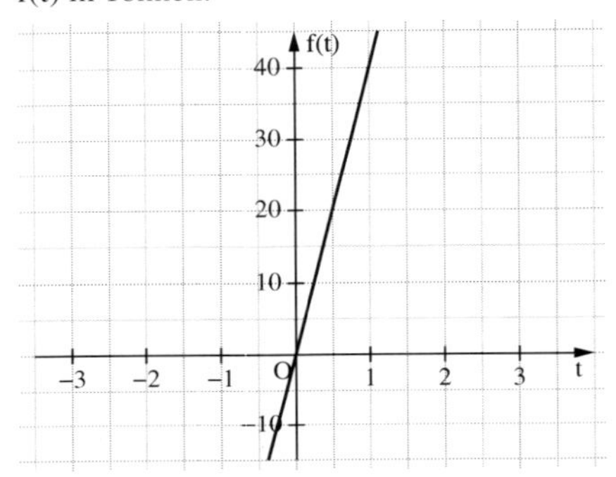

b) • Erstes Modell:

$f(t) = 100 \cdot 1,0404^t$ mit t in Tagen und f(t) in m^2

(1) *Änderungsraten pro Jahr:*

$\frac{f(t + 365) - f(t)}{365} = \frac{100}{365} \cdot 1,0404^t \cdot (1,0404^{365} - 1) \approx 519\,795 \cdot 1,0404^t$ mit t in Tagen und $519\,795 \cdot 1,0404^t$ in $\frac{m^2}{Tag}$.

Die Änderungsraten pro Jahr entwickeln sich offenbar auch exponentiell.

(2) *Änderungsraten pro Monat:*

$\frac{f(t + 30) - f(t)}{30} = \frac{100}{30} \cdot 1,0404^t \cdot (1,0404^{30} - 1) \approx 7,6 \cdot 1,0404^t$ mit t in Tagen und $7,6 \cdot 1,0404^t$ in $\frac{m^2}{Tag}$.

Die Änderungsraten pro Monat entwickeln sich offenbar auch exponentiell.

(3) *Änderungsraten pro Tag:*

$\frac{f(t + 1) - f(t)}{1} = 100 \cdot 1,0404^t \cdot (1,0404 - 1) \approx 4,04 \cdot 1,0404^t$ mit t in Tagen und $4,04 \cdot 1,0404^t$ in $\frac{m^2}{Tag}$.

Die Änderungsraten pro Tag entwickeln sich offenbar auch exponentiell.

(4) *Momentane Wachstumsgeschwindigkeit:*

Wir bestimmen die momentane Wachstumsgeschwindigkeit näherungsweise:

$$\frac{f\left(t + \frac{1}{n}\right) - f(t)}{\frac{1}{n}} = 100 \cdot n \cdot 1,0404^t \cdot \left(1,0404^{\frac{1}{n}} - 1\right) = \underbrace{100 \cdot n \cdot \left(1,0404^{\frac{1}{n}} - 1\right)} \cdot 1,0404^t.$$

Die folgende Tabelle zeigt die Entwicklung dieses Faktors für wachsende n.

n	100	1 000	10 000	1 000 000
$100 \cdot n \cdot (1,0404^{\frac{1}{n}} - 1)$	3,9613	3,9606	3,9605	3,9605

108

1. Die momentane Wachstumsgeschwindigkeit zum Zeitpunkt t_0 beträgt etwa
$3{,}96 \cdot 1{,}0404^{t_0} \frac{m^2}{Tag}$.

• Zweites Modell:
$f(t) = 0{,}1 + 40 \cdot t$ mit t in Tagen und f(t) in Tonnen.
Die Wachstumsgeschwindigkeit ist hier konstant und beträgt 40 Tonnen pro Tag.

c) Im GTR kann man die Graphen verschiedener Exponentialfunktionen betrachten. Mithilfe des nDerive-Befehls erhält man näherungsweise auch den Graphen der zugehörigen Ableitungsfunktion. Die Bilder lassen vermuten, dass die Graphen der Ableitungsfunktion ebenfalls Graphen von Exponentialfunktionen sind, die durch Streckung bzw. Stauchung parallel zur y-Achse aus dem Graphen der Ausgangsfunktion entstehen.

109

2. Grenzen in Sicht

a) Beim ersten, wie auch beim zweiten Prozess, liegt exponentielle Abnahme vor. Allerdings ist der erste Prozess von unten durch 0, der zweite durch 100 beschränkt.
$f(t) = 400 \cdot 0{,}8409^t$, t in s; $g(t) = 400 \cdot 0{,}5^t + 100$, t in h

b) Man kann mithilfe von nDerive auch näherungsweise die Funktionswerte der Ableitungen f' und g' ermitteln.
Für die Quotienten ergibt sich:

- $\frac{f'(t)}{f(t)} \approx -0{,}1733$, also $f'(t) \approx -0{,}1733 \cdot f(t)$
- $\frac{g'(t)}{g(t) - 100} \approx -0{,}6931$, also $g'(t) \approx -0{,}6931 \cdot (g(t) - 100)$

Offenbar ist der Quotient aus momentaner Wachstumsgeschwindigkeit und jeweiligem Bestand konstant.

c) $f(t) = a - b^t$, $0 < b < 1$
Gleiche Überlegungen wie oben, nur ist hier der Quotient $\frac{f'(t)}{f(t)}$ positiv.

3. S-förmig zur Grenze

a) $0{,}05 \frac{Mrd.}{Jahr}$; $0{,}07 \frac{Mrd.}{Jahr}$; $0{,}07 \frac{Mrd.}{Jahr}$; $0{,}09 \frac{Mrd.}{Jahr}$; $0{,}08 \frac{Mrd.}{Jahr}$; $0{,}08 \frac{Mrd.}{Jahr}$; $0{,}08 \frac{Mrd.}{Jahr}$; $0{,}06 \frac{Mrd.}{Jahr}$; $0{,}05 \frac{Mrd.}{Jahr}$; $0{,}03 \frac{Mrd.}{Jahr}$
Zunächst steigen die Wachstumsgeschwindigkeiten, dann fallen sie.

b) • Man kann z. B. Bedingungen für zwei Teilabschnitte formulieren (mit t in 10 Jahren):
Von 1950 bis 2000: $f(t) \approx 2{,}5 \cdot b^t t$ mit $b > 1$ und $t \in [0; 5]$
Von 2000 bis 2050: $f(t) \approx 10 - 3{,}9 \cdot a^{(t-5)}$ mit $0 < a < 1$ und $t \in [5; 10]$
• Nach dem Lösen der Aufgaben 1 und 2 kann man z. B. auch folgende Bedingungen formulieren: Von 1950 bis 2000 gilt $f'(t) = k_1 f(t)$ und von 2000 bis 2050 gilt $f'(t) = k_2(10 - f(t))$. Bei dem Versuch daraus eine einheitliche Beschreibung zu finden, kann man $f'(t) = k \cdot f(t) \cdot (10 - f(t))$ vermuten.

c) **1. Phase**

t	0	1	2	3	4	5
f(t)	2,5	3,0	3,7	4,4	5,3	6,1

Mithilfe des Befehls ExpReg findet man $f(t) \approx 2{,}5275 \cdot 1{,}1986^t$ für $t \in [0; 5]$.

109

3. c) 2. Phase

t	5	6	7	8	9	10
f(t)	6,1	6,9	7,7	8,3	8,8	9,1
(10 – f(t))	3,9	3,1	2,3	1,7	1,2	0,9

Mithilfe des Befehls ExpReg findet man $10 - f(t) \approx 18{,}2005 \cdot 0{,}7412^t$, also $f(t) \approx 10 - 18{,}2005 \cdot 0{,}7412^t$ für $t \in [5;\ 10]$.

Insgesamt findet man mithilfe von Regression also $f(t) \approx \begin{cases} 2{,}5275 \cdot 1{,}1986^t \text{ für } t \in [0;\ 5] \\ 18{,}2005 \cdot 0{,}7412^t \text{ für } t \in\ ]5;\ 10] \end{cases}$

mit t in 10 Jahren.

Das nebenstehende GTR-Bild zeigt die Anpassung der Funktionsgraphen an die Datenpunkte.
$0 \le x \le 10;\ 0 \le y \le 10$

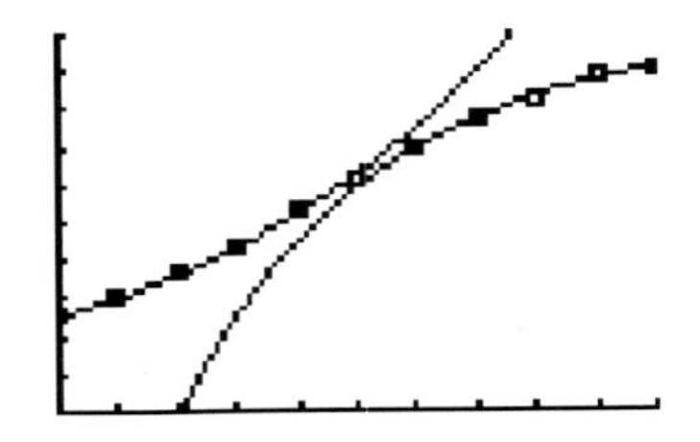

2.1 Ableitung von Exponential- und Logarithmusfunktion

2.1.1 Wachstumsgeschwindigkeit – die besondere Bedeutung der e-Funktion

114

3. Man kann Graphen von Exponentialfunktionen im GTR betrachten. Mithilfe des nDerive-Befehls kann man auch die Graphen der zugehörigen Ableitungsfunktion anzeigen. Die Bilder legen die Vermutung nahe, dass die Graphen der zugehörigen Ableitungsfunktionen auch Exponentialfunktionen sind, die durch Streckung bzw. Stauchung parallel zur y-Achse aus der jeweiligen Ausgangsfunktion entstehen.

4. Die angegebene Ableitung kann nicht stimmen, denn 2^x ist monoton wachsend, aber es gilt $x \cdot 2^{x-1} < 0$ für $x < 0$.

5. $f'(t) = k \cdot 5^t$

$k = \lim\limits_{h \to 0} \frac{5^h - 1}{h} \approx 1{,}6094$; exakter Wert: $k = \ln 5$

Somit ergibt sich $f'(t) \approx 1{,}6094 \cdot 5^t$.

6. a) Durch Streckung um den Faktor 1,3 in Richtung der y-Achse.

b) $b \approx 3{,}67$; $f'(x) = 1{,}3 \cdot 3{,}67^x$

7. Die Behauptung ist richtig.
Bei einer Basis $b > 3$ ($b < 3$) wird der Graph mit einem Streckfaktor, der größer als 1 ist (kleiner als 1 ist), parallel zur y-Achse gestreckt. Betrachtet man b^{x+k} mit $k > 0$, so erhält man $b^{x+k} = b^k \cdot b^x$, also einen Streckfaktor größer als 1. Bei b^{x-k} mit $k > 0$ ergibt sich aus $b^{x-k} = \frac{1}{b^k} \cdot b^x$ ein Streckfaktor kleiner als 1.

114

8. a) Verschiebung um 1 nach unten.

b) Streckung mit dem Faktor $\frac{1}{2}$.

c) Streckung mit dem Faktor $\frac{1}{4}$; Spiegelung an der x-Achse.

d) Streckung mit dem Faktor 2; Verschiebung um 3 nach unten.

e) Spiegelung an der y-Achse.

f) Streckung in x-Richtung mit dem Faktor $\frac{1}{2}$.

g) Streckung in x-Richtung mit dem Faktor 3.

h) Streckung in x-Richtung mit dem Faktor 2, Spiegelung an der y-Achse.

115

9. a) $f'(x) = e^x$; $f''(x) = e^x$

b) $f'(x) = e^x + 1$; $f''(x) = e^x$

c) $f'(x) = 2e^x$; $f''(x) = 2e^x$

d) $f'(x) = -3e^x$; $f''(x) = -3e^x$

e) $f'(x) = 4e^x$; $f''(x) = 4e^x$

f) $f'(x) = -e^x$; $f''(x) = -e^x$

g) $f'(x) = e^x + 2x + 1$; $f''(x) = e^x + 2$

h) $f'(x) = -e^x - 1$; $f''(x) = -e^x$

i) $f'(x) = 2e^{2x}$; $f''(x) = 4e^{2x}$

j) $f'(x) = 3e^{-3x}$; $f''(x) = -9e^{-3x}$

k) $f'(x) = 4e^{4x-3}$; $f''(x) = 16e^{4x-3}$

l) $f'(x) = -\frac{1}{2}e^{-\frac{x}{2}+1} - 2x$; $f''(x) = \frac{1}{4}e^{-\frac{x}{2}+1} - 2$

10. a)
(1) $3(e - 1) \approx 5{,}155$
(2) $3(e^2 - e) \approx 14{,}01$
(3) $3(e^3 - e^2) \approx 38{,}09$
(4) $3(e^4 - e^3) \approx 103{,}54$
(5) $3(e^5 - e^4) \approx 281{,}45$

b)
(1) 3
(2) $3e \approx 8{,}16$
(3) $3e^2 \approx 22{,}17$
(4) $3e^3 \approx 60{,}26$
(5) $3e^4 \approx 163{,}8$ jeweils in $\frac{cm^2}{h}$

11. a) $t(x) = f'(0) \cdot (x - 0) + 1 = 1 \cdot x + 1$

b) Grafiken der Tangente durch (0 | 1) und der Exponentialfunktionen mit $y = 2x$, $y = 2{,}2x$, $y = 2{,}4x$, $y = 2{,}6x$, $y = 2{,}8x$, $y = 3x$

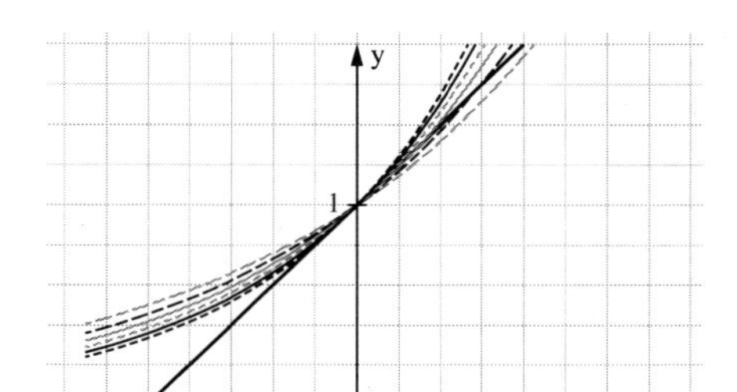

12. $f_1'(x) = e^{x-2}$; $f_2'(x) = 2e^x$; $f_3'(x) = e^x$

(1) Wert an der Stelle 0 ist 2 $\Rightarrow f_2'$

(2) Wert an der Stelle 0 ist 1 $\Rightarrow f_3'$

(3) Wert an der Stelle 2 ist 1 $\Rightarrow f_1'$

13. Allgemeine Gleichung der Tangente an der Stelle x: $f(t) = e^x \cdot t + e^x \cdot (1 - x) + 1$

Nullstelle:

$e^x \cdot t + e^x \cdot (1 - x) + 1 = 0 \quad | -1; -e^x \cdot (1 - x)$

$e^x \cdot t = -e^x \cdot (1 - x) - 1 \quad | : e^x$

$t = x - 1 - \frac{1}{e^x}$

115

13. Damit $\overline{PQ}$ möglichst klein ist, muss d(x) mit $d(x) = \sqrt{\left(x - \left(x - 1 - \frac{1}{e^x}\right)\right)^2 + (e^x + 1)^2}$ minimal sein.
Dazu bestimmt man das Minimum von d(x), dieses liegt bei x = 0.
Also ist die Strecke $\overline{PQ}$ für P = (0 | 2) minimal. Länge: 2 LE

2.1.2 Ableitung von beliebigen Exponentialfunktionen – Ableitung der natürlichen Logarithmusfunktion

117

3. **a)** $f'(x) = \ln 3 \cdot 3^x$; $f''(x) = (\ln(3))^2 \cdot 3^x$
b) $f'(x) = 2 \cdot \ln 3 \cdot 3^x$; $f''(x) = 2 \cdot (\ln(3))^2 \cdot 3x$
c) $f'(t) = \ln 1{,}02 \cdot 1{,}02^t + 2t$; $f''(x) = 2 + (\ln(1{,}02))^2 \cdot 1{,}02^t$
d) $f'(x) = \ln 2{,}5 \cdot 2{,}5^x + 2{,}5 \cdot \ln 2 \cdot 2^x$;
$f''(x) = (\ln(2{,}5))^2 \cdot 2{,}5^x - 2{,}5 \cdot (\ln(2))^2 \cdot 2^x$
e) $f'(x) = k \cdot \ln k \cdot k^x - \ln k \cdot k^x = k^x \ln k(k - 1)$;
$f''(x) = (k - 1)k^x (\ln(k))^2$
f) $f'(x) = \ln 3 \cdot 3^x - e^x$; $f''(x) = (\ln(3))^2 \cdot 3^x - e^x$
g) $f'(x) = \frac{1}{x} + 1 + e^x$; $f''(x) = -\frac{1}{x^2} + e^x$
h) $f'(x) = e^x - \frac{1}{x}$; $f''(x) = e^x + \frac{1}{x^2}$
i) $f'(x) = \frac{1}{x} + (\ln 2) \cdot e^{(\ln 2) \cdot x} = \frac{1}{x} + (\ln 2) \cdot 2^x$;
$f''(x) = -\frac{1}{x^2} + (\ln 2)^2 \cdot e^{(\ln 2) \cdot x} = -\frac{1}{x^2} + (\ln 2)^2 \cdot 2^x$

4.

	Stelle x	Tangentengleichung
(1) $x \mapsto 3^x$	−1	$y = \frac{1}{3} \ln 3x + \frac{1}{3}(\ln 3 + 1)$
	0	$y = \ln 3x + 1$
	1	$y = 3 \ln 3x - 3(\ln 3 - 1)$
	2	$y = 9 \ln 3x - 9(2 \ln 3 - 1)$
(2) $x \mapsto 2{,}5^x$	−1	$y = \frac{2}{5} \ln 2{,}5x + \frac{2}{5}\left(\ln \frac{5}{2} + 1\right)$
	0	$y = \ln 2{,}5x + 1$
	1	$y = \frac{5}{2} \ln 2{,}5x - \frac{5}{2}\left(\ln \frac{5}{2} - 1\right)$
	2	$y = 2{,}5^2 \ln 2{,}5x - 2{,}5^2 \cdot \frac{1}{2}\left(\ln 2{,}5 + \frac{25}{4}\right)$
(3) $x \mapsto 0{,}5^x$	−1	$y = 2 \ln 0{,}5x - 2 \ln 2 + 2$
	0	$y = \ln 0{,}5x + 1$
	1	$y = 0{,}5 \ln 0{,}5x + \frac{1}{2} \ln 2 + \frac{1}{2}$
	2	$y = 0{,}25 \ln 0{,}5x + \frac{1}{2} \ln 2 + \frac{1}{4}$

117

4. (1) $x \mapsto 3^x$ (2) $x \mapsto 2{,}5^x$ (3) $x \mapsto 0{,}5^x$

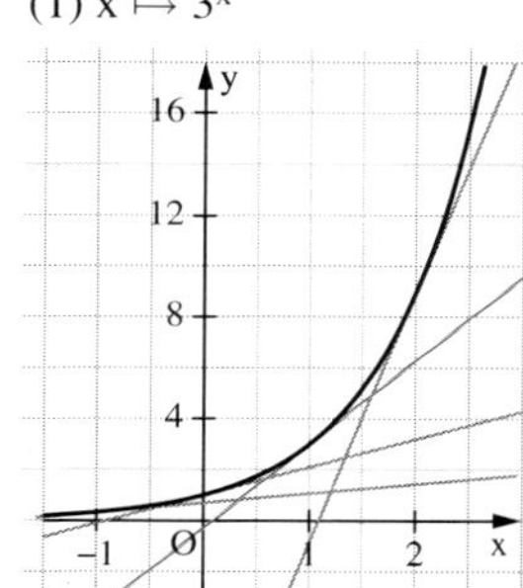

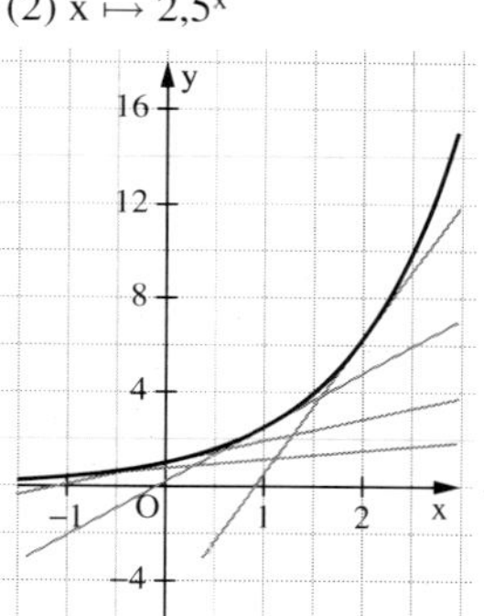

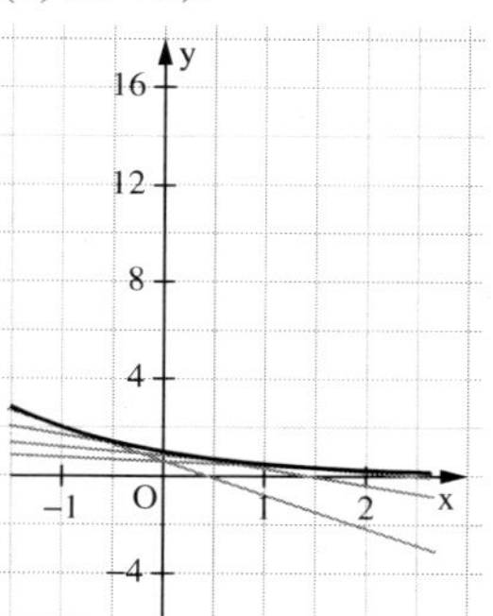

5. $P\left(\frac{3}{2} \mid \ln\frac{3}{2}\right)$ Tangentengleichung: $y = \frac{2}{3}x + \ln\frac{3}{2} - 1$

2.2 Begrenzte und logistische Wachstumsprozesse

121

1. Man kann davon ausgehen, dass beim Mischen derselben Menge zweier unterschiedlich temperierter Flüssigkeiten die Mischung den Mittelwert der beiden Temperaturen annimmt.

i) $f(t) = 22 + 27e^{-0,15t}$
$f(5) = 22 + 27e^{-0,15 \cdot 5} = 34{,}75$
$f(10) = 22 + 27e^{-0,15 \cdot 10} = 28{,}02$
Also ca. 28 °C, nach zweimal 5 Minuten.

ii) Funktion für Abkühlen vor dem Mischen:
$g_1(t) = 22 + 68 \cdot e^{-0,15t}$ liefert $g_1(5) = 54$
und damit eine Temperatur der Mischung von 31 °C.
Funktion für die Abkühlung nach dem Mischen:
$g_2(t) = 22 + 9 \cdot e^{-0,15t}$ liefert $g_2(5) = 26{,}25$.
Also hat der Milchkaffee in diesem Fall nach zweimal 5 Minuten etwa 26 °C.

122

2. a) Ansatz:
$N(t) = 80 - 68 \cdot e^{k \cdot t}$
Aus $N(2) = 18$ folgt $k = -0{,}0462$, also ist $N(t) = 80 - 68 \cdot e^{-0,0462t}$.
Nach 46,32 Jahren wären ca. 90 % des maximalen Bestandes erreicht.
Bei diesem Modell geht man davon aus, dass sich die Tiere erst schnell vermehren, dann wegen „Platzproblemen“ langsamer. Besser wäre allerdings ein Modell, bei dem sich die Tiere erst langsam vermehren, dann schneller und zum Schluss (wegen Platzproblemen) wieder langsamer. (Siehe logistisches Wachstum)

b) Bei $t = 0$ mit $N'(0) = -0{,}0462 \cdot (-68) = 3{,}1416$.

122

3. (1) ⇔ (2): $\frac{S}{1+\left(\frac{S}{f(0)}-1\right)\cdot e^{-kSt}} \cdot \frac{f(0)}{f(0)} = \frac{S \cdot f(0)}{f(0)+(S-f(0))e^{-kSt}}$

(2) ⇔ (3): $\frac{f(0)\cdot S}{f(0)+(S-f(0))e^{-kSt}} \cdot \frac{e^{kSt}}{e^{kSt}} = \frac{f(0)\cdot S\cdot e^{kSt}}{f(0)\cdot e^{kSt}+S-f(0)}$

(3) ⇔ (4): $S - \frac{(S-f(0))S}{f(0)\cdot e^{kSt}+S-f(0)} = \frac{S(f(0)\cdot e^{kSt}+S-f(0))-(S-f(0))S}{f(0)\cdot e^{kSt}+S-f(0)} = \frac{f(0)\cdot S\cdot e^{kSt}}{f(0)\cdot e^{kSt}+S-f(0)}$

4. **a)** $h(8) = \frac{70}{1+100\cdot e^{-560k}} = 6 \Rightarrow k = 0{,}003997$

$h(0) = \frac{70}{1+100\cdot e^{0}} = \frac{70}{101} \approx 0{,}693$

Die Tanne war also ca. 69 cm groß.

b) $t = \frac{\ln\left(\frac{70}{0{,}693}-1\right)}{0{,}003997\cdot 70} = 16{,}46$

c) $h(t+1) - h(t) = 0{,}1$

$\frac{70}{1+100\cdot e^{-70\cdot 0{,}003997\cdot (t+1)}} - \frac{70}{1+100\cdot e^{-70\cdot 0{,}003997\cdot t}} = 0{,}1 \Rightarrow t = 34{,}8$

Ab 34,8 Jahren gibt es im darauf folgenden Jahr einen Höhenzuwachs von weniger als 10 cm.

5. **a)** Logistische Regression liefert:

$f(x) = \frac{83{,}3633}{1+0{,}08165\cdot e^{-0{,}11x}}$ (0 entspricht dem Jahr 1984)

$f(66) = 83{,}359$

Man kann also eine Bevölkerungszahl von 83,346 Millionen für das Jahr 2050 prognostizieren.

b) $82{,}315 \cdot 0{,}997^{44} = 72{,}1217$

c) Logistisches Wachstum: $f(x) = \frac{87{,}5544}{1+0{,}05621\cdot e^{0{,}0249x}}$ (0 entspricht dem Jahr 1995)

2009: 81,8 Mio., passt recht gut.

Wenn man davon ausgeht, dass die Bevölkerungsrate konstant bei 71,48 Mio. bleibt, ist die Prognose gut. Allerdings ist davon auszugehen, dass die Bevölkerungsrate weiterhin schwanken wird.

Blickpunkt: Beschreiben von technischen Vorgängen mithilfe von Differenzialgleichungen

123

1. **a)** s(t) bezeichne die Entfernung vom Startpunkt zum Zeitpunkt t. Für die Geschwindigkeit gilt $v(t) = s'(t)$. Also lautet die Differenzialgleichung $s'(t) = 400$.

Integration liefert $s(t) = 400t + c$. Aus $s(0) = 2$ folgt $c = 2$. Also ergibt sich $s(t) = 400t + 2$.

b) Der Satz besagt, dass alle Stammfunktionen zu $g(x) = k$ vom Typ $G(x) = k \cdot x + a$ sind. Wenn von der Funktion G ein Funktionswert bekannt ist, ist G eindeutig festgelegt. Hier ist $g = f'$ und $G = f$. Durch den Anfangswert f(0) ist ein Funktionswert gegeben, also f eindeutig bestimmbar.

124

2. a) s(t) beschreibe den zurückgelegten Weg zum Zeitpunkt t. Für die Beschleunigung a gilt $s''(t) = a(t)$.
Da a konstant ist, ergibt sich die Differenzialgleichung $s''(t) = 9{,}81$ mit den Anfangsbedingungen $s(0) = 0$ und $s'(0) = 0$.
Für die Höhe $h(t) = 30 - s(t)$ folgt dann $h''(t) = -9{,}81$ mit den Anfangsbedingungen $h(0) = 30$ und $h'(0) = 0$.
Zweifache Integration von $h''(t) = -9{,}81$ liefert zunächst $h'(t) = -9{,}81t + c_1$ und dann $h(t) = -\frac{9{,}81}{2}t^2 + c_1 t + c_2$.
Berechne c_1 und c_2 aus den Anfangsbedingungen.
Wegen $h'(0) = 0$ (Anfangsgeschwindigkeit ist null) folgt $c_1 = 0$.
Wegen $h(0) = 30$ (Anfangshöhe ist 30 m) folgt $c_2 = 30$.
Damit ergibt sich $h(t) = 30 - \frac{9{,}81}{2}t^2$.

b) Ist $s''(t) = a$ gegeben, so kann man durch Bilden der Stammfunktion auf $s'(t) = at + b$ und weiter auf $s(t) = \frac{1}{2}at^2 + bt + c$ schließen. Durch die Anfangswerte
$v_0 = s'(0) = 0$ und $s_0 = s(0) = 0$
sind die Parameter eindeutig festgelegt: $b = 0$; $c = 0$.

3. a) $f'(t) = 0{,}15 \cdot f(t)$; $f(0) = 38$; also $f(t) = 38 \cdot e^{0{,}15t}$.

b) $f(t) = f(0) \cdot e^{k \cdot t}$
$f(1600) = f(0) \cdot e^{1600 \cdot k} = \frac{1}{2} \cdot f(0)$
Also $e^{1600 \cdot k} = \frac{1}{2}$; $k = \frac{\ln 0{,}5}{1600}$; $k \approx -0{,}000433$
Also gilt: $f'(t) = -0{,}000433 \cdot f(t)$.

c) Nach Kettenregel gilt für $f(t) = a \cdot e^{k \cdot t}$, dass $f'(t) = a \cdot e^{k \cdot t} \cdot k$, also $f'(t) = k \cdot f(t)$. Der Faktor a kann bestimmt werden, wenn man irgendeinen Funktionswert von f kennt, z. B. die „Anfangsbedingung" f(0).

d) (1) $p(h) = 1013 \cdot e^{-0{,}0001251 \cdot h}$
$p(1498) = 839{,}891$ mbar
(2) $1013 \cdot e^{-0{,}0001251 \cdot h} = 500$
$h = 5\,643{,}99$ m, also in 5644 m Höhe.
(3) $e^{-0{,}000125 \cdot 5\,000} = 0{,}535$
Die Angabe geht in die richtige Richtung. Exakt halbiert sich der Druck nach 5540,74 m.

125

4. a) (1) $\vartheta'(t) = 0{,}12 \cdot (25 - \vartheta(t))$
(2) $\vartheta(t) = 25 - 19 \cdot e^{-0{,}12 \cdot t}$
(3)

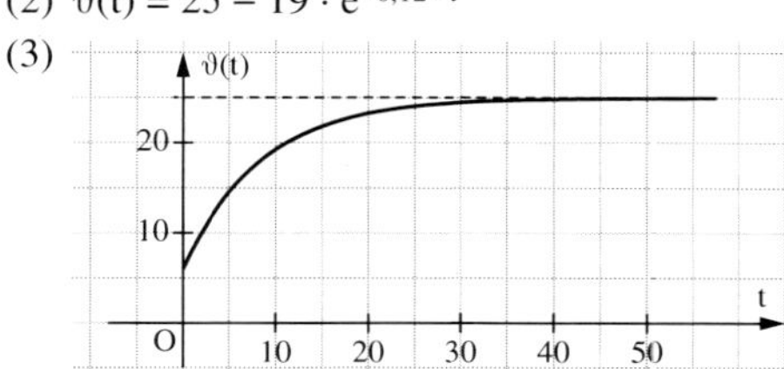

b) (1) Es handelt sich dabei um einen exponentiellen Abnahmeprozess.
(2) $f(t) = 20 + 69e^{-kt}$. Zu Beginn betrug die Temperatur 89 °C.

125

4. (3) $20 + 69e^{-k \cdot 3} = 73;\ \ 69e^{-k \cdot 3} = 53;\ \ k \approx 0{,}0879$

$-69 \cdot 0{,}0879e^{-0{,}0879t} = -1;\ \ t \approx 20{,}51$

Die Temperatur nimmt nach ca. 20 Minuten und 30 Sekunden erstmals um weniger als 1 Grad pro Minute ab.

c) Für Funktionen des Typs $f(t) = S + (a - S) \cdot e^{-k \cdot t}$ gilt:

$f'(t) = (a - S) \cdot e^{-k \cdot t} \cdot (-k) = k \cdot (S - a) \cdot e^{-k \cdot t}$.

Den Term $(a - S) \cdot e^{-k \cdot t}$ kann man auch als $f(t) - S$ notieren, also $(S - a) \cdot e^{-k \cdot t}$ als $S - f(t)$, d. h. $f'(t) = k \cdot (S - f(t))$.

5. a) Gibt man die Daten aus der Grafik als Listen in einen Rechner ein:

L1	2,7	5,9	7,4	...
L2	2	3	4	...

dann ergibt sich folgende Funktionsgleichung für eine logistische Funktion:

$$y \approx \frac{10{,}95}{1 + 12{,}73 \cdot e^{-0{,}28x}}$$

d. h. als Sättigungsgrenze ergibt sich $S \approx 10{,}95$. Dennoch würde die Menschheit bis zu einer Grenze von ca. 10,95 Millarden Menschen anwachsen.

b) Für Funktionen des Typs $f(t) = \frac{S}{1 + \left(\frac{S}{a} - 1\right) \cdot e^{-k \cdot S \cdot t}}$ gilt:

$$f'(t) = \frac{-S \cdot \left(\frac{S}{a} - 1\right) \cdot e^{-k \cdot S \cdot t} \cdot (-k \cdot S)}{\left(1 + \left(\frac{S}{a} - 1\right) \cdot e^{-k \cdot S \cdot t}\right)^2}$$

$$= k \cdot \frac{S^2}{\left(1 + \left(\frac{S}{a} - 1\right) \cdot e^{-k \cdot S \cdot t}\right)^2} \cdot \left(\frac{S}{a} - 1\right) \cdot e^{-k \cdot S \cdot t}$$

$$= k \cdot f^2(t) \cdot \left(\frac{S}{a} - 1\right) \cdot e^{-k \cdot S \cdot t}$$

$$= k \cdot f^2(t) \cdot \left[1 + \left(\frac{S}{a} - 1\right) \cdot e^{-k \cdot S \cdot t} - 1\right]$$

$$= k \cdot f^2(t) \cdot \frac{S}{f(t)} - k \cdot f^2(t)$$

$$= k \cdot f(t) \cdot (S - f(t)).$$

Der Parameter a wird durch den Anfangswert f(0) festgelegt.

2.3 Ketten-, Produkt- und Quotientenregel

2.3.1 Kettenregel

129

3. Die Grafik zeigt die beiden Graphen von $f(x) = e^{x^2}$ und $g(x) = e^{2x}$. Der Graph von f ist achsensymmetrisch zur y-Achse; daher müsste der Graph der Ableitungsfunktion punktsymmetrisch zum Ursprung sein; insbesondere gilt für die Ableitung von f an der Stelle x = 0: $f'(x) = 0$, wohingegen $g(0) = 1$ ist.

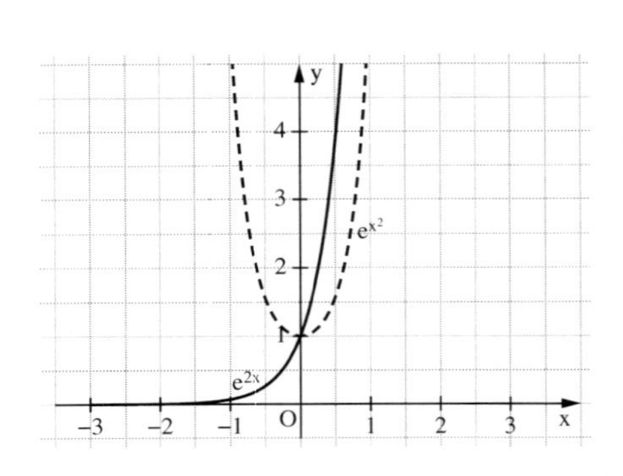

129

3. Mithilfe von Differenzenquotienten ergibt sich Folgendes: $P(0 \mid 1)$; $Q(h \mid e^{h^2})$; $m_s = \frac{e^{h^2} - 1}{h}$

h	m_s
0,5	0,5681
0,1	0,1005
0,05	0,0501
0,01	0,0100
0,005	0,0050
0,001	0,0010

Offensichtlich gilt für $h \to 0$, dass gilt: $f'(x) \to 0$.

4. **a)** $f(x) = \sqrt{e^x}$ $\quad g(x) = e^{\sqrt{x}}$

b) $f(x) = \frac{8}{3} \cdot \left(\frac{3}{4}x - 4\right) + 5 = 2x - \frac{17}{3}$ $\quad g(x) = \frac{3}{4} \cdot \left(\frac{8}{3}x + 5\right) - 4 = 2x - \frac{1}{4}$

c) $f(x) = \sqrt{x^2 + 3}$ $\quad g(x) = x + 3;\ x \in \mathbb{R}_+$

d) $f(x) = \sin(2x^2)$ $\quad g(x) = 2 \cdot (\sin(x))^2$

e) $f(x) = \frac{1}{e^x}$ $\quad g(x) = e^{\frac{1}{x}};\ x \in \mathbb{R}^*$

f) $f(x) = \frac{1}{e^x} = e^{-x}$ $\quad g(x) = e^{\frac{1}{x}}$

5. **a)** $v(x) = 2x - 1$ $\quad u(x) = e^x$

b) $v(x) = 3x - 2$ $\quad u(x) = \sqrt{x}$

c) $v(x) = 2x + 1$ $\quad u(x) = \sin(x)$

d) $v(x) = 5x - 4$ $\quad u(x) = x^3$

e) $v(x) = x^2 - 4$ $\quad u(x) = \frac{1}{x}$

f) $v(x) = \sin(x) + 1$ $\quad u(x) = \sqrt{x}$

g) $v(x) = \frac{1}{x}$ $\quad u(x) = e^x$

h) $v(x) = \cos(x)$ $\quad u(x) = \frac{1}{x}$

i) $v(x) = -x^2$ $\quad u(x) = e^x$

6. **a)** Kettenregel: $f'(x) = 2 \cdot (2x + 1) \cdot 2 = 4 \cdot (2x + 1)$
Termumformung: $f'(x) = (4x^2 + 4x + 1)' = 8x + 4$

b) Kettenregel:
$f'(x) = 2 \cdot (3x^2 + x + 1) \cdot (6x + 1) = (12x + 2)(3x^2 + x + 1)$
Termumformung:
$f'(x) = (9x^4 + 6x^3 + 7x^2 + 2x + 1)' = 36x^3 + 18x^2 + 14x + 2$

c) Kettenregel:
$f'(x) = 3 \cdot (3x^2 - x)^2 \cdot (6x - 1) = (18x - 3)(3x^2 - x)^2$
Termumformung:
$f'(x) = (27x^6 - 27x^5 + 9x^4 - x^3)' = 162x^5 - 135x^4 + 36x^3 - 3x^2$

7. **a)** $T\,(-\ln(4) \mid 2 - \ln(4))$

b) Der Term $e^{-\frac{1}{2}x}$ geht für $x \to \infty$ gegen Null. Die Funktion $f(x) = x + e^{-\frac{1}{2}x}$ nähert sich also für wachsendes x immer mehr an die Funktion $y = x$ an.

129

8. **a)** $f'(x) = 4 \cdot e^{4x+5}$

b) $f'(x) = (2x - 1)e^{x^2 - x}$

c) $f'(t) = \frac{1}{2\sqrt{t}} e^{\sqrt{t}}$

d) $f'(x) = \frac{x}{\sqrt{x^2 + 1}}$

e) $f'(x) = e^{\sin(x)} \cdot \cos(x)$

f) $f'(x) = e^x \cdot \cos(e^x)$

9. **a)** $f'(x) = 2x - 4$

b) $f'(x) = 24x^5 + 12x^2$

c) $f'(x) = 1 + \frac{1}{\sqrt{x}}$

d) $f'(x) = -\frac{4}{x^2} - \frac{2}{x^3}$

e) $f'(x) = 5(x - 4)^4$

f) $f'(x) = 18(3x - 2)^2$

g) $f'(x) = \frac{x}{\sqrt{x^2 - 4}}$

h) $f'(x) = \frac{5}{2\sqrt{x - 4}}$

i) $f'(x) = (16x + 4)(2x^2 + x - 1)^3$

j) $f'(x) = \frac{2x + 1}{2\sqrt{x(x + 1)}}$

k) $f'(x) = -\frac{1}{\sqrt{2x + 1}^3} = -\frac{1}{(2x + 1)\sqrt{2x + 1}}$

l) $f'(x) = x - \frac{2x}{(x^2 + 1)^2}$

10. **a)** $f'(x) = 2e^{x-1}$ $\quad f''(x) = 2e^{x-1}$

b) $f'(x) = k \cdot \ln k \cdot k^x + \ln k \cdot k^{-x}$ $\quad f''(x) = k \cdot (\ln k)^2 \cdot k^x - (\ln k)^2 \cdot k^{-x}$

c) $f'(z) = \frac{2}{2z - 1}$ $\quad f''(z) = \frac{-4}{(2z - 1)^2}$

d) $v'(t) = x \cdot (t + 5)^{x-1}$ $\quad v''(t) = x \cdot (x - 1) \cdot (t + 5)^{x-2}$

11. Die erste Gleichung wird abgeleitet (dabei benutzt man auf der linken Seite die Kettenregel) und man erhält die zweite Gleichung.
Da $e^{\ln x} = x$ ist, erhält man mit Division durch s auf beiden Seiten die dritte Gleichung.

2.3.2 Produktregel

131

2. Gesamtfläche: $u(x + h) \cdot v(x + h)$
Blaue Fläche: $u(x) \cdot v(x)$
Differenz: $u(x + h) \cdot v(x + h) - u(x) \cdot v(x)$
Differenz ist die Summe der Flächen der hellblauen und des weißen Rechtecks.

$$u(x + h) \cdot v(x + h) - u(x) \cdot v(x)$$
$$= u(x) \cdot [v(x + h) - v(x)] + [u(x + h) - u(x)]v(x) + [u(x + h) - u(x)] \cdot [v(x + h) - v(x)]$$

Dividiere durch h:

$$\frac{u(x + h) \cdot v(x + h) - u(x) \cdot v(x)}{h}$$
$$= u(x) \cdot \frac{v(x + h) - v(x)}{h} + \frac{u(x + h) - u(x)}{h} \cdot v(x) + \frac{[u(x + h) - u(x)] \cdot [v(x + h) - v(x)]}{h}$$

Bilde $\lim\limits_{h \to 0}$, dann folgt: $(u(x) \cdot v(x))' = u(x) \cdot v'(x) + u'(x) \cdot v(x)$, wegen

$$\lim_{h \to 0} \frac{[u(x + h) - u(x)] \cdot [v(x + h) - v(x)]}{h}$$
$$= \lim_{h \to 0} \frac{u(x + h) - u(x)}{h} \cdot [v(x + h) - v(x)]$$
$$= \lim_{h \to 0} \frac{u(x + h) - u(x)}{h} \cdot \lim_{h \to 0} (v(x + h) - v(x))$$
$$= u'(x) \cdot 0 = 0$$

131

3. **a)** $f'(x) = (x^2 + 2x) \cdot e^x$

b) $f'(x) = \frac{x}{2\sqrt{x}} + \sqrt{x}$

c) $f'(x) = -\frac{1}{x^2} \cdot 2^x + \frac{1}{x} \cdot \ln 2 \cdot 2^x$

d) $f'(x) = 5^x\left(\ln(5)\sqrt{x} + \frac{1}{2\sqrt{x}}\right)$

e) $f'(x) = \frac{1}{x \cdot 2 \cdot \sqrt{x}} - \frac{\sqrt{x}}{x^2}$

f) $f'(x) = e^x \cdot \sin(x) + e^x \cdot \cos(x)$

g) $f'(x) = \frac{1}{2 \cdot \sqrt{x}} \cdot 3^x + \sqrt{x} \cdot 3^x \cdot \ln 3$

h) $f'(x) = 2x \cdot \sin(x) + (x^2 + 1) \cdot \cos(x)$

i) $f'(x) = e^x \cdot (x^3 + 3x^2)$

j) $f'(x) = 4 \cdot \cos(x) - 4x \cdot \sin(x)$

k) $f'(x) = (\sin(x))^2 + 2x \cdot \cos(x) \cdot \sin(x)$

l) $f'(x) = e^x \cdot (\sin(x) + 2x) + e^x \cdot (x^2 - \cos(x))$

m) $f'(x) = \frac{1}{2 \cdot \sqrt{x}} \cdot (x^2 + e^x + \sqrt{x} \cdot (2x + e^x)$

n) $f'(x) = \frac{\cos(x)}{2\sqrt{x}} - \sqrt{x} \cdot \sin(x)$

o) $f'(x) = \frac{e^x}{x}\left(1 - \frac{1}{x}\right)$

p) $f'(x) = e^x(2x^2 - 9 + 4x)$

4. **a)** $f'(x) = (5 - 5x) \cdot e^{1-x}$; $f''(x) = 5(x - 2) \cdot e^{1-x}$; HP: $(1 \mid 5)$; WP: $\left(2 \mid \frac{10}{e}\right)$

b) $f'(x) = (10 - 10x^2) \cdot e^{-\frac{x^2}{2}}$; $f''(x) = 10x \cdot (x^2 - 3) \cdot e^{-\frac{x^2}{2}}$;

TP: $\left(-1 \mid -\frac{10}{\sqrt{e}}\right)$; HP: $\left(1 \mid \frac{10}{\sqrt{e}}\right)$; WP: $\left(-\sqrt{3} \mid -\frac{10\sqrt{3}}{e^{\frac{3}{2}}}\right)$; WP: $\left(\sqrt{3} \mid \frac{10\sqrt{3}}{e^{\frac{3}{2}}}\right)$

5. **a)** $t(x) = 3e \cdot x - 2e$

b) $t(x) = \frac{9}{4}e^4x - 7e^4$

c) $t(x) = \left(2e \cdot \ln(2) + \frac{1}{2}e\right) \cdot x - 3e \cdot \ln(2) - e$

d) $f'(x) = 2x \cdot \sin(x) + x^2\cos(x)$

$f'(\pi) = 0 + \pi^2 \cdot (-1) = -\pi^2$

$f(\pi) = 0$

$t(x) = -\pi^2 \cdot (x - \pi) + 0 = -\pi^2x + \pi^3$

e) $f'(x) = 2x \cdot \sin(x) + (x^2 + 1) \cdot \cos(x)$

$f'(0) = 1$; $f(0) = 0$

$t(x) = 1 \cdot (x - 0) + 0 = x$

f) $t(x) = \left(\frac{e^3}{\ln(3)} - \frac{e^3}{3 \cdot \ln^2(3)}\right) \cdot x - \frac{2e^3}{\ln(3)} + \frac{e^3}{\ln^2(3)}$

6. **a)** $f'(x) = e^x + (a + x)e^x = e^x(a + x + 1)$

b) $f'(x) = 2ax \cdot e^{-x} + (-ax^2 \cdot e^{-x}) = a \cdot e^{-x}(2x - x^2)$

c) $f'(x) = \frac{a \cdot e^{-x}}{2\sqrt{x}} - a\sqrt{x} \cdot e^{-x}$

d) $f'(x) = \frac{-1}{2c\sqrt{x^3}}$

e) $f'(x) = 4a^2$

f) $f'(x) = 2 \cdot \sin(x) + x \cdot \cos(x)$

7. Man setzt $v = c$, dann gilt $f = v \cdot u$ mit $v = c$. Nach Produktregel gilt $f' = v'u + vu'$, außerdem gilt $v' = 0$ und $v = c$, also $f' = c \cdot u'$.

131

8. a) Begründung: Anwenden der Produktregel und Ausklammern von e^x:

$f'(x) = e^x \cdot (x^2 - 1) + e^x \cdot (x^2 - 1)' = e^x \cdot (x^2 - 1) + e^x \cdot 2x = e^x \cdot (x^2 + 2x - 1)$

$f''(x) = e^x \cdot (x^2 + 2x - 1) + e^x \cdot (2x + 2) = e^x \cdot (x^2 + 4x + 1)$

$f'''(x) = e^x \cdot (x^2 + 4x + 1) + e^x \cdot (2x + 4) = e^x \cdot (x^2 + 6x + 5)$

b) Wenn p(x) ein ganzrationaler Term n-ten Grades ist, dann ist p′(x) ein Term (n – 1)-ten Grades, die Summe $q(x) = p(x) + p'(x)$ ein ganzrationaler Term n-ten Grades. Bei der 2. Ableitung gilt die entsprechende Argumentation für q(x) usw.

$f'(x) = p'(x) \cdot e^x + p(x) \cdot e^x = e^x \cdot (p(x) + p'(x)) = e^x \cdot q(x)$

9. a) $f'(x) = 2u'(x) \cdot u(x)$

b) $(uv)' = \frac{1}{2}((u + v)^2 - u^2 - v^2)'$

$(uv)' = \frac{1}{2} \cdot (((u + v)^2)' - (u^2)' - (v^2)')$ (Kettenregel)

$(uv)' = \frac{1}{2} \cdot (2 \cdot (u + v) \cdot (u' + v') - 2 \cdot u \cdot u' - 2 \cdot v \cdot v')$

$(uv)' = \frac{1}{2} \cdot (2u \cdot (u' + v' - u') + 2v \cdot (u' + v' - v')$

$(uv)' = \frac{1}{2} \cdot (2uv' + 2vu')$

$(uv)' = uv' + u'v$

2.3.3 Quotientenregel

132

2. $f(x) = \frac{u(x)}{v(x)} = u(x) \cdot \frac{1}{v(v)} = u(x) \cdot (v(x))^{-1}$

$f'(x) = u'(x) \cdot (v(x))^{-1} + u(x) \cdot (-1)(v(x))^{-2} \cdot v'(x)$

$= \frac{u'(x)}{v(x)} - \frac{u(x) \cdot v'(x)}{v^2(x)} = \frac{u'(x) \cdot v(x) - u(x) \cdot v'(x)}{v^2(x)}$

3. Angenommen, es gilt: $f'(x) = e^x$. Da auch für die Funktion g mit $g(x) = e^x$ gilt: $g'(x) = e^x$, würde dies bedeuten, dass die beiden Funktionsgraphen überall gleiche Steigungen haben, im Prinzip also parallel zueinander verlaufen – was offensichtlich nicht der Fall ist.

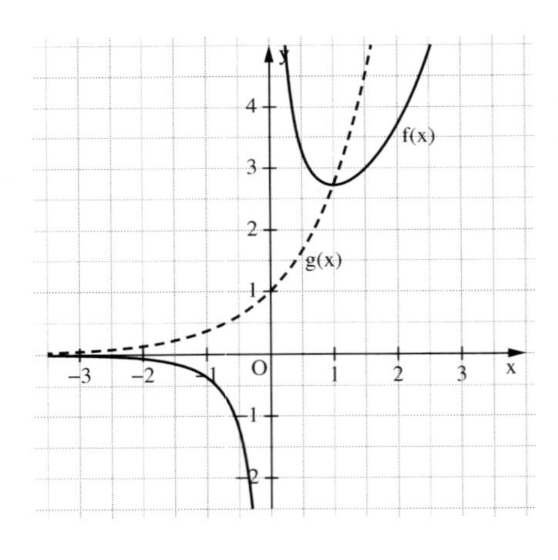

132

4. **a)** $f'(x) = \frac{2x}{(x^2+1)^2}$; $f''(x) = \frac{-2(3x^2-1}{(x^2+1)^3}$

b) $f'(x) = \frac{-3(x^2+1)}{(x^2-1)^2}$; $f''(x) = \frac{6x(x^2+3)}{(x^2-1)^3}$

c) $f'(x) = \frac{17}{2(x+3)^2}$; $f''(x) = \frac{-17}{(x+3)^2}$

d) $f'(x) = \frac{-2x}{(x^2-1)^2}$; $f''(x) = \frac{2(3x^2+1)}{(x^2-1)^3}$

e) $f'(x) = \frac{x^2-1}{x^2}$; $f''(x) = \frac{2}{x^3}$

f) $f'(x) = \frac{-3(28x^5+1)}{(7x^5-1)^2}$; $f''(x) = \frac{210x^4(14x^5+3)}{(7x^5-1)^3}$

g) $f'(x) = \frac{8x^2+32x+1}{(x+2)^2}$; $f''(x) = \frac{62}{(x+2)^3}$

h) $f'(x) = \frac{2x^2-4x-5}{(x-1)^2}$; $f''(x) = \frac{14}{(x-1)^3}$

5. **a)** $f'(x) = \frac{2x^3-3x^2-1}{(x-1)^2}$

b) $f'(x) = \frac{x(x^3-3x-4)}{(x^2-1)^2}$

c) $f'(x) = \frac{\cos(x)}{x^2+1} - \frac{2x\cdot\sin(x)}{(x^2+1)^2}$

d) $f'(x) = \frac{e^x(x^2-2x)}{x^4}$

e) $f'(x) = \frac{(1-x)}{e^x}$

f) $f'(x) = \frac{2^x\left(\ln 2\cdot\sqrt{x} - \frac{1}{2\sqrt{x}}\right)}{x}$

g) $f'(x) = \frac{3\sqrt{x}}{\left(\sqrt{x^3}-1\right)^2}$

h) $f'(x) = \frac{1}{\sin(x)} - \frac{x\cdot\cos(x)}{(\sin(x))^2}$

2.4 Funktionsuntersuchungen

2.4.1 Summe, Differenz und Produkt von Funktionen

136

3. **a)** $a < 0$; also $-ax > 0$: $a \geq 0$; also $-ax \leq 0$:

Für $x \to -\infty$: $e^x \to 0$ und $-ax \to -\infty$; also $f_a(x) \to -\infty$

Für $x \to \infty$: $e^x \to -\infty$ und $-ax \to \infty$; also $f_a(x) \to \infty$

Für $x \to -\infty$: $e^x \to 0$ und $-ax \to \infty$; also $f_a(x) \to \infty$

Für $x \to \infty$: $e^x \to \infty$ und $-ax \to -\infty$; also $f_a(x) \to \infty$, da das Wachstum der e-Funktion das von $-ax$ übertrifft.

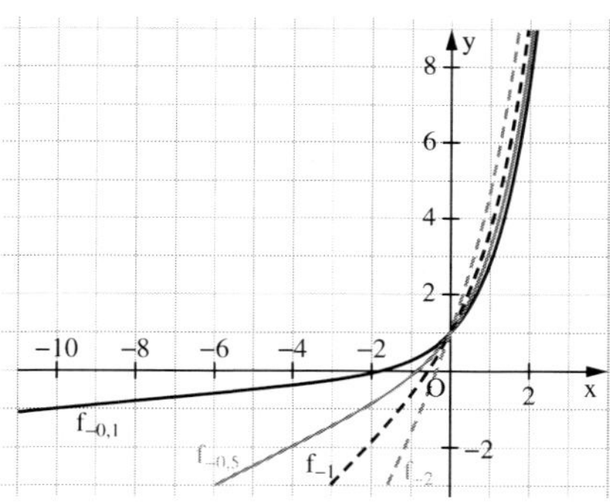

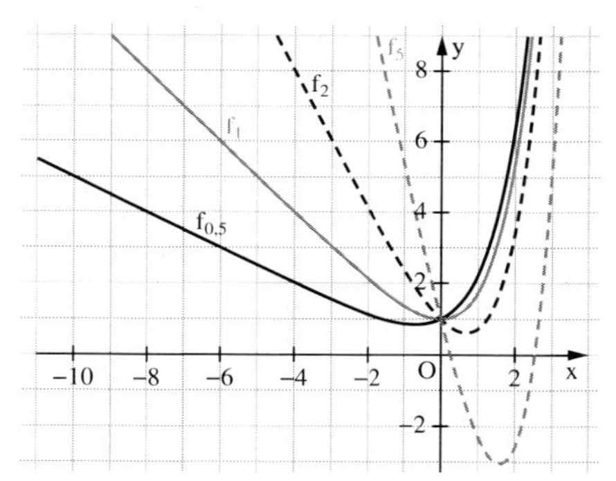

b) $f_a'(x) = e^x - a$; $f_a''(x) = e^x > 0$

Extremum: $x = \ln a$, existiert nur für $a > 0$; Tiefpunkt, da $f_a''(x) > 0$

Funktionswert an der Extremstelle: $y = a - a\cdot\ln a$

Einsetzen von $a = e^x$ ergibt: Ortslinie: $f: \mathbb{R}^+ \to \mathbb{R};\ x \mapsto e^x - e^x\cdot x$

136

3. c) • $f_a(x) \stackrel{!}{=} f_b(x)1$: $e^x - ax = e^x - bx$; $-ax = -bx$; $x \cdot (a - b) = 0$; $x = 0$

$\Rightarrow$ Je zwei Graphen haben den Punkt (0 | 1) gemeinsam.

• $f_a'(x) \stackrel{!}{=} f_b'(x)$: $e^x - a = e^x - b$; $-a = -b$; Widerspruch für $a \neq b$

Also haben zwei Graphen für keine gemeinsame Stelle x die gleiche Steigung.

d) $e^x - ax = 0$; $e^x = ax$

• $a < 0$: eine Nullstelle (Begründung siehe Globalverlauf in Teilaufgabe a))

• $a = 0$: $f_0(x) = e^x$ keine Nullstelle

• $a > 0$: Der Graph von f hat einen Tiefpunkt bei $(\ln a \mid a - a \cdot \ln a)$ (siehe Teilaufgabe b)).

$a < e$: keine Nullstelle, da $\ln a < 1$, also: $a - a \cdot \ln a > 0$ (d. h. der Tiefpunkt liegt oberhalb der x-Achse, daher ergibt sich kein Schnittpunkt des Graphen mit der x-Achse.)

$a = e$: eine Nullstelle, da $e - e \cdot \ln e = 0$

$a > e$: zwei Nullstellen, da $\ln a > 1$, also: $a - a \cdot \ln a < 0$ (d. h. der Tiefpunkt liegt unterhalb der x-Achse; daher ergeben sich zwei Schnittpunkte des Graphen mit der x-Achse.)

4. a) n ungerade:

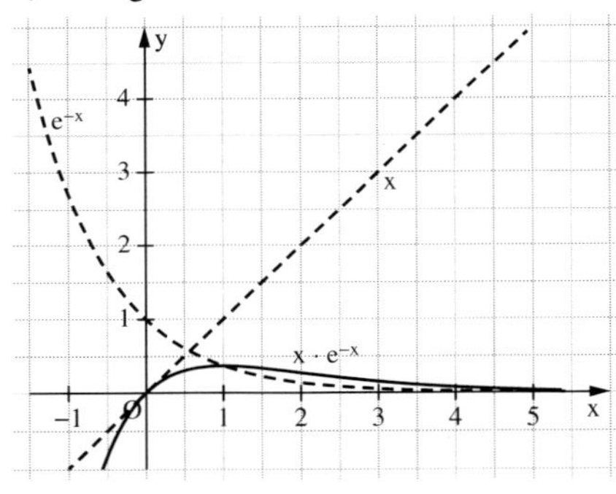

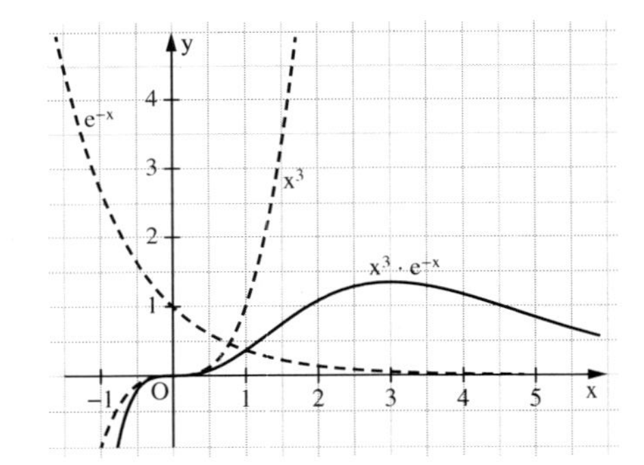

n gerade:

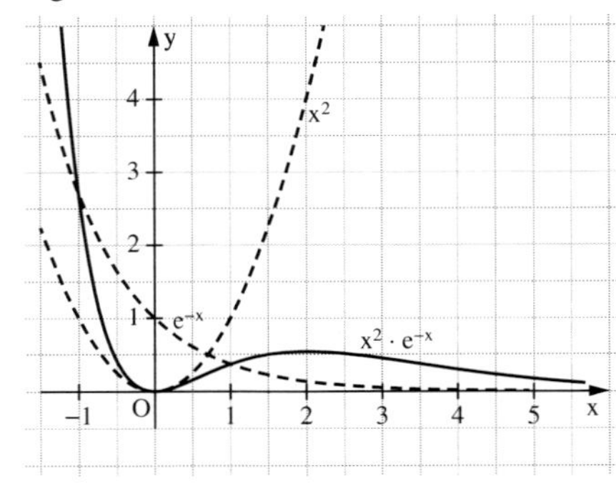

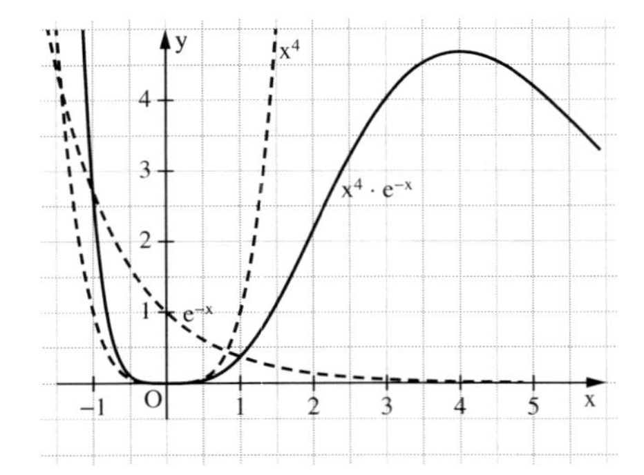

b) Für $x \to \infty$ gilt: $x^n \cdot e^{-x} \to 0$ („e frisst alles.")

137

5. a) Teilfunktion

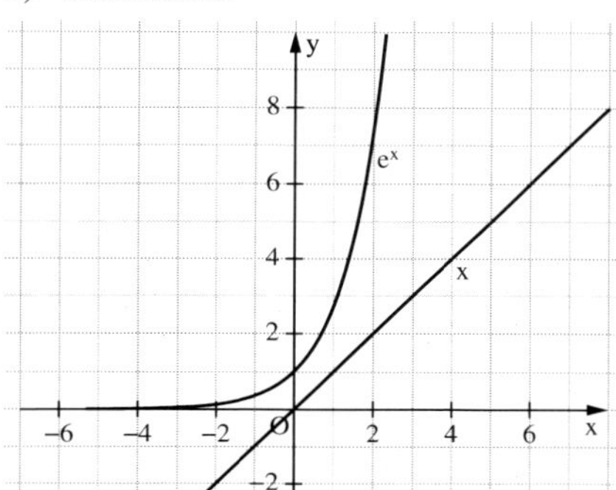

Summe

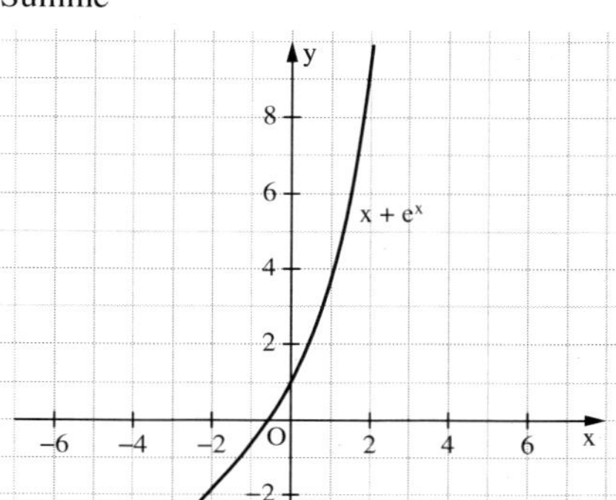

- Für $x \to +\infty$ gilt: $f(x) \to \infty$; für $x \to -\infty$ gilt: $f(x) \to -\infty$;
- Es existiert eine Nullstelle bei $x \approx -0{,}567$.
- $f(x) < 0$ für $x < -0{,}567$, $f(x) > 0$ für $x > -0{,}567$
- f überall streng monoton wachsend, da $f'(x) = e^x + 1 > 0$

b) $f(x) = e^x + (-x^4)$

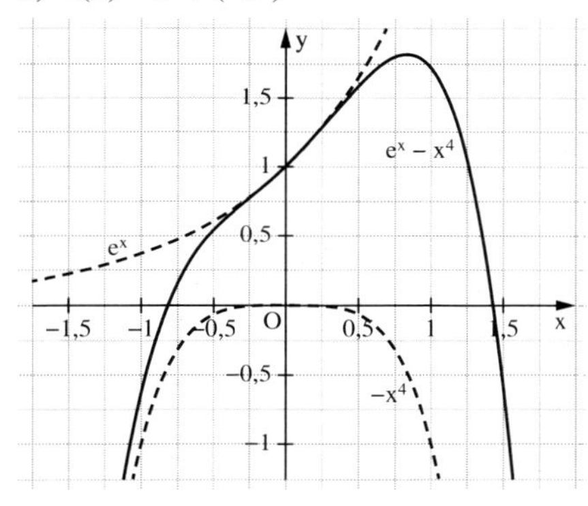

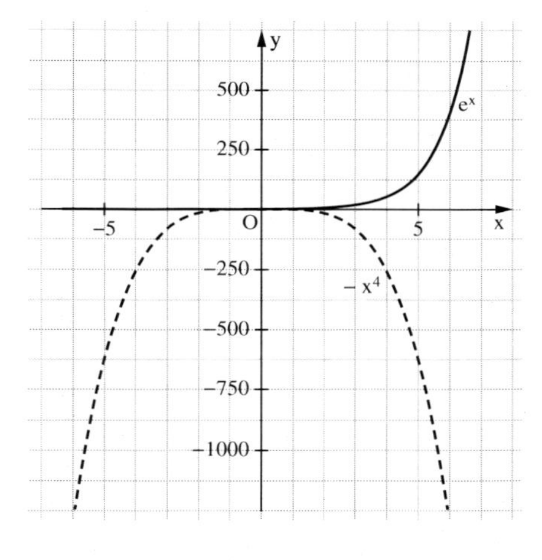

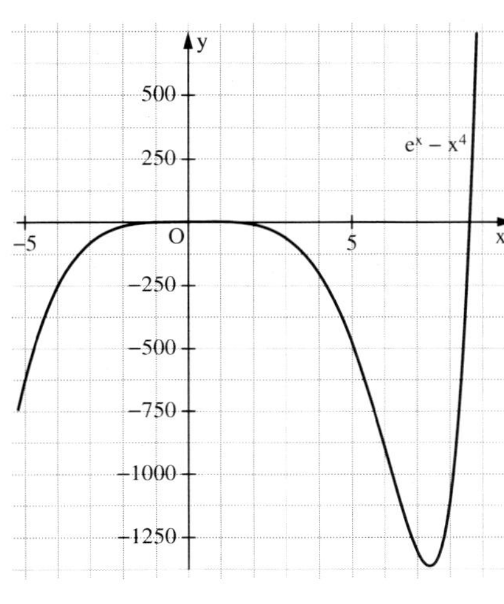

- $f'(x) = e^x - 4x^3$; $f''(x) = e^x - 12x^2$
- $e^x - 12x^2 = 0$ analytisch nicht lösbar. Näherungslösungen sind: $x_1 \approx 6{,}1022$; $x_2 \approx 0{,}3426$; $x_3 \approx -0{,}2542$
- Mit $f'''(x_1) \neq 0$; $f'''(x_2) \neq 0$; $f'''(x_3) \neq 0$ gilt: Bei x_1, x_2 und x_3 liegen Wendepunkte vor.

137

6. a) $f_1(x) = e^x$; $f_2(x) = \frac{1}{2}x$

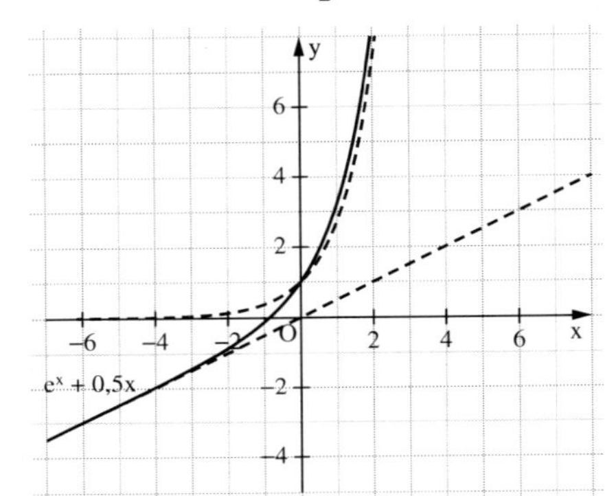

- eine Nullstelle bei $x \approx -0{,}85$
- Für $x \to \infty$ gilt: $f(x) \to \infty$; für $x \to -\infty$ gilt: $f(x) \to -\infty$
- f monoton wachsend

b) $f_1(x) = e^x$; $f_2(x) = -x$; $f_3(x) = 1$

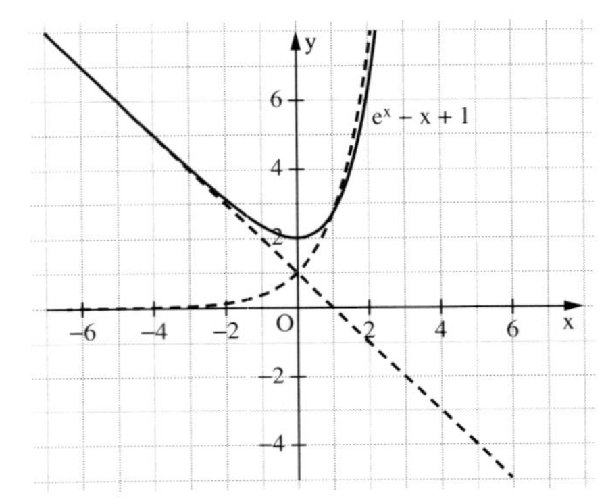

- keine Nullstelle
- Für $x \to \pm\infty$ gilt: $f(x) \to \infty$
- f monoton fallend für $x < 0$; f monoton wachsend für $x > 0$

c) $f_1(x) = e^x$; $f_2(x) = \sin(x)$

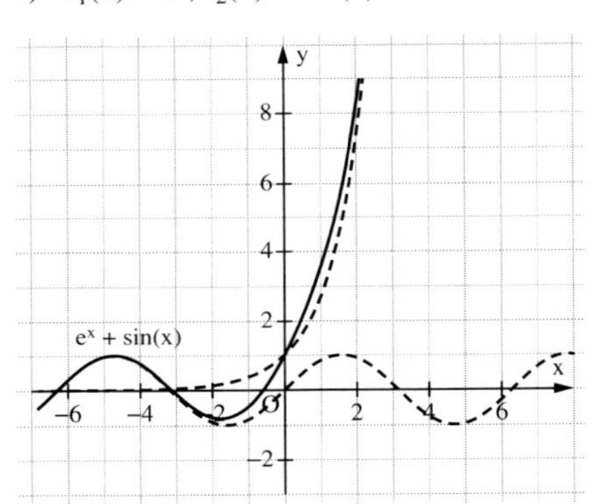

Für $x \to -\infty$ gilt $e^x \to 0$; daher wird der Graph von f dort im Wesentlichen durch den Verlauf von sin(x) bestimmt. Für $x \to +\infty$ sind die Werte von sin(x) im Vergleich zu denen von e^x vernachlässigbar, d. h. der Graph wird im Wesentlichen durch den Verlauf von e^x bestimmt.

d) $f_1(x) = e^{-x}$; $f_2(x) = \frac{1}{4}x^2$

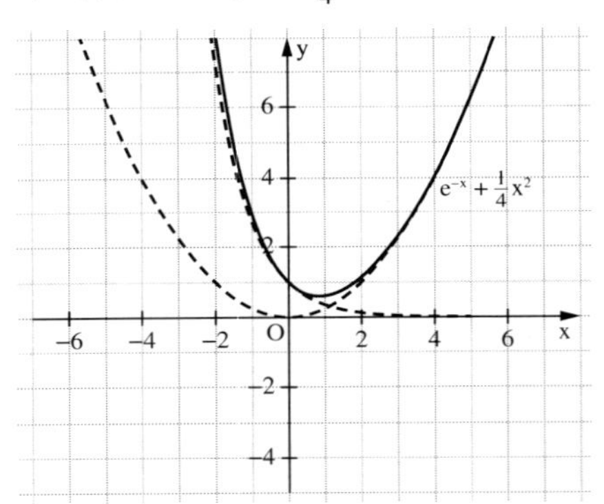

- Für $x \to \pm\infty$ gilt: $f(x) \to \infty$;
- keine Nullstelle, immer positiv
- Für $x < 0{,}853$ monoton fallend; für $x > 0{,}853$ monoton wachsend

137

6. e) $f_1(x) = e^{-x}$; $f_2(x) = -\frac{1}{2}x^2$

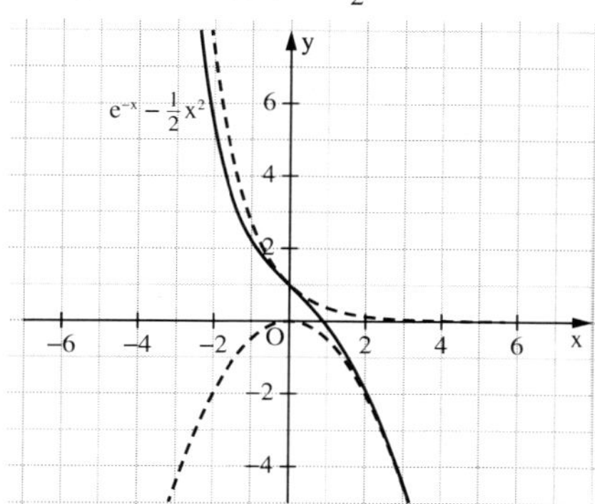

- Für $x \to -\infty$ gilt: $f(x) \to \infty$; für $x \to \infty$ gilt: $f(x) \to -\infty$
- Nullstelle bei $x \approx 1$
- monoton fallend
- Für $x < 1$: $f(x) > 0$; für $x > 1$: $f(x) < 0$

f) $f_1(x) = e^{-x}$; $f_2(x) = -\cos(x) + 1$

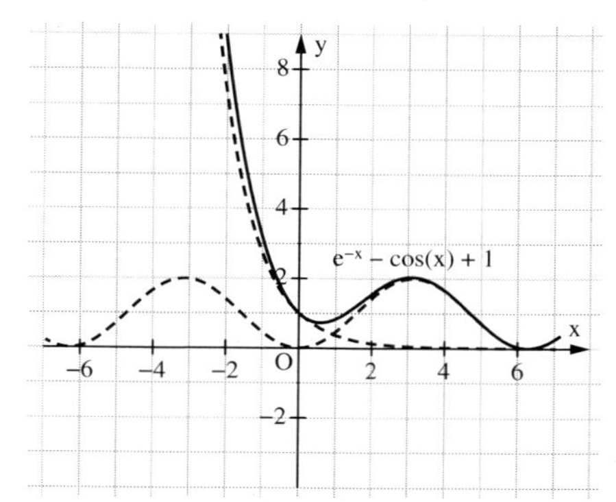

Für $x \to +\infty$ gilt $e^{-x} \to 0$; daher wird der Graph von f dort im Wesentlichen durch den Verlauf von $1 - \cos(x)$ bestimmt. Für $x \to -\infty$ sind die Werte von $1 - \cos(x)$ im Vergleich zu denen von e^{-x} vernachlässigbar, d. h. dort wird der Graph von f im Wesentlichen durch den Verlauf von e^{-x} bestimmt.

7. a)

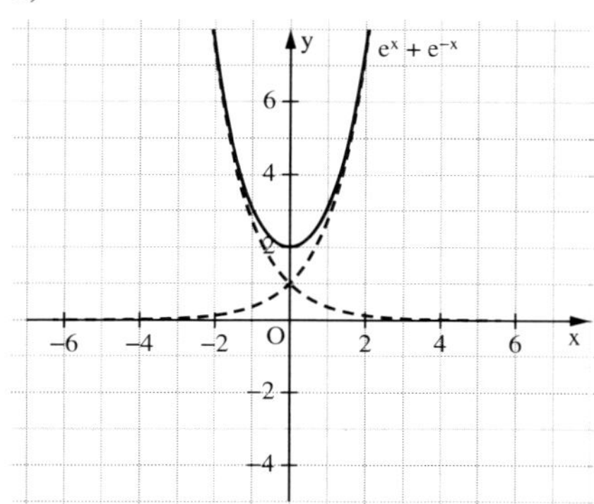

b)

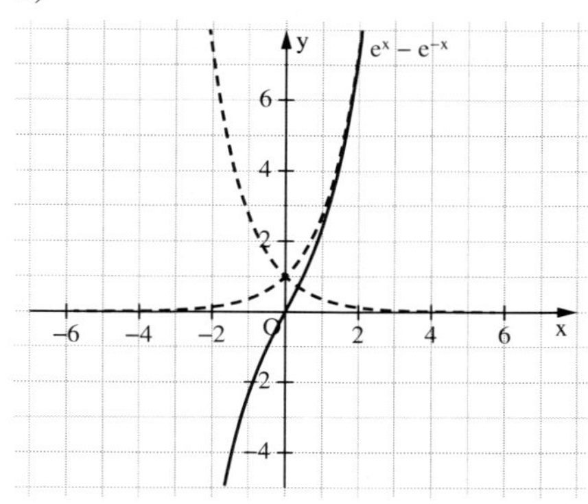

c)

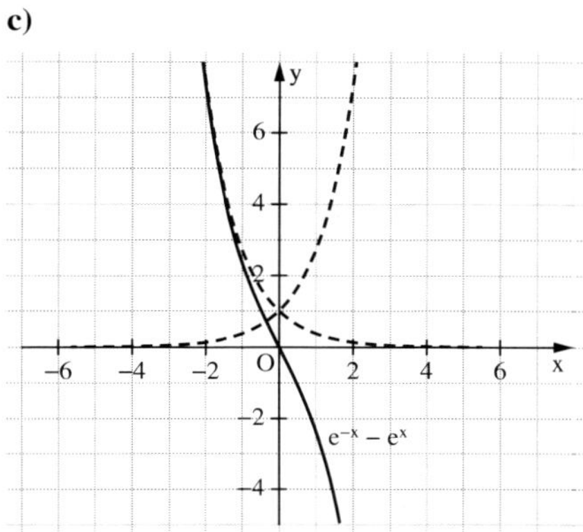

138

8. a)

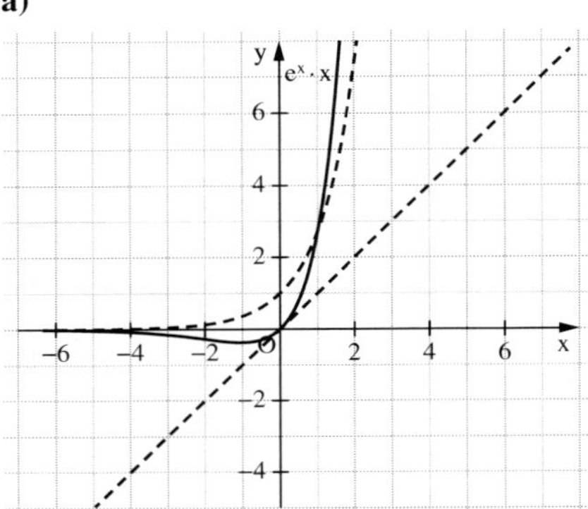

- Für $x \to -\infty$ gilt: $f(x) \to 0$; für $x \to \infty$ gilt: $f(x) \to \infty$
- Nullstelle bei $x = 0$
- $f(x) < 0$ für $x < 0$ und $f(x) \geq 0$ für $x \geq 0$
- monoton fallend für $x < -1$, monoton wachsend für $x > -1$

b)

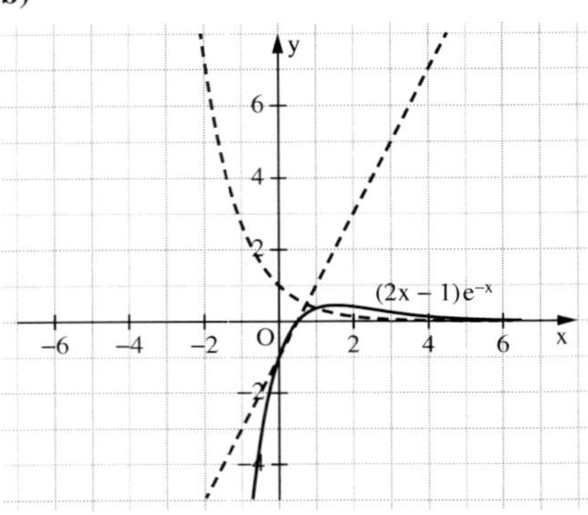

- Für $x \to -\infty$ gilt: $f(x) \to -\infty$; für $x \to 0$ gilt: $f(x) \to 0$
- Nullstelle bei $x = \frac{1}{2}$;
- $f(x) < 0$ für $x < \frac{1}{2}$ und $f(x) > 0$ sonst;
- monoton wachsend für $x < 1{,}5$ monoton fallend für $x > 1{,}5$

c)

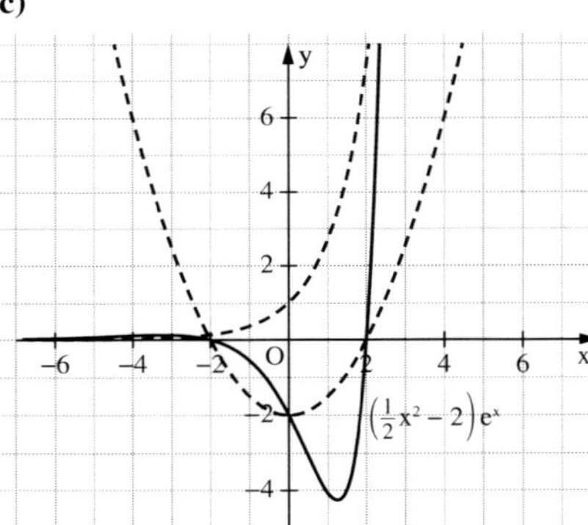

- Für $x \to -\infty$ gilt: $f(x) \to 0$; für $x \to \infty$ gilt: $f(x) \to \infty$
- $f \geq 0$ auf $]-\infty; -2]$ und $[2; \infty[$; $f < 0$ auf $[-2; 2]$
- Nullstellen bei $x = -2$ und $x = -2$;
- monoton wachsend auf $]-\infty; -3{,}236]$ und $[1{,}236; \infty[$; monoton fallend auf $[-3{,}236; 1{,}236]$

d)

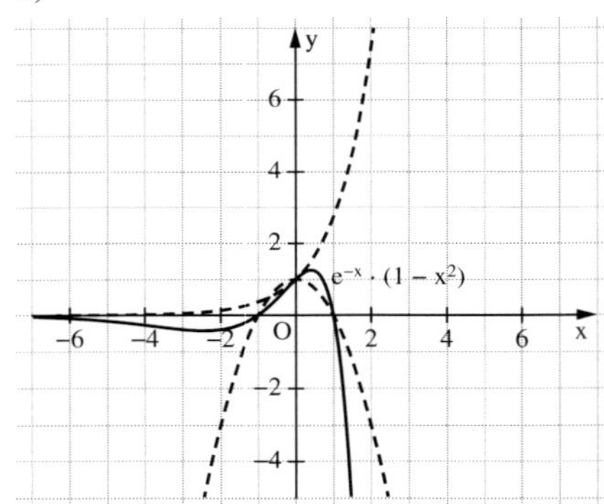

- Für $x \to -\infty$ gilt: $f(x) \to -\infty$; für $x \to \infty$ gilt: $f(x) \to 0$
- $f \geq 0$ auf $[-1; 1]$; $f < 0$ auf $]-\infty; -1]$ und $[1; \infty[$
- Nullstellen bei -1 und 1;
- monoton wachsend auf $]-\infty; -0{,}4142]$ und $[2{,}4142; \infty[$; monoton fallend auf $[-0{,}4142; 2{,}4142]$

9. f_1: Graph (1); f_2: Graph (3); f_3: Graph (2); f_4: Graph (4)

10. a) $t = 0$: $f_0(x) = e^x$

$t < 0$: eine Nullstelle; für $x \to -\infty$ gilt: $f(x) \to -\infty$; für $x \to \infty$ gilt: $f(x) \to \infty$

$t > 0$: keine Nullstelle; für $x \to \pm\infty$ gilt: $f(x) \to \infty$

138

10. b) $f_t'(x) = e^x - t \cdot e^{-x}$; $f_t''(x) = e^x + t \cdot e^{-x}$

f_t' kann nur Nullstellen für $t > 0$, f_t'' nur für $t < 0$ haben.

c) $f''(x) = e^x + t \cdot e^{-x} = 0$; nur lösbar für $t < 0$. Da $f(x) = f''(x)$ stimmen die Wendepunkte mit den Nullstellen überein.

$e^x = -t \cdot e^{-x} \quad | \ln$

$x = \ln(-t) + (-x)$

$x = \frac{\ln(-t)}{2}$; $f\left(\frac{\ln(-t)}{2}\right) = \sqrt{-t} + \frac{t}{\sqrt{-t}} = 0$; Wendepunkt und Nullstelle bei $\left(\frac{\ln(-t)}{2} \mid 0\right)$

11. a) k gerade: Für $x \to -\infty$ gilt: $f(x) > 0$, $f(x) \to 0$; für $x \to \infty$ gilt: $f(x) \to \infty$.
Nullstelle und Schnittpunkt mit y-Achse bei $x = 0$.
k ungerade: Für $x \to -\infty$ gilt: $f(x) < 0$, $f(x) \to 0$; für $x \to \infty$ gilt: $f(x) \to \infty$.
Nullstelle und Schnittpunkt mit y-Achse bei $x = 0$.

b) $f'(x) = e^x \cdot (x^k + k \cdot x^{k-1}) = e^x \cdot x^{k-1} \cdot (x + k)$

$f''(x) = e^x \cdot x^{k-2} \cdot (x^2 + 2kx + k \cdot (k-1))$

Extrempunkte:
- k gerade: 2 Extrema
- k ungerade, $k \neq 1$: 1 Extremum, 1 Sattelpunkt bei $x = 0$
- $k = 1$: 1 Extremum

Wendepunkte:
- k gerade: 2 Wendepunkte
- k ungerade, $k \neq 1$: 2 Wendepunkte, 1 Sattelpunkt
- $k = 1$: 1 Wendepunkt, kein Sattelpunkt

12. a) $k > 0$: Nullstellen bei $\pm\frac{1}{\sqrt{k}} \Rightarrow$ (1): $k = \frac{1}{4}$ (2): $k = 1$

b) Nein, denn für $k < 0$ gilt: für $x \to -\infty$ gilt: $f(x) \to 0$, für $x \to \infty$ gilt: $f(x) \to \infty$.
Ferner ergibt sich für $k = 0$ die Standard-e-Funktion.

c) $(1 - kx^2) \cdot e^x = (1 - ex^2)e^x$ $(k \neq e)$; $kx^2 \cdot e^x = ex^2e^x$ $(k \neq e)$; $x = 0$
Ja, alle Graphen haben den Punkt $(0 \mid 1)$ gemeinsam.

d) Besonderheit an der Stelle 0: Alle Funktionen haben den Wert 1. $f_k(0) = (1 - 0)e^0 = 1$

e) $F_k(x)' = e^x \cdot (-kx^2 + 2kx - 2k + 1 - 2kx + 2k) = e^x \cdot (1 - kx^2)$

2.4.2 Quotient von Funktionen

139

2. a) $(x-1)^2$ ist immer > 0. Da auch e^x immer > 0 ist, gilt: Für $x \to 1$ gilt $f(x) \to +\infty$.

b) $(x - 1) < 0$ für $x < 1$ und $(x - 1) > 0$ für $x > 1$, daher strebt $f(x)$ gegen $-\infty$, wenn man sich von links $x = 1$ annähert und gegen $+\infty$, wenn man sich von rechts nähert.

140

3.

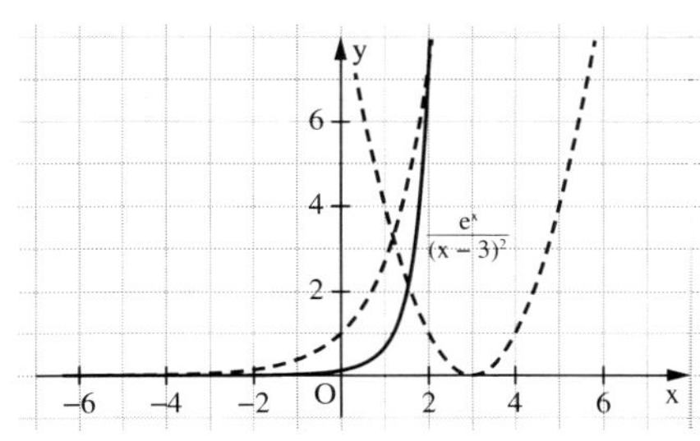

140

4. f_1: Pol mit Vorzeichenwechsel: $x < 1$ und $x \to 1$: $f(x) \to -\infty$; $x > 1$ und $x \to 1$: $f(x) \to +\infty$;
f_2: Pol mit Vorzeichenwechsel: $x < 1$ und $x \to 1$: $f(x) \to +\infty$; $x > 1$ und $x \to 1$: $f(x) \to -\infty$;
f_3: Hebbare Definitionslücke: $f_3(1) = e$

5. a)

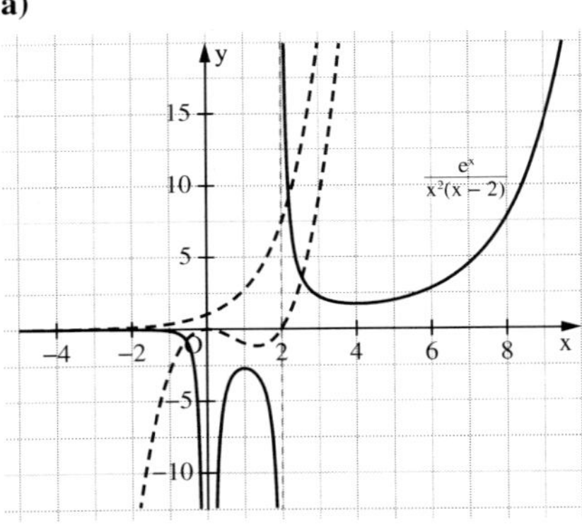

b)

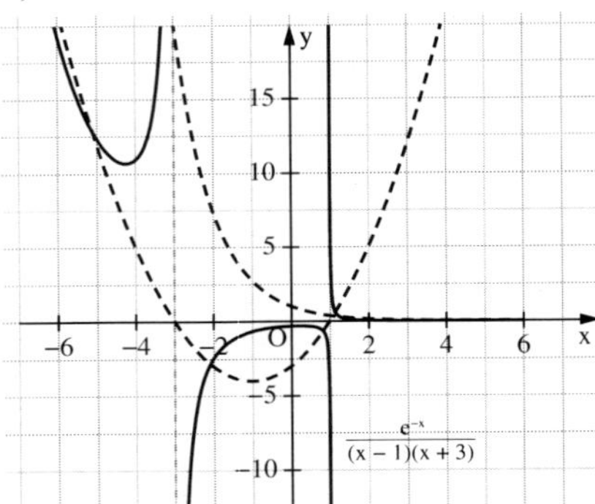

c)

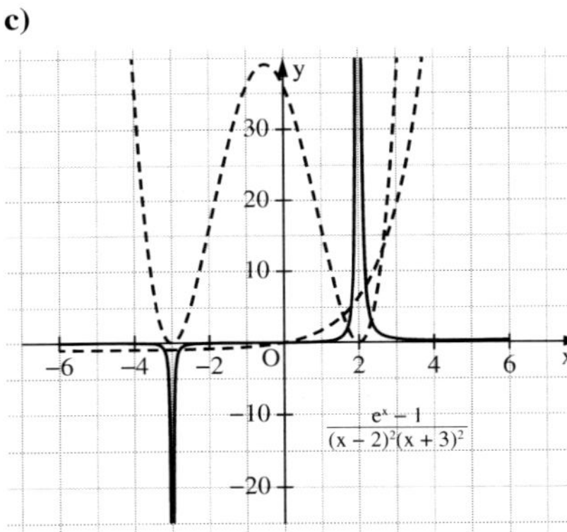

d)

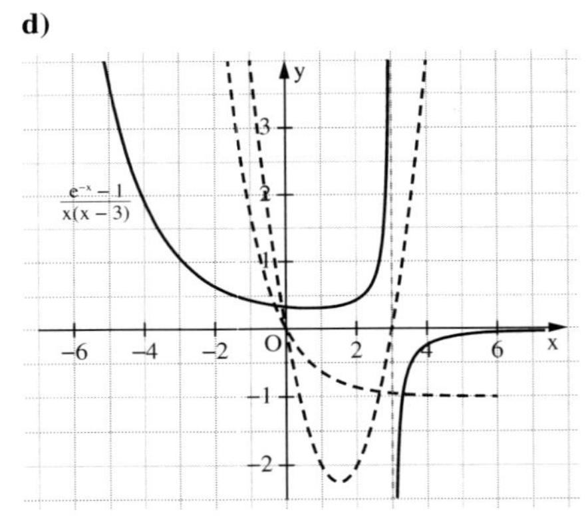

e)

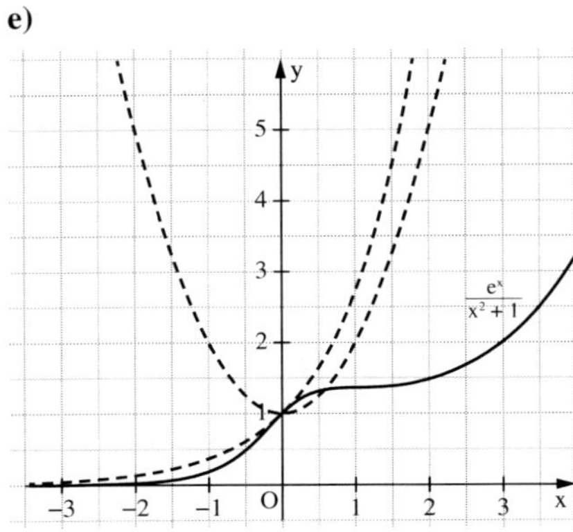

f)

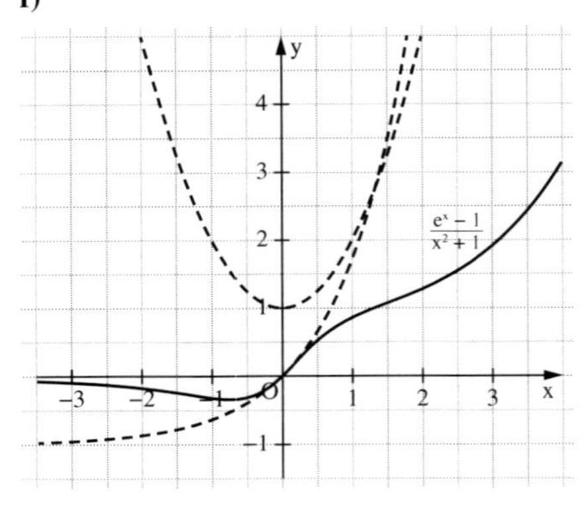

140

6. • Für $x \to \infty$ gilt: $f(x) \to \infty$,
für $x \to -\infty$ gilt: $f(x) \to 0$
• $x = 1$: Hebbare Definitionslücke
• $x = -2$: Pol mit Vorzeichenwechsel
• $f'(x) = \frac{(x^2 - x - 3) \cdot e^x + e \cdot (2x + 1)}{(x - 1)^2(x + 2)^2}$
• Minimum bei $x \approx -0{,}27$

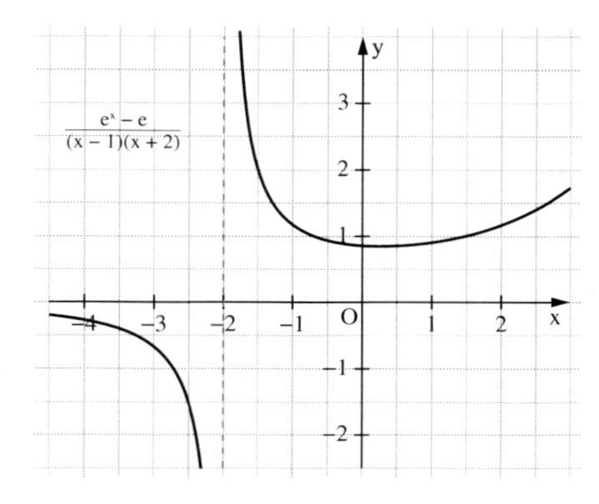

7. a) Der 1. Graph hat offensichtlich zwei Definitionslücken (Polstellen mit VZW) bei $x = -1$ und $x = +1$; er gehört daher zu f_1. Einsetzen von $x = 0$ in die Funktionsterme ergibt: $f_2(0) = 1$ und $f_3(0) = 2$, wodurch sich ergibt, dass der 2. abgebildete Graph zu f_2 gehört und der 3.Graph zu f_3.

b) $f_1'(x) = \frac{e^x \cdot (x^2 - 1) - e^x \cdot 2x}{(x^2 - 1)^2} = \frac{e^x \cdot (x^2 - 2x - 1)}{(x^2 - 1)^2}$; $f_1''(x) = \frac{e^x \cdot (x^4 - 4x^3 + 4x^2 + 4x + 3)}{(x^2 - 1)^3}$

Notwendige Bedingung für Extrema:
$f_1'(x) = 0$ gilt, wenn $x^2 - 2x - 1 = 0$, d. h. für $x_1 = 1 - \sqrt{2} \approx -0{,}414$ bzw. für $x_2 = 1 + \sqrt{2} \approx 2{,}414$. Aus der hinreichenden Bedingung folgt: $H(-0{,}414 \mid -0{,}798)$ ist ein Hochpunkt, $T(2{,}414 \mid 2{,}316)$ ein Tiefpunkt des Graphen.
Notwendige Bedingung für Wendestellen:
$f_1''(x) = 0$ gilt, wenn $x^4 - 4x^3 + 4x^2 + 4x + 3 = 0$. Diese Gleichung hat keine Lösung; daher existieren keine Wendepunkte.

$f_2'(x) = \frac{e^x \cdot (x^2 - 2x + 1)}{(x^2 + 1)^2}$; $f_2''(x) = \frac{e^x \cdot (x^4 - 4x^3 + 8x^2 - 4x - 1)}{(x^2 + 1)^3}$

Notwendige Bedingung für Extrema:
$f_2'(x) = 0$ gilt, wenn $x^2 - 2x + 1 = 0$, d. h. für $x = 1$ (doppelte Nullstelle). $f_2'(x)$ hat jedoch keinen VZW an dieser Stelle; daher liegt hier möglicherweise ein Sattelpunkt vor.
Notwendige Bedingung für Wendestellen:
$f_2''(x) = 0$ gilt, wenn $x^4 - 4x^3 + 8x^2 - 4x - 1 = 0$. Diese Gleichung hat zwei Lösungen, nämlich bei $x_1 \approx -0{,}180$ und bei $x_2 = 1$. Aus der hinreichenden Bedingung folgt: $W_1(-0{,}180 \mid 0{,}809)$ und $W_2(1 \mid 1{,}359)$ sind Wendepunkte des Graphen; wegen der horizontalen Tangente ist W_2 sogar Sattelpunkt.

$f_3'(x) = \frac{e^x \cdot (x^2 - 2x + 0{,}5)}{(x^2 + 0{,}5)^2}$; $f_3''(x) = \frac{e^x \cdot (x^4 - 4x^3 + 7x^2 - 2x - 0{,}75)}{(x^2 + 0{,}5)^3}$

Notwendige Bedingung für Extrema:
$f_3'(x) = 0$ gilt, wenn $x^2 - 2x + 0{,}5 = 0$, d. h. für $x_1 = 1 - \sqrt{0{,}5} \approx 0{,}293$ bzw. für $x_2 = 1 + \sqrt{0{,}5} \approx 1{,}707$. Aus der hinreichenden Bedingung folgt: $H(0{,}293 \mid 2{,}288)$ ist ein Hochpunkt, $T(1{,}707 \mid 1{,}615)$ ein Tiefpunkt des Graphen.
Notwendige Bedingung für Wendestellen:
$f_3''(x) = 0$ gilt, wenn $x^4 - 4x^3 + 7x^2 - 2x - 0{,}75 = 0$. Diese Gleichung hat zwei Lösungen, nämlich bei $x_1 \approx -0{,}207$ und bei $x_2 = 0{,}654$. Aus der hinreichenden Bedingung folgt: $W_1(-0{,}207 \mid 1{,}498)$ und $W_2(0{,}654 \mid 2{,}073)$ sind Wendepunkte des Graphen.

140

8. Das Betriebsoptimum ist das Minimum der Stückkostenfunktion $k(x) = \frac{K(x)}{x}$.
Notwendige Bedingung für das Vorliegen eines lokalen Minimums ist $k'(x) = 0$,
also $k'(x) = \frac{K'(x) \cdot x - K(x) \cdot 1}{x^2} = 0$.
Der Zählerterm ist gleich 0, wenn $K'(x) \cdot x = K(x)$, also wenn $K'(x) = \frac{K(x)}{x} = k(x)$, d. h. an der Stelle, an der der Graph von $K'(x)$ den Graphen von $k(x)$ schneidet.
Das Betriebsminimum ist das Minimum der variablen Stückkostenfunktion $k_v(x) = \frac{K_v(x)}{x}$.
Notwendige Bedingung für das Vorliegen eines lokalen Minimums ist $k_v'(x) = 0$, also
$k_v'(x) = \frac{K_v'(x) \cdot x - K_v(x) \cdot 1}{x^2} = 0$. Der Zählerterm ist gleich 0, wenn $K_v'(x) \cdot x = K_v(x)$, also wenn $K_v'(x) = \frac{K_v(x)}{x} = k_v(x)$, d. h. an der Stelle, an der der Graph von $K_v'(x)$ den Graphen von $k(x)$ schneidet. Da jedoch gilt: $K_v'(x) = K'(x)$, da sich $K(x)$ und $K_v(x)$ nur um die Fixkosten unterscheiden, ist dies auch die Stelle, an der der Graph von $K'(x)$ den Graphen von $k(x)$ schneidet.

2.4.3 Verketten von Funktionen

141

2. $f(x) = g(e^x) = (e^x)^2 - 3 \cdot e^x = e^{2x} - 3e^x$
- Nullstelle:
  $e^{2x} = 3e^x \qquad | \ln$
  $2x = x + \ln 3 \;\Rightarrow\; x = \ln 3 \approx 1{,}099$
- $f'(x) = 2e^{2x} - 3e^x$; Minimum bei $\ln\left(\frac{3}{2}\right) \approx 0{,}405$

3.
- keine Nullstelle
- Achsensymmetrie des Graphen der inneren Funktion: also Achsensymmetrie des Graphen von f
- $f(x) = e^{g(x)} \Rightarrow f'(x) = g'(x) \cdot e^{g(x)}$
  $\Rightarrow$ Extremum bei $g'(x) = 0$, also bei $x = 0$ (Minimum)

4. $u(x) = e^x$; $v(x) = -x^2$; $f(x) = u(v(x))$
- u: keine Nullstellen $\Rightarrow$ f keine Nullstellen
- v: achsensymmetrisch $\Rightarrow$ f: achsensymmetrisch
- Für $x \to \pm\infty$ gilt: $v(x) \to -\infty \Rightarrow$ für $x \to \pm\infty$ gilt: $f(x) \to 0$
- $v'(0) = 0 \;\Rightarrow\; f'(0) = 0$; f Maximum bei $x = 0$

5. Für alle Funktionen a) bis f) gilt: keine Nullstellen, da es sich um Verkettungen mit der e-Funktion als äußerer Funktion handelt.

a) $u(x) = e^x$; $v(x) = x^2(x - 1)$;
$f(x) = u(v(x))$
- Für $x \to -\infty$ gilt: $v(x) \to -\infty$
  $\Rightarrow$ für $x \to -\infty$ gilt: $f(x) \to 0$
- Für $x \to \infty$ gilt: $v(x) \to \infty$
  $\Rightarrow$ für $x \to \infty$ gilt: $f(x) \to \infty$
- v' hat Nullstellen bei 0 und $\frac{2}{3}$, daraus folgt:

f hat Hochpunkt bei 0 und Tiefpunkt bei $\frac{2}{3}$.

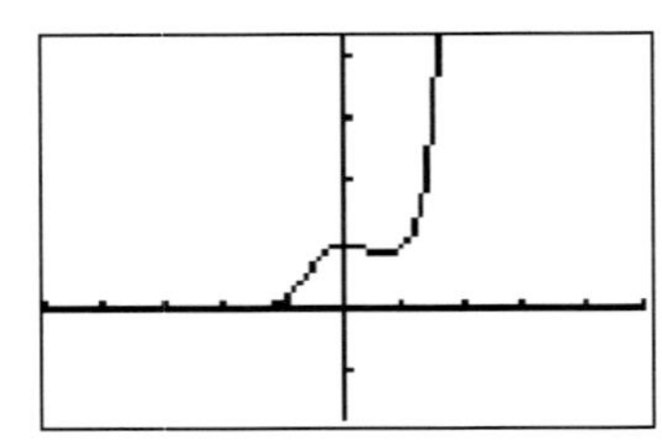

141

5. b) $u(x) = e^x$; $v(x) = \frac{1}{x}$; $f(x) = u(v(x))$;

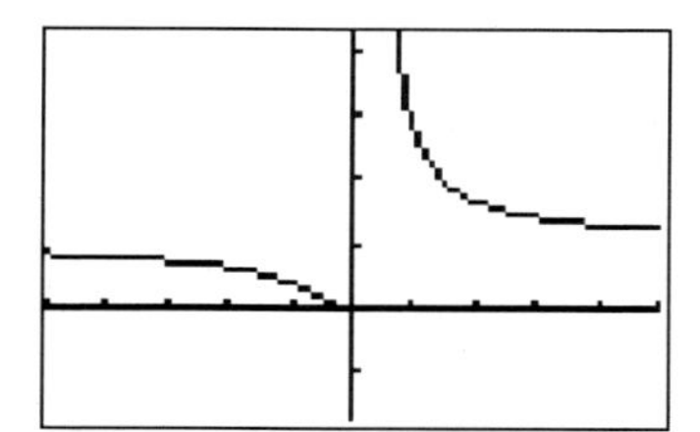

Definitionslücke von $v(x)$ und $f(x)$ bei $x = 0$.

- Für $x \to \pm\infty$ gilt: $v(x) \to 0$

$\Rightarrow$ für $x \to \pm\infty$ gilt: $f(x) \to 1$

- v hat Polstelle mit Vorzeichenwechsel bei $x = 0$.

$\Rightarrow$ für $x < 0$, $x \to 0$ gilt: $f(x) \to 0$

für $x > 0$, $x \to 0$ gilt: $f(x) \to \infty$

c) $u(x) = e^x$; $v(x) = -\sqrt{x}$; $f(x) = u(v(x))$

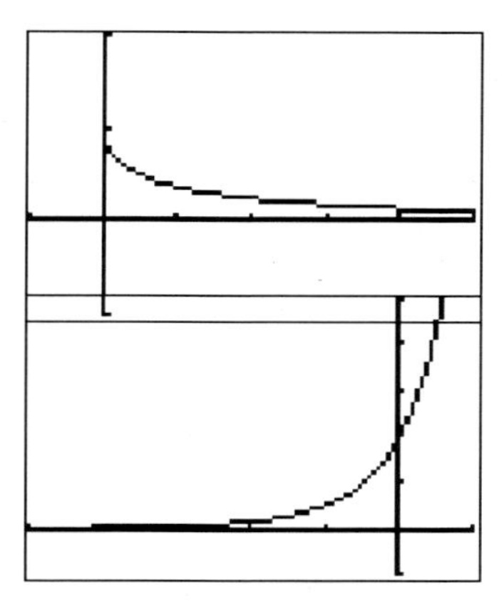

- v nur definiert auf $[0; \infty[$

$\Rightarrow$ f nur definiert auf $[0; \infty[$

- $f(0) = 1$
- Für $x \to \infty$ gilt: $v(x) \to -\infty$

$\Rightarrow$ für $x \to \infty$ gilt: $f(x) \to 0$

d) $u(x) = x^2$; $v(x) = e^x$; $f(x) = u(v(x)) + v(x)$

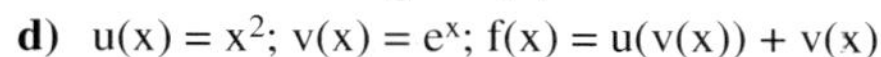

- Für $x \to -\infty$ gilt: $u(x) \to 0$;

für $x \to -\infty$ gilt: $v(x) \to 0$;

$\Rightarrow$ für $x \to -\infty$ gilt: $f(x) \to 0$

- Für $x \to \infty$ gilt: $u(x) \to \infty$;

für $x \to \infty$ gilt: $v(x) \to \infty$;

$\Rightarrow$ für $x \to \infty$ gilt: $f(x) \to \infty$

$f(0) = 2$

- keine Extrema

e) $u(x) = e^x$; $v(x) = x^3 - 1$; $f(x) = u(v(x))$;

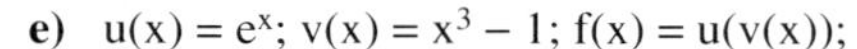

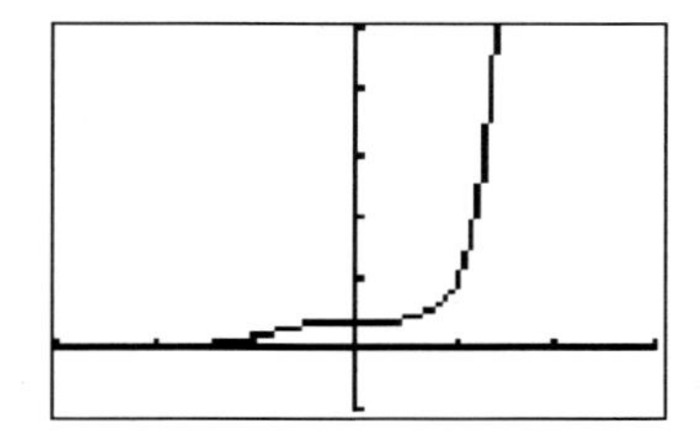

- Für $x \to -\infty$ gilt: $v(x) \to -\infty$

$\Rightarrow$ für $x \to -\infty$ gilt: $f(x) \to 0$

- Für $x \to \infty$ gilt: $v(x) \to \infty$

$\Rightarrow$ für $x \to \infty$ gilt: $f(x) \to \infty$

$f(0) = \frac{1}{e} \approx 0{,}368$

- $v'(x) = 3x^2$; $v''(x) = 6x$

$\Rightarrow$ v' hat doppelte Nullstelle bei $x = 0$

$\Rightarrow$ Der Graph von f hat einen Sattelpunkt bei $x = 0$

f) $u(x) = \sqrt{x}$; $v(x) = e^x$; $f(x) = u(v(x)) + 1$

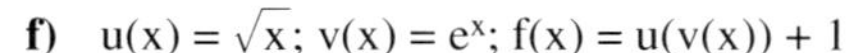

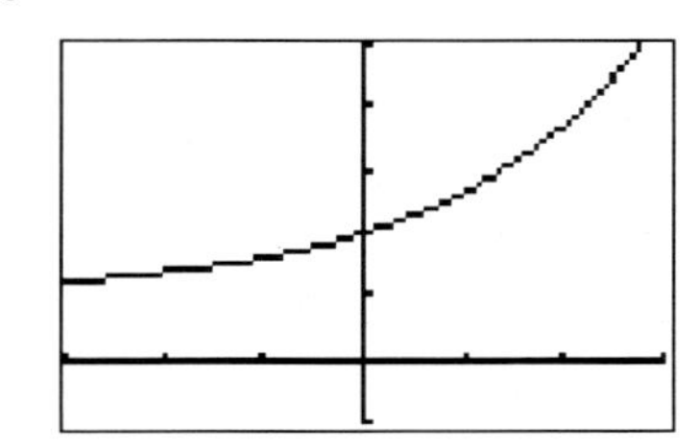

- keine Nullstellen
- Für $x \to -\infty$ gilt: $v(x) \to 0$;

$\Rightarrow$ für $x \to -\infty$ gilt: $f(x) \to 0$;

Für $x \to \infty$ gilt: $v(x) \to \infty$;

$\Rightarrow$ für $x \to \infty$ gilt: $f(x) \to \infty$

$f(0) = 2$

- $v'(x) = e^x \neq 0 \Rightarrow$ keine Extrema

2.4.4 Zusammenfassung: Aspekte bei Funktionsuntersuchungen

144

3.
- Nullstelle und Schnitt mit der y-Achse bei $x = 0$
- Für $x \to -\infty$ gilt: $f(x) \to 0$; für $x \to \infty$ gilt: $f(x) \to \infty$
- $f'(x) = e^x(x^2 + 2x)$; $f''(x) = e^x(x^2 + 4x + 2)$
- Extrema bei $x_1 = -2$ (Hochpunkt) und $x_2 = 0$ (Tiefpunkt)
- Wendepunkte bei $x_1 = -2 - \sqrt{2} \approx -3{,}414$ und $x_2 = -2 + \sqrt{2} \approx -0{,}586$

4. a)
- Nullstelle bei $x = 3$; $f(0) = -6$
- Für $x \to -\infty$ gilt: $f(x) \to 0$; für $x \to \infty$ gilt: $f(x) \to \infty$
- $f'(x) = e^x(2x - 4)$; $f''(x) = e^x(2x - 2)$
- Tiefpunkt bei $x = 2$; Wendepunkt bei $x = 1$

b)
- Nullstelle und Schnitt mit der y-Achse bei $x = 0$
- Für $x \to -\infty$ gilt: $f(x) \to \infty$; für $x \to \infty$ gilt: $f(x) \to 0$
- $f'(x) = e^{-x}(2x - x^2)$; $f''(x) = e^{-x}(x^2 - 4x + 2)$
- Extrema bei $x_1 = 0$ (Tiefpunkt) und $x_2 = 2$ (Hochpunkt)
- Wendepunkt bei $x_1 = 2 - \sqrt{2}$ und $x_2 = 2 + \sqrt{2}$

c)
- Nullstelle bei $x = 1$
- $f(0) = \frac{2}{e} - 1 \approx -0{,}264$
- Für $x \to -\infty$ gilt: $f(x) \to -\infty$; für $x \to \infty$ gilt: $f(x) \to \infty$
- $f'(x) = 2e^{x-1} - 2x$; $f''(x) = 2e^{x-1} - 2$
- Sattelpunkt bei $x = 1$

d)
- Nullstelle und Schnitt mit der y-Achse bei $x = 0$
- Für $x \to -\infty$ gilt: $f(x) \to 0$; für $x \to \infty$ gilt: $f(x) \to \infty$
- $f'(x) = 2e^{2x} - e^x$; $f''(x) = 4e^{2x} - e^x$
- Tiefpunkt bei $x = -\ln 2 \approx -0{,}697$
- Wendepunkt bei $x = -2 \cdot \ln 2 \approx -1{,}386$

e)
- Nullstelle und Schnitt mit der y-Achse bei $x = 0$
- Für $x \to -\infty$ gilt: $f(x) \to -\infty$; für $x \to \infty$ gilt: $f(x) \to \infty$
- $f'(x) = \frac{1}{2}(e^x + e^{-x})$; $f''(x) = \frac{1}{2}(e^x - e^{-x}) = f(x)$
- keine Extrema
- Wendepunkt bei $x = 0$

f)
- Nullstelle bei $x = \ln 2 \approx 0{,}693$
- $f(0) = -3$
- Für $x \to -\infty$ gilt: $f(x) \to -\infty$; für $x \to \infty$ gilt: $f(x) \to \infty$
- $f'(x) = \frac{e^{2x} + 4}{e^x}$; $f''(x) = \frac{e^{2x} - 4}{e^x} = f(x)$
- keine Extrema
- Wendepunkt bei $x = \ln 2 \approx 0{,}693$

144

5. • Nullstellen bei $x_1 = 0$ und $x_2 = 3$
• Für $x \to -\infty$ gilt: $f(x) \to 0$;
für $x \to \infty$ gilt: $f(x) \to \infty$
• $f'(x) = (x^3 - 6x \cdot e^x x)$
$f''(x) = (x^3 + 3x^2 - 6x - 6e^x)$
• Hochpunkt bei $x_1 = 0$
• Tiefpunkt bei $x_2 = -\sqrt{6}$ und $x_3 = \sqrt{6}$
• 3 Wendepunkte:
Diese liegen zwischen $-\infty$ und $-\sqrt{6}$; $-\sqrt{6}$ und 0 sowie 0 und $\sqrt{6}$.
• Skizze rechts

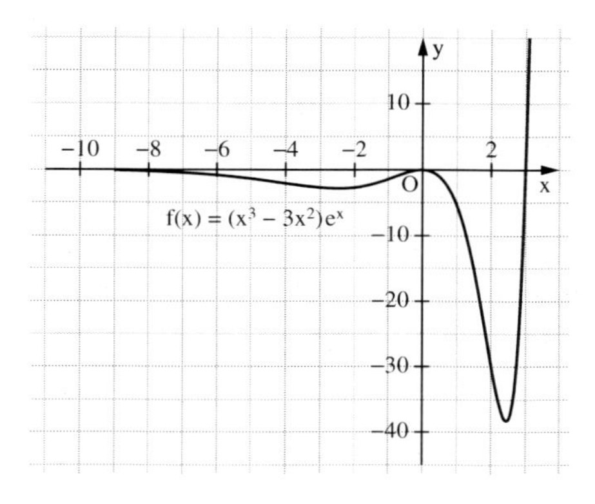

145

6. a) • Nullstelle bei $x \approx 1{,}235$
• Für $x \to -\infty$ gilt: $f(x) \to -\infty$; für $x \to \infty$ gilt: $f(x) \to \infty$
• $f'(x) = 2x - 1 + e^{-x}$; $f''(x) = 2 - e^{-x}$
• Hochpunkt bei $x \approx -1{,}256$, Tiefpunkt bei $x = 0$
• Wendepunkt bei $x = -\ln 2$

b) • keine Nullstelle
• Für $x \to \pm\infty$ gilt: $f(x) \to 1$
• $f'(x) = \frac{1}{2 \cdot (e^{\frac{x}{2}} + e^{-\frac{x}{2}})}$; $f''(x) = \frac{-e^x \cdot (e^x - 1)}{(e^x + 1)^3}$
• keine Extrema
• Wendepunkt bei $x = 0$

c) • keine Nullstelle
• Definitionslücke (Pol mit Vorzeichenwechsel) bei $x = 1$
Für $x < 1$; $x \to 1$ gilt: $f(x) \to -\infty$, für $x > 1$; $x \to 1$ gilt: $f(x) \to \infty$
• Für $x \to -\infty$ gilt: $f(x) \to -\infty$, für $x \to \infty$ gilt: $f(x) \to \infty$
• $f'(x) = \frac{0{,}2x(x-6) \cdot e^{0{,}1x^2 - x}}{(x-1)^2}$; $f''(x) = \frac{0{,}04(x^4 - 12x^3 + 41x^2 - 10x + 30) \cdot e^{0{,}1x^2 - x}}{(x-3)^3}$
• Tiefpunkt bei $x = 6$, Hochpunkt bei $x = 0$
• keine Wendepunkte

7. a) • Nullstellen $x_1 = 0$ und $x_2 = 1{,}5$
• $f'(x) = e^x \cdot (x^2 + 0{,}5x - 1{,}5) \cdot e^x$
• Hochpunkt bei $x = -1{,}5$;
Tiefpunkt bei $x = 1$

b) Für $k > \left(\frac{1{,}5}{2}\right)^2 = 0{,}5625$ hat der Graph zu $y = (x^2 - 1{,}5x + k) \cdot e^x$ keine Nullstellen.

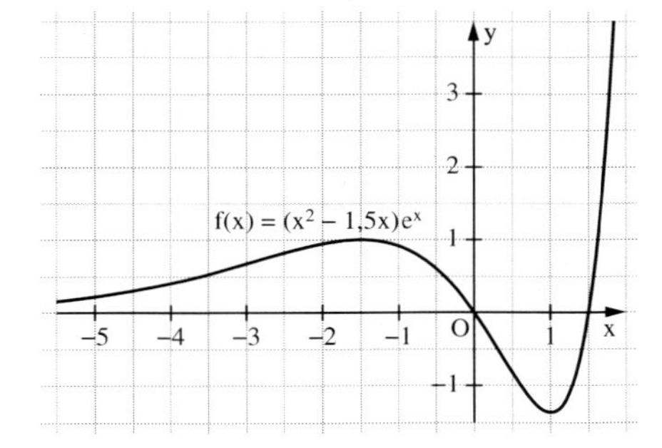

145

8. a) Die Graphen von f mit $f(x) = e^x$ und g mit $g(x) = -x^2$ schneiden sich nicht, da $f(x) > 0$ und $g(x) \leq 0$ für alle $x \in \mathbb{R}$.

b) Die Graphen von f und g mit $f(x) = e^x$ und $g(x) = x$ haben keinen Schnittpunkt, da $f(x) > g(x)$ für alle $x \in \mathbb{R}$.

c) Die Graphen von f und g mit $f(x) = (4 - 2x - 2x^2) \cdot e^x$ und $g(x) = 5$ schneiden sich nicht, da $f(x) < 5$ für alle $x \in \mathbb{R}$.
Begründung: Für $x \to -\infty$ gilt: $f(x) \to 0$. Für $x \to \infty$ gilt: $f(x) \to -\infty$
$f'(x) = (2 - 6x - 2x^2) \cdot e^x = 0$; $x^2 + 3x - 1 = 0$
Bei $x_1 \approx 3{,}30278$ Tiefpunkt, bei $x_2 \approx 0{,}30278$ Hochpunkt:
HP(0,30278 | 4,34658); also $f(x) < 5$ für alle $x \in \mathbb{R}$.

9. $f_k(x) = e^x - kx$; $f_k'(x) = e^x - k$; $f_k''(x) = e^x$

- $k = 0$: $f_0(x) = e^x$ keine Nullstelle
- $k < 0$: Für $x \to -\infty$ gilt: $-kx \to +\infty$; also $f(x) \to +\infty$.
  Für $x \to +\infty$ gilt: $-kx \to +\infty$; also $f(x) \to +\infty$,
  also hat der Graph von f_k eine Nullstelle.
- $k > 0$: $f_k'(x) = 0$ für $x = \ln k$; $f''(\ln k) > 0$, also hat der Graph von f_k einen Tiefpunkt bei $x = \ln k$.
  $f(\ln k) = k - k \cdot \ln k > 0$ für $0 < k < e$, da $\ln k < 1$
  $= 0$ für $k = e$, da $\ln k = 1$
  < 0 für $k > e$; da $\ln k > 1$

Also: keine Nullstellen für $0 < k < e$, eine Nullstelle für $k = e$, zwei Nullstellen für $k > e$.

10. $f'(x) = -\frac{30}{12}e^{-\frac{x}{12}} \Rightarrow f'(38) \approx -\frac{5}{2} \cdot e^{-\frac{19}{6}}$;
$f(38) = 30 \cdot e^{-\frac{19}{6}}$
Tangente:
$y = -\frac{5}{2} \cdot e^{-\frac{19}{6}} \cdot x + 125 \cdot e^{-\frac{19}{6}}$

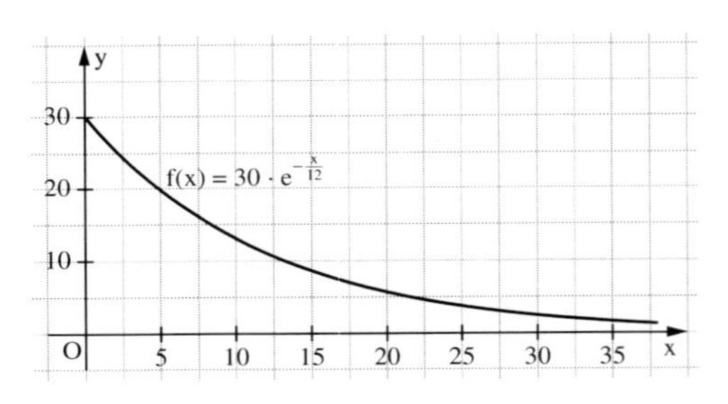

11. a) Es ist der Punkt x_0 auf dem Graphen f gesucht, in dem die Tangente den y-Achsenabschnitt $30 + 1{,}8 = 31{,}8$ hat.
$f'(x) = -0{,}3xe^{-0{,}1x}$
$f(x_0) = f'(x_0) \cdot x_0 + b$
$(3x_0 + 30)e^{-0{,}1x_0} = -0{,}3x_0e^{-0{,}1x_0} \cdot x_0 + 31{,}8$
$(0{,}3x_0^2 + 3x_0 + 30) \cdot e^{-0{,}1x_0} = 31{,}8$
Mit dem intersection–Befehl des GTR erhält man die beiden Lösungen $x_0 \approx 4{,}9$ oder $x_0 \approx 14{,}9$. Die Tangente durch $(14{,}9 \mid f(14{,}9))$ durchsetzt den Hang für $x < 14{,}9$, daher keine sinnvolle Lösung. Gesucht ist noch der Punkt x_1, ab dem man den Hang wieder sehen kann:
$f(x_1) = f'(4{,}9) \cdot x_1 + 31{,}8$
$(3x_1 + 30)e^{-0{,}1x_1} = -0{,}9x_1 + 31{,}8$
$x_1 = 27{,}1$
Der Bereich zwischen $x_0 = 4{,}9$ und $x_1 = 27{,}1$ ist also vor neugierigen Blicken geschützt.

145

11. b) Bestimmen der Tangente durch den Wendepunkt:
Wendepunkt:
$f''(x) = -0{,}3e^{-0{,}1x} + 0{,}03xe^{-0{,}1x} = (-0{,}3 + 0{,}03x)e^{-0{,}1x} = 0$
also $-0{,}3 + 0{,}03x = 0$. $x = 10$ ist Wendepunkt.
Tangente:
$y = f'(10) \cdot x + b$; $f(10) = f'(10) \cdot 10 + b$; $60 \cdot e^{-1} = -3e^{-1} \cdot 10 + b \Rightarrow b = 33{,}1$
Die Augen müssten sich also in ca. 3,1 m Höhe befinden, damit der gesamte Hang einsehbar ist.

12. $b = 2$ aus Kurvenpunkt $(0 \mid 2)$
$a = 4$ aus Maximum bei $\left(\frac{1}{2} \mid 4e^{-\frac{1}{2}} \approx 2{,}46\right)$ da $f'(x) = -e^{-x}(ax + b - a) = 0$
$\Leftrightarrow x = \frac{a-b}{a} = \frac{1}{2}$ aus Skizze $\Rightarrow f(x) = (4x + 2)e^{-x}$

13. $f'(x) = \frac{1}{4}k\left(e^{\frac{x}{2}} - e^{-\frac{x}{2}}\right)$; $f''(x) = \frac{1}{8}k\left(e^{\frac{x}{2}} + e^{-\frac{x}{2}}\right)$
f ist achsensymmetrisch zum Ursprung.
$f'(x) = 0 \Leftrightarrow x = 0 \Rightarrow$ f besitzt ein Minimum bei $T(0 \mid k)$.
$f''(x) \neq 0$ für alle x. Es gibt keine Wendepunkte. f hat keine Nullstellen.

146

14. $f_t'(x) = (1 - x \cdot t) \cdot e^{-x \cdot t}$
$\Rightarrow$ Extrempunkt bei $\left(\frac{1}{t} \mid \frac{1}{t \cdot e}\right)$
$g(x) = \frac{1}{e} \cdot x$

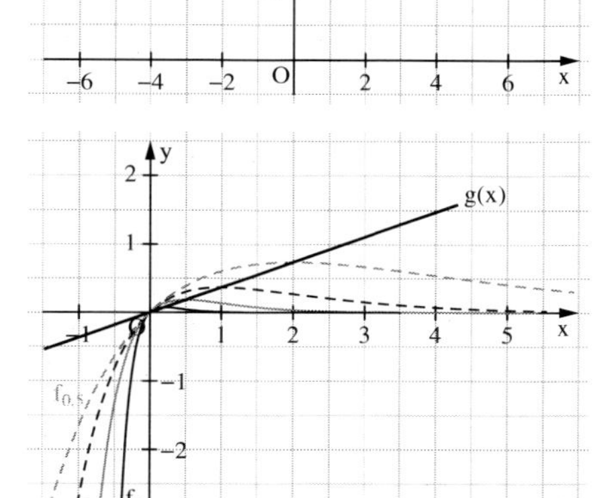

15. a) Anhand der Steigung der Graphen kann man zuordnen:
−2: grün;
−1: lila;
0: blau;
1: orange;
2: rot

b) −2: grün; −1: orange; 0: lila; 1: rot;
2: blau, denn die Nullstelle liegt immer bei $x = k$.

c) Nullstellen bei $x = \pm\sqrt{k}$ (wenn vorhanden), sonst anhand des Verlaufs zuzuordnen:
−2: grün; −1: orange; 0: lila; 1: rot; 2: blau

d) Nullstellen bei $x = k$ und $x = 0$ liefern: −2: grün; −1: orange; 0: lila; 1: rot; 2: blau

16. a)
- Nullstelle bei $x = 0$
- für $k = 0$ ergibt sich: $f_k(x) = x^2$
- für $k < 0$: Für $x \to -\infty$ gilt: $f(x) \to \infty$; für $x \to \infty$ gilt: $f(x) \to 0$
- für $k > 0$: Für $x \to -\infty$ gilt: $f(x) \to 0$; für $x \to \infty$ gilt: $f(x) \to \infty$

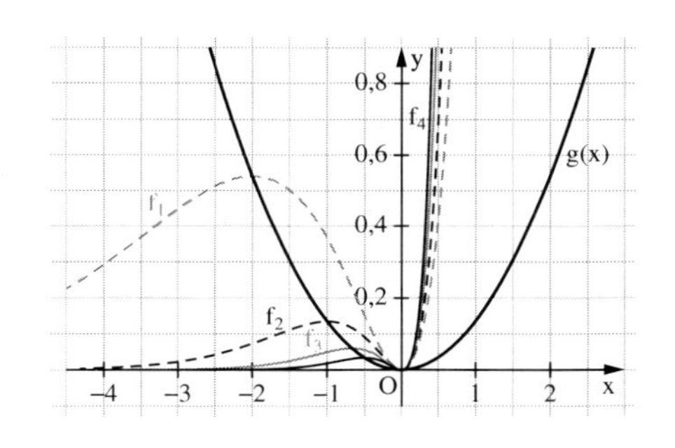

146

16. b) $f_k'(x) = (k \cdot x^2 + 2x) \cdot e^{kx}$;

$f_k''(x) = (k^2 \cdot x^2 + 4kx + 2) \cdot e^{2x}$

$(0 \mid 0)$ ist immer Extremum. Das andere Extremum liegt bei $\left(-\frac{2}{k} \mid \frac{4}{k^2} \cdot e^{-2}\right)$.

Ortslinie der Extrema: $g(t) = t^2 \cdot e^{-2}$

17. a)

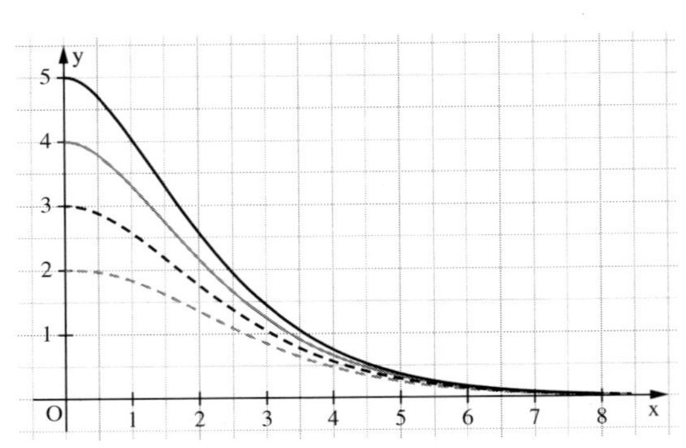

b) $f_k'(x) = -e^{-x}(x^2 + (k-2)x)$

Gesucht: Tiefpunkt von f'

$f_k''(x) = e^{-x}(x^2 + (k-4)x - (k-2)) = 0$

$x = 2 - \frac{1}{2}k \pm \frac{1}{2}\sqrt{k^2 - 4k + 8}$

b) Für $2 \leq k \leq 5$ ist $x_{min} = 2 - \frac{1}{2}k + \frac{1}{2}\sqrt{k^2 - 4k + 8}$ Minimum von f' und damit die Stelle mit dem steilsten Abfall von f.

c)

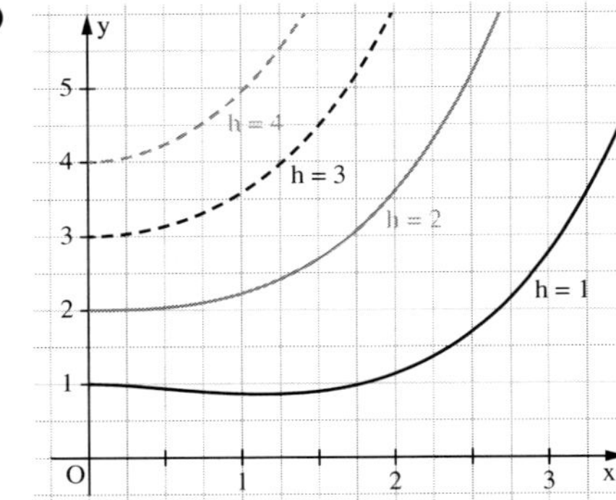

Konstante Höhen h: $h = (x^2 + kx + k)e^{-x} \Rightarrow k = \frac{h \cdot e^x - x^2}{x + 1}$

2.4.5 Trigonometrische Funktionen

150

4. Der Graph ist symmetrisch zur y-Achse. Für $k \in \mathbb{Z}$ liegen die Nullstellen bei 0 und $(2k+1)\frac{\pi}{2}$.

Für $k \in \mathbb{Z}$ berührt der Graph von f die Parabel $g_1(x) = x^2$ oder die Parabel $g_2(x) = -x^2$ an der Stelle $k\pi$. Es existieren unendlich viele Schnittpunkte mit den Winkelhalbierenden. Diese liegen symmetrisch zur y-Achse.

150

4. Die Graphen $f(x) = x^2 \cdot \cos(x)$ und $g(x) = x^2$ schneiden sich, wenn $\cos(x) = 1$, also für $x = 2k \cdot \pi,\ k \in \mathbb{N}$.

Die Graphen von $f(x) = x^2 \cdot \cos(x)$ und $h(x) = -x^2$ schneiden sich, wenn $\cos(x) = -1$, also für $x = (2k + 1)\pi$.

An dieser Stelle berühren sich sogar die beiden Graphen:

$f'(x) = 2x\cos(x) + x^2 \cdot (-\sin(x))$ $\qquad$ $f'(2k\pi) = 2 \cdot 2k\pi$

$g'(x) = 2x$ $\qquad$ $g'(2k\pi) = 2 \cdot 2k\pi$

$f'((2k + 1)\pi) = -2 \cdot (2k + 1)\pi$

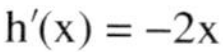

$h'(x) = -2x$ $\qquad$ $h'((2k + 1)\pi) = -2 \cdot (2k + 1)\pi$

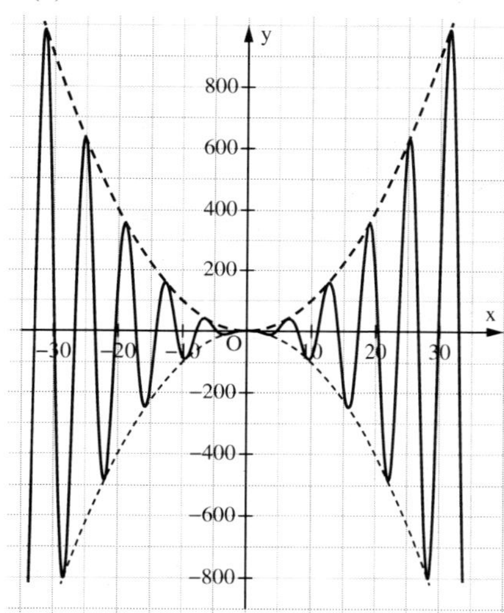

5. a) $f(x) = -0{,}5x + \pi - \sin(x);\ f'(x) = -\cos(x) - 0{,}5;\ f''(x) = \sin(x)$

$x \in [0; 2\pi]$ liefert für $f'(x) = 0$: $x_{E1} = \frac{2}{3}\pi;\ x_{E2} = \frac{4}{3}\pi$

$f''(x_{E1}) = f''\left(\frac{2}{3}\pi\right) > 0 \Rightarrow$ TP bei $x = \frac{2}{3}\pi$; TP(2,09 | 1,22)

$f''(x_{E2}) = f''\left(\frac{4}{3}\pi\right) < 0 \Rightarrow$ HP bei $x = \frac{4}{3}\pi$; HP(4,19 | 1,91)

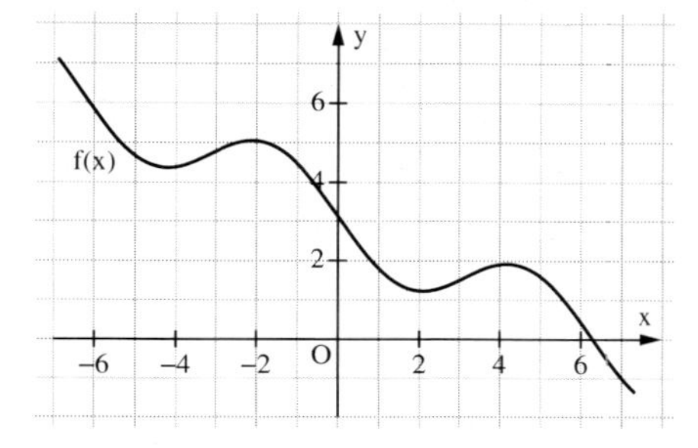

b) Setze: $g(x) = ax^3 + bx^2 + cx + d$. Löse das Gleichungssystem:

$$\left|\begin{array}{l} g(\pi) = f(\pi) \\ g'(\pi) = f'(\pi) \\ g''(\pi) = f''(\pi) \\ g'''(\pi) = f'''(\pi) \end{array}\right| \qquad \left|\begin{array}{r} a\pi^3 + b\pi^2 + c\pi + d = \pi \\ 3a\pi^2 + 2b\pi + c = \frac{1}{2} \\ 6a\pi + 2b = 0 \\ 6a = -1 \end{array}\right|$$

150

5. Dann: $g(x) = -\frac{1}{6}x^3 + 1{,}5708x^2 - 4{,}4348x + 5{,}1677$.

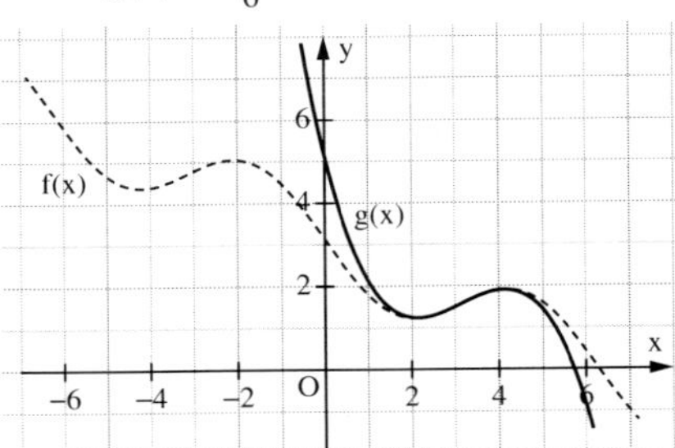

6. (1) $f(x) = 0{,}5 \cdot \sin\left(2\left(x - \frac{\pi}{4}\right)\right) + 0{,}5$

(2) $f(x) = 0{,}5 \cdot \sin(2x)$

(3) $f(x) = 1{,}118 \cdot \sin(2 \cdot (x - 0{,}2316)) + 0{,}5$

Mithilfe eines Rechners wurden bestimmt:

$H(1{,}017 \mid 1{,}618)$; $T(2{,}588 \mid -0{,}618)$.

Hieraus kann $a = \frac{1{,}618 - (-0{,}618)}{2} = 1{,}118$ berechnet werden. Aus der Periodenlänge $p = \pi$ ergibt sich als Startpunkt einer Schwingung:

$-c = 1{,}017 - \frac{\pi}{4} \approx 0{,}2316$.

(4) $f(x) = \frac{\sqrt{2}}{2} \cdot \sin(2 \cdot (x - 0{,}3926)) + 0{,}5$

Analog zu (3):

$H(1{,}178 \mid 1{,}207)$; $T(2{,}749 \mid -0{,}207)$

$a \approx 0{,}707 \approx \frac{\sqrt{2}}{2}$; $-c = 1{,}178 - \frac{\pi}{4} \approx 0{,}3926$

7. (1) $f(\pi) = a \cdot \sin(\pi) + b \cdot \cos(\pi)$

$= a \cdot 0 + b \cdot (-1) = 1$; also $b = -1$

$f'(x) = a \cdot \cos(x) - b \cdot \sin(x)$

$f'(\pi) = a \cdot (-1) - b \cdot 0 = -a = 2$;

also $a = -2$

Die Funktion f mit

$f(x) = -2\sin(x) - 1\cos(x)$

hat die vorgegebenen Eigenschaften.

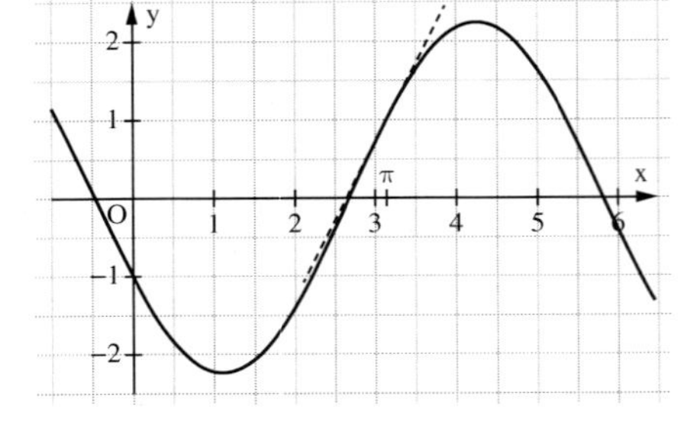

(2) $f(0) = a \cdot \sin(0) + b \cdot \cos(0)$

$= a \cdot 0 + b \cdot 1 = -1$; also $b = -1$

$f'(x) = a \cdot \cos(x) - b \cdot \sin(x)$

$f'\left(\frac{\pi}{4}\right) = a \cdot \cos\left(\frac{\pi}{4}\right) - b \cdot \sin\left(\frac{\pi}{4}\right)$

$= a \cdot \frac{\sqrt{2}}{2} - b \cdot \frac{\sqrt{2}}{2} = 0$; also $a = b$

Die Funktion f mit

$f(x) = -\sin(x) - \cos(x)$

erfüllt die Bedingungen.

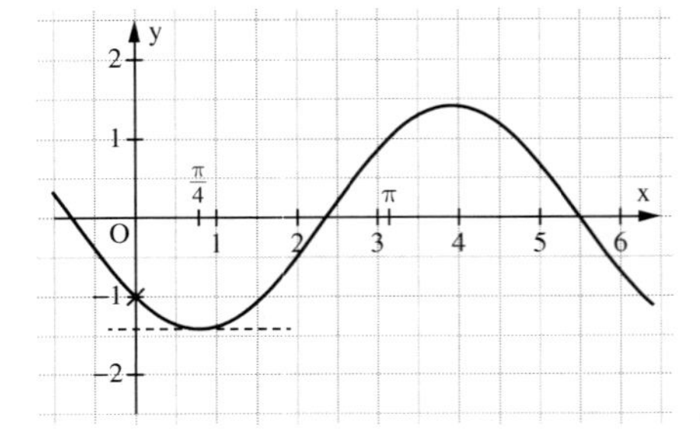

150

8. a) Ein Graph entspricht der Winkelhalbierenden. In $f_t(x)$ ist der 2. Summand null $\Rightarrow t = 0$.

Einer der beiden anderen Graphen liegt zunächst über der Winkelhalbierenden $\Rightarrow t > 0$. Da $f_t\left(\frac{\pi}{2}\right)$ etwa 2 Einheiten über der Winkelhalbierenden liegt, folgt $t \approx 2$.

Der letzte der Graphen liegt zunächst unter der Winkelhalbierenden $\Rightarrow t < 0$. Da $f_t\left(\frac{\pi}{2}\right)$ etwa eine Einheit über der Winkelhalbierenden liegt, folgt $t \approx -1$.

b) Für t_1, t_2 und $t_1 \neq t_2$ gilt:

$x + t_1\sin(x) = x + t_2\sin(x) \iff \sin(x) = 0$; also $x = 0$ oder $x = \pi$ oder $x = 2\pi$.

c) $f_t(x) = x + t \cdot \sin(x)$; $f_t'(x) = t \cdot \cos(x) + 1$

Für $t = 0$ besitzt f_t keine Extrema.

Aus $f'(x) = 0$ folgt $\cos(x) = -\frac{1}{t}$.

- Für $|t| < 1$ hat der Graph von f_t keine Extrema.
- Für $t = 1$ ist $x = \pi$. $f_1'(x) = \cos(x) + 1 \geq 0$. Der Graph wächst. Es liegt kein Extremum vor.
- Für $t = -1$ ist $x = 0$ oder $x = 2\pi$. Auch hier ist $f_{-1}'(x) \geq 0$. Keine Extrema.
- Für $t > 1$ gilt: Es liegen ein Hoch- und ein Tiefpunkt vor. Für $t < -1$ gilt dies entsprechend auch, es beginnt aber mit einem Tiefpunkt.

151

9. a) $f_1(x) = 2 \cdot \sin\left(\frac{\pi}{2}x\right)$; $f_2(x) = 5 \cdot \sin(\pi x)$

Periodenlänge:	$p_1 = \frac{2\pi}{\frac{\pi}{2}} = 4$	$p_2 = \frac{2\pi}{\pi} = 2$
Nullstellen:	$x_0 = 2n;\ n \in \mathbb{Z}$	$x_0 = n;\ n \in \mathbb{Z}$
Hochpunkte:	$(4n + 1 \mid 1);\ n \in \mathbb{Z}$	$\left(2n + \frac{1}{2} \mid 5\right);\ n \in \mathbb{Z}$
Tiefpunkte:	$(4n + 3 \mid 1);\ n \in \mathbb{Z}$	$(2n + 1{,}5 \mid -5);\ n \in \mathbb{Z}$
Wendepunkte:	$(2n \mid 0);\ n \in \mathbb{Z}$	$(n \mid 0);\ n \in \mathbb{Z}$

Die Graphen ergeben sich aus den Graphen der Sinusfunktion durch Streckung in Richtung der x- und der y-Achse.

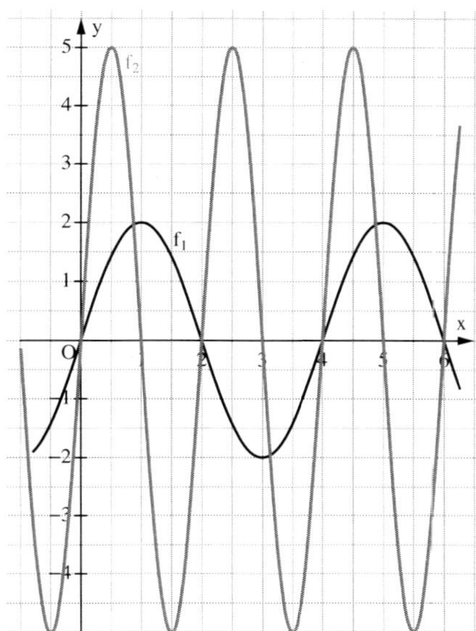

151

9. b) $f_1'(x) = 2 \cdot \cos\left(\frac{\pi}{2}x\right) \cdot \frac{\pi}{2}$; $f_2'(x) = 5 \cdot \cos(\pi x) \cdot \pi$

$f_1'(0) = 2 \cdot 1 \cdot \frac{\pi}{2} = \pi$; $f_2'(0) = 5 \cdot 1 \cdot \pi = 5\pi$

$\tan^{-1}(\pi) \approx 72{,}34°$; $\tan^{-1}(5\pi) \approx 86{,}36°$

Dies sind die Schnittwinkel der beiden Graphen mit der x-Achse an der Stelle $x = 0$, d. h. die Schnittwinkel sind $86{,}36° - 72{,}34° \approx 14{,}01°$ bzw. $180° - 14{,}01° = 165{,}99°$.

c) $f_k'(x) = (k^2 + 1) \cdot \cos\left(k \cdot \frac{\pi}{2}x\right) \cdot k \cdot \frac{\pi}{2}$

$f_k'(x) = 0$ gilt für $\cos\left(k \cdot \frac{\pi}{2}x\right) = 0$; also wenn $k \cdot \frac{\pi}{2} \cdot x = \frac{\pi}{2}$ (erste positive Nullstelle des Kosinus), d. h. an der Stelle $x_{max} = \frac{1}{k}$ haben die Ableitungen von f_k eine Nullstelle (mit Vorzeichenwechsel von + nach –). Also liegt dort ein Hochpunkt vor:

$f_k\left(\frac{1}{k}\right) = (k^2 + 1) \cdot \sin\left(k \cdot \frac{\pi}{2} \cdot \frac{1}{k}\right) = (k^2 + 1) \cdot \sin\left(\frac{\pi}{2}\right) = k^2 + 1$

$y_{max} = k^2 + 1 = \left(\frac{1}{x_{max}}\right)^2 + 1$

Der Graph von g mit $g(x) = \frac{1}{x^2} + 1$ verläuft also durch die betrachteten Hochpunkte.

10. Berechnen der fehlenden Breite x mithilfe des Satzes von Pythagoras (Angaben in dm)
Aus $15^2 + x^2 = 30^2$ folgt $x \approx 26$ dm.

Die „mittlere" Steigung der Wasserrutsche ist demnach $m = -\frac{15}{26} \approx -0{,}577$. Den Koordinatenursprung kann man links in den Fußpunkt des Lotes unter dem Rutschenaufsatz legen.
Ansatz für eine geeignete Funktionsgleichung: Infrage kommt eine Summenfunktion aus einer linearen Funktion mit Steigung $-0{,}577$ und y-Achsenabschnitt 15 dm (also $y = -0{,}577x + 15$) sowie eine geeignete Sinusfunktion, die auf einer Länge von 30 dm etwa $1\frac{3}{4}$ Perioden hat, also auf ungefähr 17 dm eine Periode.

Die Sinus-Funktion mit $y = \sin\left(\frac{2\pi}{17} \cdot x\right)$ hat die Periodenlänge 17 und die Amplitude 1 dm, was realistisch erscheint. Da die Rutsche mit einer Welle nach unten beginnt, muss das Vorzeichen negativ sein.

Der Graph der Funktion f mit $f(x) = -0{,}577x + 15 - \sin\left(\frac{2\pi}{17} \cdot x\right)$ ist links abgebildet.

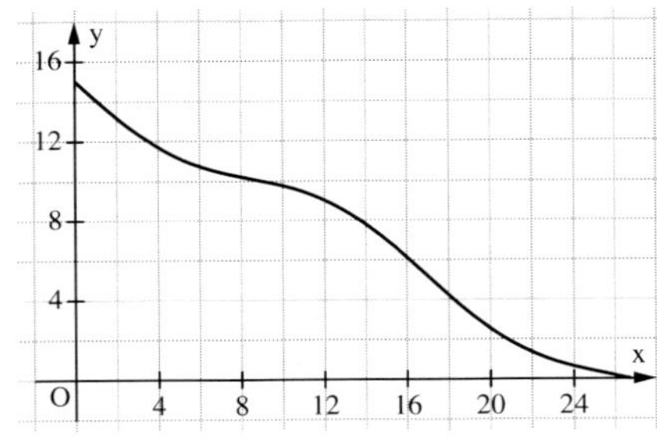

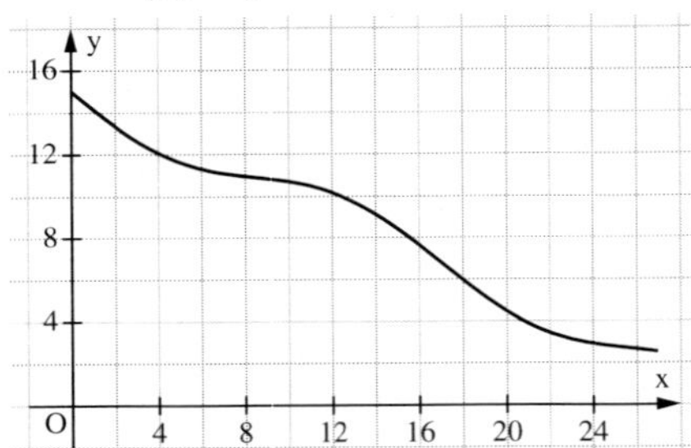

Aus dem Graphen wird deutlich, dass das Ende der Rutsche nicht richtig modelliert ist.
Änderungen in den Ansätzen: Für das Ende der Rutsche wird eine Höhe von 2 dm angesetzt; hieraus ergibt sich eine Breite x aus $13^2 + x^2 = 30^2$; also $x \approx 27$ dm, mittlere Steigung: $m = -\frac{13}{27} \approx -0{,}4815$; und somit $f(x) = -0{,}4815x + 15 - \sin\left(\frac{2\pi}{17} \cdot x\right)$; vgl. Grafik rechts.
Weitere Verbesserungen der Modellierung sind denkbar, z. B. hinsichtlich der Anzahl der Perioden.

151

11. a) Die folgende Abbildung zeigt mehr als viele Rechnungen: Die zu den o. a. Werten passende Modellfunktion f mit

$f(x) = 1{,}2 \cdot \sin\left(\frac{\pi}{6} \cdot x\right)$ für $0 \le x \le 6$ und

$f(x) = 0{,}8 \cdot \sin\left(\frac{\pi}{8} \cdot (x + 2)\right)$ für $6 \le x \le 14$

hat offensichtlich an der Übergangsstelle einen Knick: von links ergibt sich $f'(6) \approx -0{,}63$; von rechts $f'(6) \approx 0{,}31$.

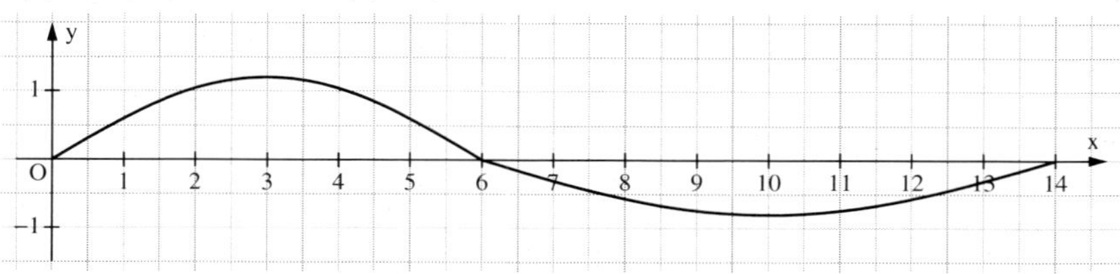

b) Eine Modellierungsfunktion f müsste folgende Bedingungen erfüllen:
Funktionswerte an den Nullstellen: $f(0) = f(6) = f(14) = 0$ (drei Bedingungen);
Funktionswerte an den Extremstellen: $f(3) = 1{,}2$; $f(10) = -0{,}8$ (zwei Bedingungen);
Steigung an den Extremstellen: $f'(3) = 0$; $f'(10) = 0$ (zwei Bedingungen);
Steigung an den Nullstellen: $f'(0) = f'(14)$; $f'(6) = -f'(0)$ (zwei Bedingungen).
Da insgesamt neun Bedingungen erfüllt sein müssen, ist zur Modellierung eine ganzrationale Funktion mindestens 8. Grades erforderlich.

2.5 Extremwertprobleme und Funktionsuntersuchungen in technischen Anwendungen

156

4. Querschnittsfläche (Trapez): $A = \frac{1}{2} \cdot h \cdot (b + b + 2a) = h \cdot (a + b)$

Es gilt:

$\sin(x) = \frac{h}{b}$; also $h = b \cdot \sin(x)$

$\cos(x) = \frac{a}{b}$; also $a = b \cdot \cos(x)$

Die Querschnittsfläche kann also als Funktion von x dargestellt werden:

$A(x) = b \cdot \sin(x) \cdot (b \cdot \cos(x) + b)$
$\quad = b^2 \cdot \sin(x) \cdot (\cos(x) + 1)$; $0 \le x \le \frac{\pi}{2}$

Bestimmung des maximalen Flächeninhalts:

$A'(x) = b^2 \cdot \cos(x) \cdot (\cos(x) + 1) + b^2 \cdot \sin(x) \cdot (-\sin(x))$
$\quad = b^2 \cdot (\cos^2(x) + \cos(x) - \sin^2(x))$
$\quad = b^2 \cdot (\cos^2(x) + \cos(x) - 1 + \cos^2(x))$
$\quad = b^2 \cdot (2\cos^2(x) + \cos(x) - 1)$

$A'(x) = 0$ gilt für $\cos(x) = \frac{1}{2}$ bzw. $\cos(x) = -1$.

$\cos(x) = \frac{1}{2}$ ist erfüllt für $x = 1{,}047$ (Bogenmaß), d. h. für $x = 60°$ (Winkelmaß).

Da A′ an dieser Stelle einen Vorzeichenwechsel von + nach – hat, liegt dort ein Hochpunkt vor. Es gilt: $A(1{,}047) \approx 1{,}3 \cdot b^2$.

156

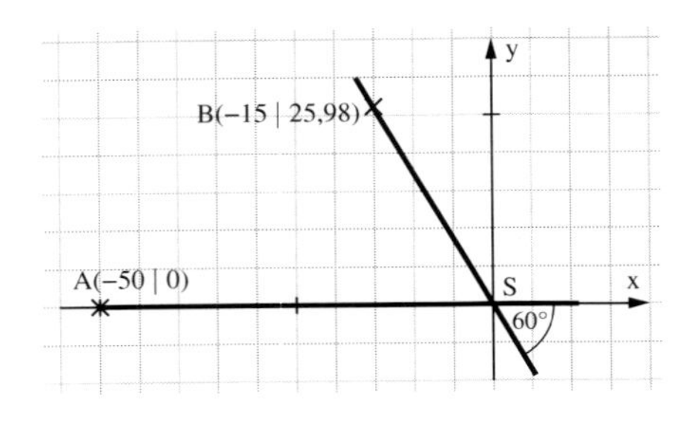

5. Koordinaten der Radfahrer:
$R_1(-50 + 20t \mid 0)$; t in Stunden
$R_2(-15 + 5t \mid 25{,}98 - 8{,}66t)$,
da $\cos(60°) = 0{,}5$; $\sin(60°) \approx 0{,}866$
Quadrat der Abstandsfunktion:

$$f(t) = (-50 + 20t + 15 - 5t)^2 + (25{,}98 - 8{,}66t)^2$$
$$= (15t - 35)^2 + (25{,}98 - 8{,}66t)^2$$
$$f'(t) = 2 \cdot (15t - 35) \cdot 15 + 2 \cdot (25{,}98 - 8{,}66t) \cdot (-8{,}66)$$
$$= 450t - 1050 - 450 + 150t$$
$$= 600t - 1500$$

$f'(t) = 0$ gilt für $t = 2{,}5$ (mit Vorzeichenwechsel von − nach +). An der Stelle $t = 2{,}5$ liegt das Minimum der Funktion f vor mit $f(2{,}5) = 25$; d. h. der Abstand der beiden Radfahrer beträgt 5 km.

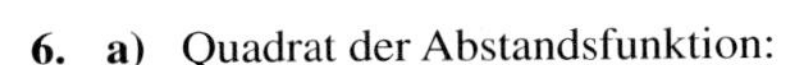

6. a) Quadrat der Abstandsfunktion:

$$f(x) = (x - 0)^2 + (y - 1)^2 = x^2 + x^4 - 2x^2 + 1$$
$$f'(x) = 4x^3 - 2x = 2x \cdot (2x^2 - 1)$$

$f'(x) = 0$ gilt für $x = 0$; $x = -\sqrt{\frac{1}{2}}$; $x = +\sqrt{\frac{1}{2}}$.

$$f''(x) = 12x^2 - 2$$

$f''(0) = -2 < 0 \Rightarrow$ lokales Maximum; $f''\left(\pm\sqrt{\frac{1}{2}}\right) = 4 > 0 \Rightarrow$ lokales Minimum

Die Punkte $\left(-\sqrt{\frac{1}{2}} \mid \frac{1}{2}\right)$ und $\left(+\sqrt{\frac{1}{2}} \mid \frac{1}{2}\right)$ haben vom Punkt $(0 \mid 1)$ minimale Entfernung.

[Quadrat der Abstandsfunktion:

$$f(x) = (x - 0)^2 + (y - a)^2 = x^2 + x^4 - 2ax^2 + a^2$$
$$f'(x) = 4x^3 + (2 - 4a)x = 2x \cdot (2x^2 + 1 - 2a)$$

$f'(x) = 0$ gilt für $x = 0$; $x = -\sqrt{\frac{2a-1}{2}}$; $x = +\sqrt{\frac{2a-1}{2}}$.

$$f''(x) = 12x^2 + 2 - 4a$$
$$f''(0) = 2 - 4a \begin{cases} > 0 & \text{für } 0 < a < \frac{1}{2} \\ < 0 & \text{für } a > \frac{1}{2} \end{cases}$$
$$f''\left(\pm\sqrt{\frac{2a-1}{2}}\right) = 8a - 4 \begin{cases} < 0 & \text{für } 0 < a < \frac{1}{2} \\ > 0 & \text{für } a > \frac{1}{2} \end{cases}$$

Für $a < \frac{1}{2}$ ist der Ursprung der Punkt der Parabel mit minimaler Entfernung, für $a > \frac{1}{2}$ die Punkte $\left(-\sqrt{\frac{2a-1}{2}} \mid \frac{2a-1}{2}\right)$ und $\left(+\sqrt{\frac{2a-1}{2}} \mid \frac{2a-1}{2}\right)$.

Im Fall $a = \frac{1}{2}$ ergibt sich $f(x) = x^4 + \frac{1}{4}$. Diese Funktion hat an der Stelle $x = 0$ ein Minimum, d. h. der Ursprung hat minimale Entfernung von $\left(0 \mid \frac{1}{2}\right)$.

156

6.

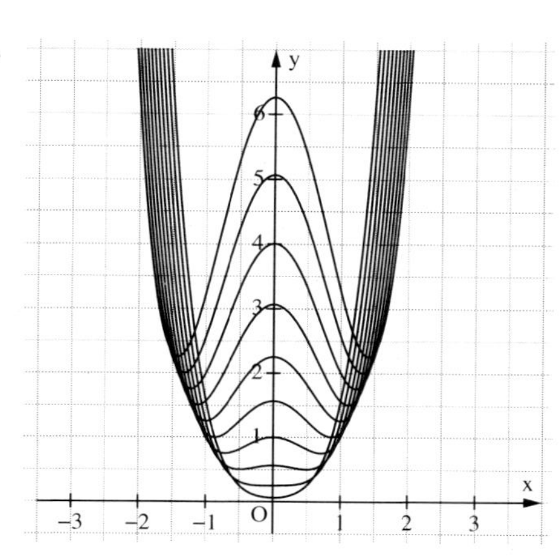

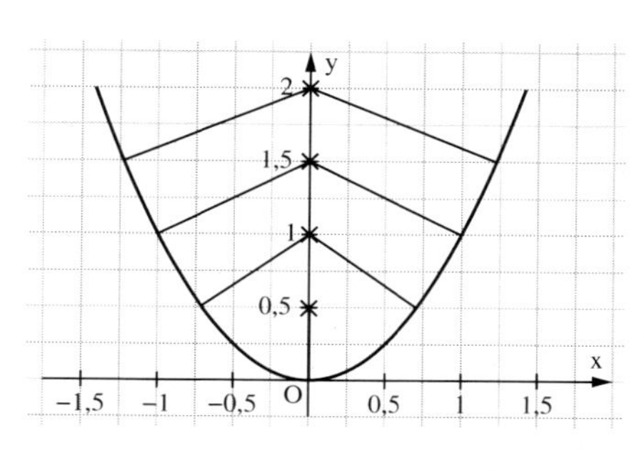

b) Quadrat der Abstandsfunktion:

$f(x) = (x - 0)^2 + (y - 0)^2 = x^2 + (4 - x^2)^2 = x^4 - 7x^2 + 16$

$f'(x) = 4x^3 - 14x = 4x(x^2 - 3{,}5)$

$f'(x) = 0$ gilt für $x = 0$ oder $x = -\sqrt{3{,}5}$ oder $x = +\sqrt{3{,}5}$.

$f''(x) = 12x^2 - 14$

$f''(0) < 0 \Rightarrow$ lokales Maximum

$f''(\pm\sqrt{3{,}5}) < 0 \Rightarrow$ lokales Minimum

Die Punkte $P_1(-\sqrt{3{,}5} \mid 0{,}5)$ und $P_2(+\sqrt{3{,}5} \mid 0{,}5)$ haben die geringste Entfernung vom Ursprung.

[$f(x) = (x - 0)^2 + (y - 0)^2 = x^2 + (a - x^2)^2 = x^4 + (1 - 2a)x^2 + a^4$

$f'(x) = 4x^3 + 2 \cdot (1 - 2a) \cdot x = 4x \cdot \left(x^2 + \frac{1}{2} - a\right)$

$f'(x) = 0$ für $x = 0$ oder $x = -\sqrt{a - \frac{1}{2}}$ oder $x = +\sqrt{a - \frac{1}{2}}$.

$f''(x) = 12x^2 + (2 - 4a)$

$f''(0) = 2 - 4a \begin{cases} < 0 & \text{für } a > \frac{1}{2} \\ > 0 & \text{für } a < \frac{1}{2} \end{cases}$

$f''\left(\pm\sqrt{a - \frac{1}{2}}\right) = 12a - 6 + 2 - 4a = 8a - 4 \begin{cases} < 0 & \text{für } a < \frac{1}{2} \\ > 0 & \text{für } a > \frac{1}{2} \end{cases}$

Falls $a < \frac{1}{2}$, ist der Punkt $(0 \mid a)$ der Punkt mit geringster Entfernung, sonst die Punkte

$P_1\left(-\sqrt{a - \frac{1}{2}} \mid \frac{1}{2}\right)$ und $P_2\left(+\sqrt{a - \frac{1}{2}} \mid \frac{1}{2}\right)$.]

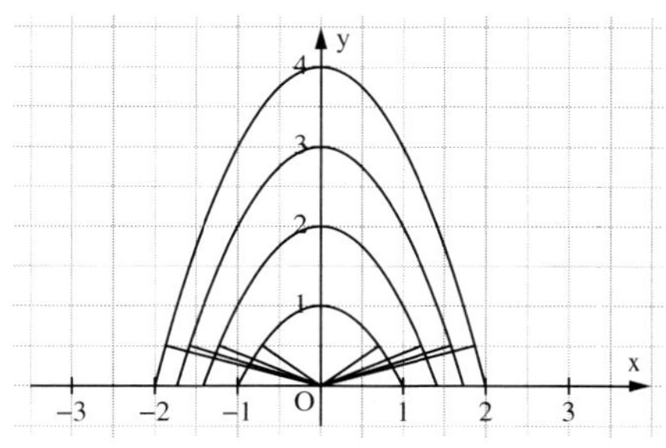

156

7. Für den Radius r des angesetzten Halbkreises und die Höhe h des Rechtecks gilt:

$A = \frac{1}{2}\pi r^2 + (2r) \cdot h; \quad u = 2h + \pi r$

Zu einer vorgegebenen Querschnittsfläche A_0 ergibt sich für h:

$h = \frac{A_0 - \frac{1}{2}\pi r^2}{2r} = \frac{A_0}{2r} - \frac{\pi}{4} \cdot r$; also

$u(r) = 2 \cdot \left(\frac{A_0}{2r} - \frac{\pi}{4} \cdot r\right) + \pi r = \frac{A_0}{r} + \frac{\pi}{2} \cdot r$

$u'(r) = -\frac{A_0}{r^2} + \frac{\pi}{2} = 0$ gilt für $r^2 = \frac{2A_0}{\pi}$; also für $r = \sqrt{\frac{2A_0}{\pi}}$ (da $r > 0$).

$u''(r) = -\frac{2A_0}{r^3} < 0$ für alle $r > 0$

Wenn für den Radius des Halbkreises $r = \sqrt{\frac{2A_0}{\pi}}$ gewählt wird, werden die Kosten für das Ausmauern minimal.

8. Betrachtet man eine massive Kugel mit festem Radius R, dann gilt für das Volumen des herausgeschnittenen Zylinders:

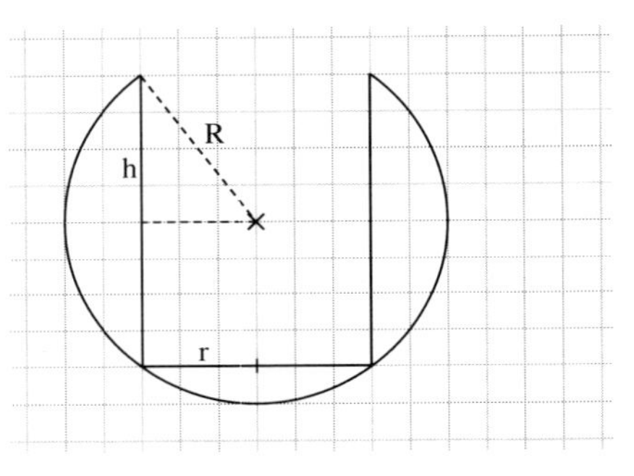

$V(r, h) = \pi r^2 + 2h$, wobei $r^2 = R^2 - h^2$; also

$V(h) = \pi \cdot (R^2 - h^2) \cdot 2h$

$V'(h) = 2\pi R^2 - 6\pi h^2$

$V'(h) = 0$ gilt für $h^2 = \frac{2\pi R^2}{6\pi} = \frac{R^2}{3}$;

also $h = \sqrt{\frac{R^2}{3}} \approx 0{,}577\,R$.

$V''(h) = -12\pi h < 0$ für alle $h > 0$

Das Volumen des herausgeschnittenen Zylinders wird minimal, wenn $h \approx 0{,}577\,R$ und $r^2 = R^2 - \frac{1}{3}R^2 = \frac{2}{3}R^2$; also $r \approx 0{,}816\,R$.

Wird der Zylinder aus einer massiven Halbkugel herausgeschnitten, dann gilt für das Volumen:

$V(r, h) = \pi r^2 \cdot h$, wobei $r^2 = R^2 - h^2$; also

$V(h) = \pi \cdot (R^2 - h^2) \cdot h$

$V'(h) = \pi R^2 - 3\pi h^2$

$V'(h) = 0$ gilt für $h^2 = \frac{\pi R^2}{3\pi} = \frac{R^2}{3}$;

also $h = \sqrt{\frac{R^2}{3}} = \frac{R}{\sqrt{3}} \approx 0{,}577\,R$.

$V''(h) = -6\pi h < 0$ für alle $h > 0$

Das Volumen des herausgeschnittenen Zylinders wird minimal, wenn $h \approx 0{,}577\,R$ und $r^2 = R^2 - \frac{1}{3}R^2 = \frac{2}{3}R^2$; also $r \approx 0{,}816\,R$.

157

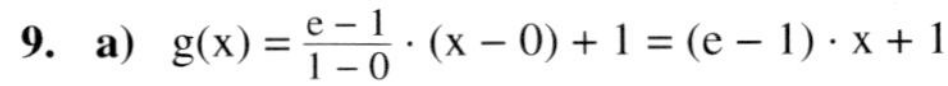

9. a) $g(x) = \frac{e - 1}{1 - 0} \cdot (x - 0) + 1 = (e - 1) \cdot x + 1$

b) $d(x) = g(x) - f(x) = (e - 1) \cdot x + 1 - e^x$

$d'(x) = (e - 1) - e^x$

$d'(x) = 0$ gilt für $e^x = e - 1$.

157

9. Diese Gleichung kann nur näherungsweise (nummerisch) gelöst werden. Er ergibt sich $x \approx 0{,}541$ mit $d(0{,}541) \approx 0{,}212$.

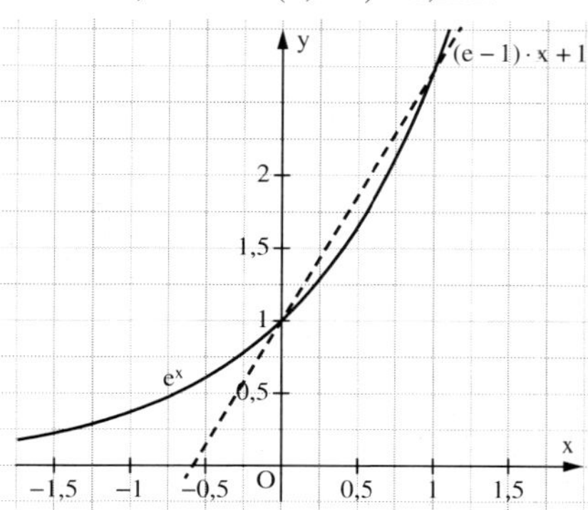

10. a) $A(x) = \overline{AB} \cdot \overline{BC} = x \cdot \ln\left(\frac{1}{x}\right)$

$A'(x) = 1 \cdot \ln\left(\frac{1}{x}\right) + x \cdot \frac{1}{\frac{1}{x}} \cdot \left(-\frac{1}{x^2}\right) = \ln\left(\frac{1}{x}\right) - 1$

$A'(x) = 0$ gilt für $\ln\left(\frac{1}{x}\right) = 1$; also $\frac{1}{x} = e$; d. h. $x = \frac{1}{e}$.

$A''(x) = \frac{1}{\frac{1}{x}} \cdot \left(-\frac{1}{x^2}\right) = -\frac{1}{x} < 0$ für $x < 0$;

d. h. das Rechteck ist maximal für $x = \frac{1}{e}$ mit $A\left(\frac{1}{e}\right) = \frac{1}{e}$; also $C\left(\frac{1}{e} \mid 1\right)$.

b) $A(x) = x \cdot e^{-x}$

$A'(x) = 1 \cdot e^{-x} + x \cdot e^{-x} \cdot (-1) = e^{-x} \cdot (1 - x)$

$A'(x) = 0$ gilt für $x = 1$.

$A''(x) = e^{-x} \cdot (-1) \cdot (1 - x) + e^{-x} \cdot (-1) = e^{-x} \cdot (x - 2)$

$A''(1) = e^{-1} \cdot (1 - 2) < 0$;

d. h. das Rechteck ist maximal für $x = 1$ mit $A(1) = e^{-1} = \frac{1}{e}$; also $C\left(1 \mid \frac{1}{e}\right)$.

11. a) Quadrat der Abstandsfunktion:

$d(x) = (x - 0)^2 + (e^{x-1} - 0)^2 = x^2 + e^{2x-2}$

$d'(x) = 2x + 2 \cdot e^{2x-2}$

Die Nullstelle der Ableitungsfunktion kann nur näherungsweise bestimmt werden:

$x \approx -0{,}109$; $d(-0{,}109) \approx 0{,}121$

Punkt $(-0{,}109 \mid 0{,}330)$

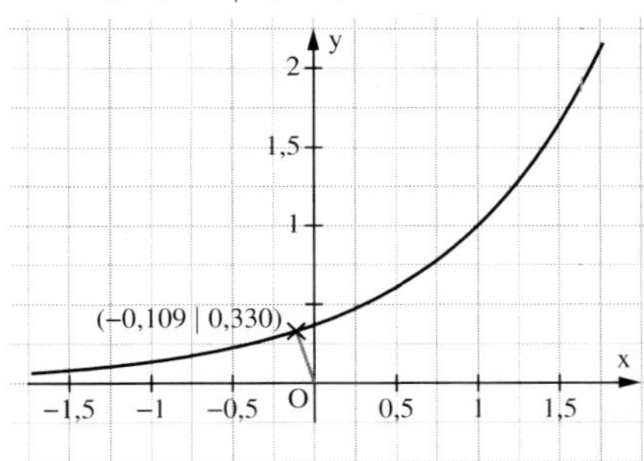

157

11. b) $d(x) = x^2 + \ln^2\left(\frac{x}{e}\right)$

$$d'(x) = 2x + 2\ln\left(\frac{x}{e}\right) \cdot \frac{1}{\frac{x}{e}} \cdot \frac{1}{e} = 2x + 2 \cdot \frac{\ln\left(\frac{x}{e}\right)}{x}$$

$d'(x) = 0$ gilt, wenn $x^2 = -\ln\left(\frac{x}{e}\right)$. Die Nullstelle der Ableitungsfunktion kann nur näherungsweise bestimmt werden:

$x = 1$; $d(1) = 1$; Punkt $(1 \mid -1)$

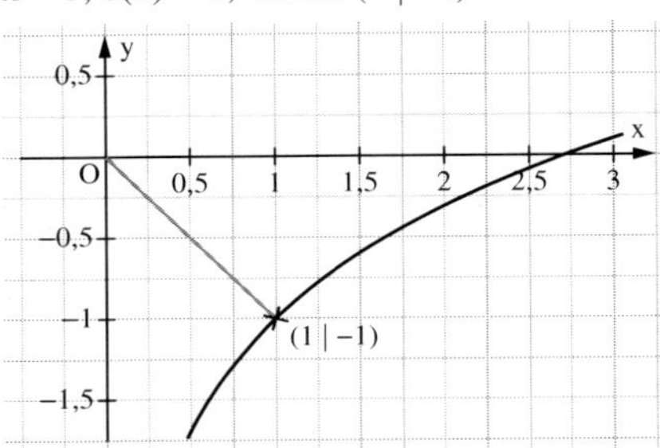

12. HB: $A(a, b) = a^2 + 4ab$ max.

NB: $(0{,}5a)^2 + (0{,}5a + b)^2 = (0{,}5d)^2 \Rightarrow b = -0{,}5a + 0{,}5\sqrt{d^2 - a^2}$

Zielfunktion $A(a) = -a^2 + \sqrt{4a^2d^2 - 4a^4}$

$A'(a) = \frac{2d^2 - 4a^2}{\sqrt{d^2 - a^2}} - 2a = 0$ für $a = 0{,}84d$ oder $a = 0{,}53d$.

Maximal für $a = 0{,}53d$ und $b = 0{,}16d$.

13. Herleitung der Funktionsgleichung:

Die Bahnkurve lässt sich durch eine Parameterdarstellung beschreiben:

$x(t) = v_0 \cdot t \cdot \cos(\varphi)$; $y(t) = v_0 \cdot t \cdot \sin(\varphi) - \frac{1}{2}gt^2$

Auflösen nach t ergibt: $t = \frac{x}{v_0 \cdot \cos(\varphi)}$.

Einsetzen in die Parameterdarstellung von y ergibt:

$$y = v_0 \cdot \frac{x \cdot \sin(\varphi)}{v_0 \cdot \cos(\varphi)} - \frac{1}{2}g \cdot \left(\frac{x}{v_0 \cdot \cos(\varphi)}\right)^2 = x \cdot \tan(\varphi) - \frac{g}{2v_0^2\cos^2(\varphi)} \cdot x^2$$

$$= x \cdot \left(\tan(\varphi) - \frac{g}{2v_0^2\cos^2(\varphi)} \cdot x\right).$$

a) In der Grafik sind die Wurfparabeln dargestellt mit $v_0 = 4\,\frac{m}{s}$; $g = 10\,\frac{m}{s^2}$ und $\varphi = 5°; 10°; \ldots; 85°$.

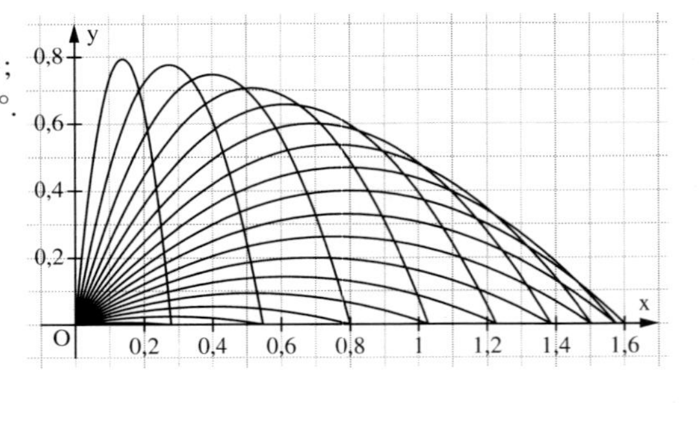

b) Es gilt $y = 0$, wenn $x = 0$ oder wenn

$$x = \frac{2v_0^2\cos^2(\varphi) \cdot \tan(\varphi)}{g} = \frac{2v_0^2}{g} \cdot \sin(\varphi) \cdot \cos(\varphi) = \frac{v_0^2}{g} \cdot \sin(2\varphi)$$

gemäß Additionstheorem.

c) x ist maximal, wenn $\sin(2\varphi)$ maximal ist, d. h. wenn $\varphi = 45°$; dann ist $x = \frac{v_0^2}{g}$.

157

13. d) Zum o. a. Term muss noch die Starthöhe von 1,8 m hinzugefügt werden:

$y = x \cdot \tan(\varphi) - \frac{g}{2v_0^2 \cos^2(\varphi)} \cdot x^2 + 1{,}8.$

Gegeben sind: $y = 0$; $x = 20{,}4$; $\varphi = 40°$; $g = 9{,}81 \frac{m}{s^2}$

Einsetzen ergibt:

$0 = 20{,}4 \cdot \tan(40°) - \frac{9{,}81}{2 \cdot v_0^2 \cdot \cos^2(40°)} \cdot 20{,}4^2 + 1{,}8.$

Auflösen nach v_0^2:

$v_0^2 = \frac{1}{20{,}4 \cdot \tan(40°) + 1{,}8} \cdot \frac{9{,}81 \cdot 20{,}4^2}{2 \cdot \cos^2(40°)} \approx 183{,}88$; also $v_0^2 \approx 13{,}56 \frac{m}{s}$.

$y' = \tan(\varphi) - \frac{g}{v_0^2 \cos^2(\varphi)} \cdot x$

Bestimmung der maximalen Höhe:

$y' = 0$ gilt für $x = \frac{\tan(\varphi) \cdot v_0^2 \cdot \cos^2(\varphi)}{g} = \frac{v_0^2}{g} \cdot \sin(\varphi) \cdot \cos(\varphi)$

Hier $\varphi = 40°$; $v_0^2 = 183{,}88$ ergibt $x \approx 9{,}23$ m.

$y(9{,}23) \approx 5{,}67$

Die maximale Wurfhöhe betrug ca. 5,67 m.

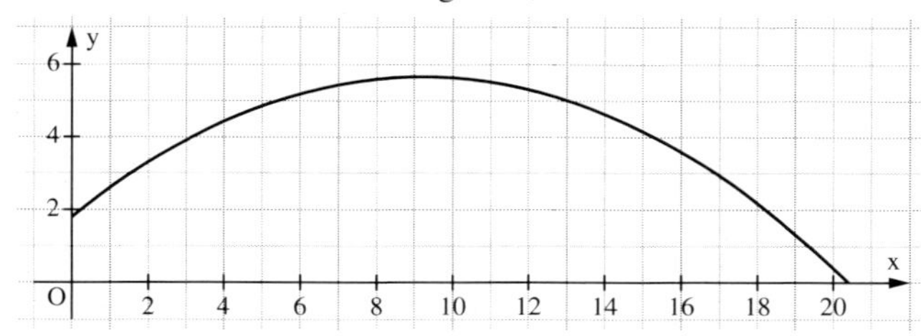

14. a) Bewegungsgleichungen des 1. Fahrzeugs:

Umrechnung der Geschwindigkeiten:

$80 \frac{km}{h} = \frac{200}{9} \frac{m}{s} \approx 22{,}2 \frac{m}{s}$; $50 \frac{km}{h} = \frac{125}{9} \frac{m}{s} \approx 13{,}9 \frac{m}{s}$

Der Ursprung des Koordinatensystem wird so gelegt, dass er den Zeitpunkt und den Ort des Bremsvorgangs des ersten Fahrzeugs beschreibt.

In 3 Sekunden soll die Geschwindigkeit von $\frac{200}{9} \frac{m}{s}$ auf $\frac{125}{9} \frac{m}{s}$ reduziert werden, d. h. pro Sekunde um $\frac{25}{9} \frac{m}{s}$; d. h. die Beschleunigung beträgt $a = -\frac{25}{9} \frac{m}{s^2} \approx -2{,}78 \frac{m}{s^2}$.

für $t \le 0$: $s_1(t) = \frac{200}{9} \cdot t$

für $0 \le t \le 3$: $s_1(t) = \frac{1}{2} \cdot \left(-\frac{25}{9}\right) \cdot t^2 + \frac{200}{9} \cdot t$

für $t \ge 3$: $s_1(t) = \frac{325}{6} + \frac{125}{9} \cdot (t - 3)$

denn nach 3 Sekunden hat das 1. Fahrzeug folgende Strecke zurückgelegt:

$s_1(3) = \frac{1}{2} \cdot \left(-\frac{25}{9}\right) \cdot 3^2 + \frac{200}{9} \cdot 3 = \frac{325}{6}$

b) Zum Zeitpunkt $t = 0$ hat das zweite Fahrzeug einen Abstand von 100 m zum ersten Fahrzeug, d. h. es befindet sich im Punkt $(0 \mid -100)$. Modellierung der Bewegung des 2. Fahrzeugs:

für $t \le 4{,}5$: $s_2(t) = \frac{200}{9} \cdot t - 100$

157

14. Denn: Das zweite Fahrzeug fährt so lange mit unverminderter Geschwindigkeit weiter, bis es an der Stelle angekommen ist, an der das erste Fahrzeug anfing zu bremsen. Gesucht ist daher der Zeitpunkt t, für den gilt: $s_2(t) = 0$. Dies gilt für t = 4,5.
Da sich der zweite Fahrer genauso verhält wie der erste Fahrer, gilt dann weiter:

für $4{,}5 \leq t \leq 7{,}5$: $s_2(t) = \frac{1}{2} \cdot \left(-\frac{25}{9}\right) \cdot (t - 4{,}5)^2 + \frac{200}{9} \cdot (t - 4{,}5)$

für $t \geq 7{,}5$: $s_2(t) = \frac{325}{6} + \frac{125}{9} \cdot (t - 7{,}5)$

Aus den oben betrachteten Intervallen der beiden Funktionen ergibt sich für die Differenzfunktion d mit $d(t) = s_1(t) - s_2(t)$:

für $t \leq 0$: $d(t) = 100$

für $0 \leq t \leq 3$: $d(t) = 100 - \frac{25}{18} \cdot t^2$

für $3 \leq t \leq 4{,}5$: $d(t) = 112{,}5 - \frac{75}{9} \cdot t$

für $4{,}5 \leq t \leq 7{,}5$: $d(t) = \frac{25}{18} \cdot t^2 - \frac{125}{6} \cdot t + \frac{1\,125}{8}$

für $t \geq 7{,}5$: $d(t) = 62{,}5$

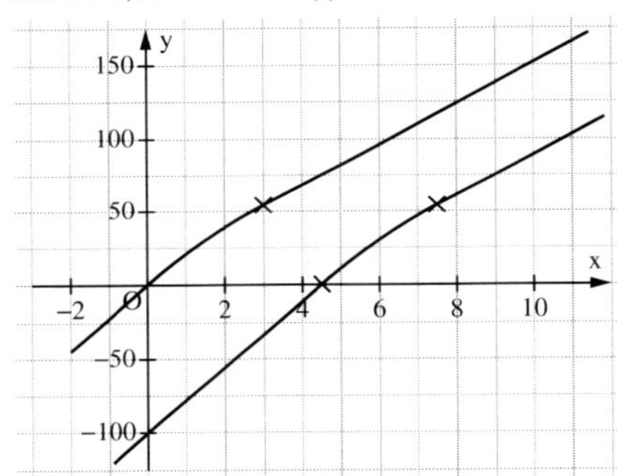

158

15. a) G: Gewichtskraft, die den massiven Block nach unten zieht. Diese wirkt vom Schwerpunkt des Gegenstandes aus senkrecht nach unten. Sie setzt sich aus der Masse m und der Erdbeschleunigung g zusammen.
Es gilt $G = m \cdot g$ mit $g = 9{,}81\frac{m}{s^2}$.

F_R: Reibungskraft, die beim Ziehen des Blockes entgegen der Zugkraft wirkt. Die Reibungskräfte wirken immer der Bewegung entgegen und hemmen diese.

F_N: Normalkraft. Ist die Kraft, die der Untergrund auf den Gegenstand ausübt. Sie ist eine senkrecht auf die Unterlage wirkende Kraft.

b) Es gilt:

$F_R = \mu \cdot (G - F_N)$

$F_R = \mu \cdot G - \mu \cdot F_N$

Mit $F_R = F(x) \cdot \cos(x)$ und $F_N = F(x) \cdot \sin(x)$ ergibt sich:

$F(x) \cdot \cos(x) = \mu \cdot G - \mu \cdot F(x) \cdot \sin(x)$

$F(x) \cdot \cos(x) + \mu \cdot F(x) \cdot \sin(x) = \mu \cdot G$

$F(x) \cdot (\cos(x) + \mu \cdot \sin(x)) = \mu \cdot G$

$F(x) = \frac{\mu \cdot G}{\cos(x) + \mu \cdot \sin(x)}$

158

15. c) Ermittlung des Minimums mithilfe der Differenzialrechnung unter Verwendung der Kettenregel:

$F(x) = \frac{\mu \cdot G}{\cos(x) + \mu \cdot \sin(x)} = \mu \cdot G \cdot (\cos(x) + \mu \cdot \sin(x))^{-1}$

$F'(x) = (\cos(x) + \mu \cdot \sin(x))^{-2} \cdot [-\mu \cdot G \cdot (-\sin(x) + \mu \cdot \cos(x))]$

Aus der notwendigen Bedingung $F'(x) = 0$ folgt

$0 = -\mu \cdot G \cdot (-\sin(x) + \mu \cdot \cos(x))$

$\mu = \frac{\sin(x)}{\cos(x)}$ mit $\tan(x) = \frac{\sin(x)}{\cos(x)}$ folgt $x = \arctan(\mu)$.

Die Kraft F(x) ist minimal bei einem Winkel von $x = \tan^{-1}(\mu)$.

d) (1) Für $\mu = 0{,}5$ folgt $x = 26{,}56°$.

(2) Für $\mu = 0{,}1$ folgt $x = 5{,}7°$.

16. a) (1) Aus dem Aufgabentext ergeben sich drei Bedingungen:

$f(0) = 0$; d.h. $c = 0$

$f(20) = 25$; d.h. $400a + 20b + c = 25$

$f'(20) = 0$; d.h. $40a + b = 0$

Hieraus folgt: $a = -0{,}0625$; $b = 2{,}5$; $c = 0$;

also $f(x) = -0{,}0625x^2 + 2{,}5x$.

(2) Aus dem vorgegebenen Winkel in A ergibt sich dort eine Steigung von $m = -1$.
Gesucht wird also die Stelle x_A, für die gilt: $f'(x_A) = -1$.
Die Gleichung $f'(x) = -0{,}125x + 2{,}5 = -1$ hat die Lösung $x = 28$.
Wegen $f(28) = 21$ folgt: $A(21 \mid 28)$.

(3) Zunächst muss die Steigung der Flugkurve im Ursprung bestimmt werden:
$f'(0) = 2{,}5$; für den zugehörigen Steigungswinkel α gilt: $\tan^{-1}(2{,}5) \approx 68{,}2°$.
Die Halbierende des Komplementärwinkels bildet demnach mit der x-Achse einen Winkel von $68{,}2° + \frac{1}{2} \cdot 21{,}8° = 79{,}1°$. Diese Halbierende des Komplementärwinkels steht senkrecht auf der geneigten Ebene, die daher mit der x-Achse einen Winkel von $79{,}1° - 90° = -10{,}9°$ bildet.
Allgemein: $\alpha + \frac{1}{2} \cdot (90° - \alpha) - 90° = \frac{1}{2} \cdot \alpha - 45°$.

(4) Für den schiefen Wurf gilt: Die Bewegung kann aufgeteilt werden in eine horizontale Bewegung mit $x(t) = v_0 \cdot t \cdot \cos(\alpha)$ und eine vertikale Bewegung mit $y(t) = v_0 \cdot t \cdot \sin(\alpha) - \frac{1}{2} \cdot g \cdot t^2$; dabei ist v_0 der Betrag der Anfangsgeschwindigkeit, $g = 981\,\frac{cm}{s^2}$ die Erdbeschleunigung, α der Winkel gegenüber der Horizontalen (hier: 68,2°) und t steht für die Zeit, die seit dem Abwurf vergangen ist. Die Angabe der Erdbeschleunigung erfolgt in $\frac{cm}{s^2}$, da die Längenangaben in der Aufgabenstellung in cm erfolgt sind.
Löst man die erste Gleichung nach dem Parameter t auf, und setzt diesen Term in die zweite Gleichung ein, dann hat man: $t = \frac{x}{v_0 \cdot \cos(\alpha)}$ und damit

$y = v_0 \cdot \frac{x}{v_0 \cdot \cos(\alpha)} \cdot \sin(\alpha) - \frac{1}{2} \cdot g \cdot \left(\frac{x}{v_0 \cdot \cos(\alpha)}\right)^2 = x \cdot \tan(\alpha) - x^2 \cdot \frac{g}{2 \cdot v_0^2 \cdot \cos^2(\alpha)}$.

Diese Funktionsgleichung muss mit der o.a. Gleichung $f(x) = -0{,}0625x^2 + 2{,}5x$ übereinstimmen. Aus dem Koeffizient von x^2 ergibt sich:

$\frac{g}{2 \cdot v_0^2 \cdot \cos^2(\alpha)} = 0{,}0625$; also $v_0 = \sqrt{\frac{981}{2 \cdot 0{,}0625 \cdot \cos^2(68{,}2°)}} \approx 238{,}5\,\frac{cm}{s}$.

158 **16.** (Man könnte jetzt noch die Zeit berechnen, die während des Flugs einer Kugel von der Aufprallfläche bis zum Scheitelpunkt E(20 | 25) vergeht:
$t = \frac{x}{v_0 \cdot \cos(\alpha)} \approx \frac{20}{238{,}5 \cdot \cos(68{,}2°)} \approx 0{,}226$ s.)

(5) Wenn die Abprallgeschwindigkeit $238{,}5 \frac{cm}{s}$ ist, dann müsste die Aufprallgeschwindigkeit entsprechend ungefähr $\frac{238{,}5}{0{,}8} \approx 298{,}1 \frac{cm}{s}$ gewesen sein.
Für den freien Fall gilt: $y(t) = \frac{1}{2} \cdot g \cdot t^2$; also für die Geschwindigkeit zum Zeitpunkt t: $y'(t) = g \cdot t$. Hieraus ergibt sich, dass diese Geschwindigkeit nach $t = \frac{298{,}1}{981} \approx 0{,}304$ s freien Falls erreicht wird. Setzt man diese Zeit ein, dann ergibt sich:
$y(0{,}304) \approx \frac{1}{2} \cdot 981 \cdot 0{,}304^2 \approx 45{,}3$ cm.
Die Kugeln müssten demnach aus einer Höhe von ca. 45,3 cm fallen gelassen werden.

b) Zwischen dem zurückgelegtem Weg $y(t) = \frac{1}{2} \cdot g \cdot t^2$ und der Geschwindigkeit $v(t) = y'(t) = g \cdot t$ gilt folgender Zusammenhang:
Löst man die erste Gleichung nach t auf und setzt diesen Term in die zweite Gleichung ein, dann hat man:
$t = \sqrt{\frac{2 \cdot y}{g}}$; also $v = g \cdot \sqrt{\frac{2 \cdot y}{g}} = \sqrt{2 \cdot g \cdot y}$.
Nach freiem Fall aus einer Höhe von y = 100 cm erreichen die Kugeln daher folgende Geschwindigkeit:
$v = \sqrt{2 \cdot 981 \cdot 100} \approx 442{,}9 \frac{cm}{s}$;
nach dem Aufprallen bleibt dann noch die Abprallgeschwindigkeit $v_0 \approx 354{,}4 \frac{cm}{s}$.
Nach Teilaufgabe **a)** (4) folgt daher:
$y = x \cdot \tan(\alpha) - x^2 \cdot \frac{981}{2 \cdot 354{,}4^2 \cdot \cos^2(\alpha)} \approx x \cdot \tan(\alpha) - x^2 \cdot \frac{0{,}00390}{\cos^2(\alpha)}$.
Ersetzt man nun noch wegen $\beta = \frac{1}{2} \cdot \alpha - 45°$ (vgl. **a)** (1)) den Winkel α durch $\alpha = 2 \cdot \beta + 90°$, dann erhält man eine Modellierung für die ideale Flugbahn der Kugeln:
$y = x \cdot \tan(2\beta + 90°) - x^2 \cdot \frac{0{,}00390}{\cos^2(2\beta + 90°)}$.

159 **17. a)** Die gesamte Flugstrecke ist $\overline{SP} + \overline{PZ}$; für den Energieverbrauch gilt, dass er proportional zu den Streckenlängen ist, wobei er für $\overline{SP}$ um 20 % erhöht angesetzt werden muss.
$E = (1{,}2 \cdot \overline{SP} + 1 \cdot \overline{PZ}) \cdot k$
Nach dem Satz des Pythagoras gilt:
$\overline{SP}^2 = \overline{AS}^2 + \overline{AP}^2 = 100 + \overline{AP}^2$.
Setzt man $\overline{AP} = x$, dann ergibt sich:
$E(x) = k \cdot (1{,}2 \cdot \sqrt{100 + x^2} + 1 \cdot (40 - x))$
$E'(x) = k \cdot \left(1{,}2 \cdot \frac{x}{\sqrt{100 + x^2}} - 1\right)$
$E'(x) = 0$ bedeutet:
$1{,}2x = \sqrt{100 + x^2}$; also $1{,}44x^2 = 100 + x^2$; d.h. $0{,}44x^2 = 100$ oder $x^2 = \frac{100}{0{,}44} \approx 227{,}3$; also $x \approx 15{,}08$.

159

17. Einsetzen von $x = 15$ bzw. $x = 16$ in $E'(x)$ bestätigt, dass hier ein Vorzeichenwechsel von − nach + vorliegt, d. h. an der Stelle $x \approx 15$ km liegt ein Minimum vor. Der Energieverbrauch ist minimal, wenn ein Punkt angesteuert wird, der 15 km von A entfernt ist.

b) Benötigte Zeit für den Weg von A über D nach B:

$$t = \frac{AD}{r} + \frac{DB}{s} = \frac{z-y}{r} + \frac{\sqrt{x^2+y^2}}{s};\quad x, z \text{ fest}$$

$$t'(y) = -\frac{1}{r} + \frac{1}{2s} \cdot \frac{2y}{\sqrt{x^2+y^2}} = -\frac{1}{r} + \frac{y}{s\sqrt{x^2+y^2}}$$

$t'(y) = 0$ gilt, wenn $\frac{r}{s} \cdot y = \sqrt{x^2+y^2}$.

Quadriert: $\left(\frac{r}{s}\right)^2 \cdot y^2 = x^2 + y^2$; also $\left[\left(\frac{r}{s}\right)^2 - 1\right] \cdot y^2 = x^2$; d. h. $y = \sqrt{\left(\frac{r}{s}\right)^2 - 1} \cdot x$

da $x, y \geq 0$. Die Lage des Minimums hängt nicht von z ab!

Der Term $\sqrt{\left(\frac{r}{s}\right)^2 - 1}$ kann gemäß 3. binomischer Formel geschrieben werden als $\sqrt{\left(\frac{r}{s} - 1\right)\left(\frac{r}{s} + 1\right)}$.

c) Die Höhe der Frachtgebühren richtet sich nach der zurückgelegten Strecke, wobei die Landstrecke mit $\frac{5}{3}$ gewichtet werden muss:

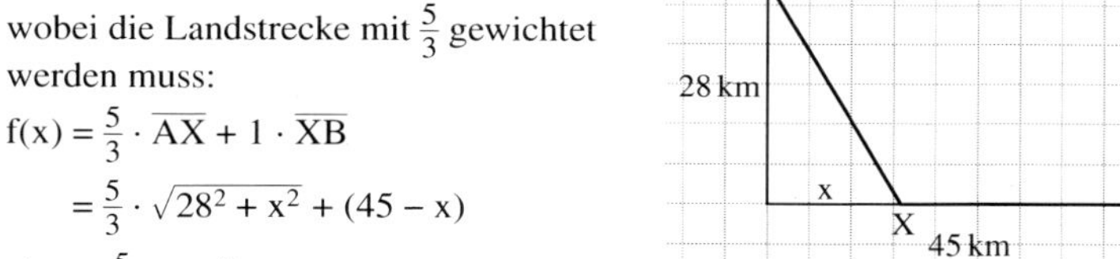

$$f(x) = \frac{5}{3} \cdot \overline{AX} + 1 \cdot \overline{XB}$$

$$= \frac{5}{3} \cdot \sqrt{28^2 + x^2} + (45 - x)$$

$$f'(x) = \frac{5}{3} \cdot \frac{x}{\sqrt{784 + x^2}} - 1$$

$f'(x) = 0$ gilt, wenn $5x = 3 \cdot \sqrt{784 + x^2}$; also

$25x^2 = 7056 + 9x^2 \;\Leftrightarrow\; 16x^2 = 7056 \;\Leftrightarrow\; x^2 = 441$; d. h. $x = 11$.

f' hat bei $x = 11$ einen Vorzeichenwechsel von − nach +; daher liegt an der Stelle $x = 11$ ein Minimum vor. Der Umschlagplatz sollte also an einer Stelle eingerichtet werden, die 34 km von B entfernt liegt.

160

18. $f(t) = a\sin(\omega t + b)$

a) a gibt die Amplitude an, das bedeutet hier die maximale Auslenkung des Federpendels. $\frac{2\pi}{\omega}$ gibt die Periodendauer an.

b) $f'(t) = a\omega\cos(\omega t + b)$; $f''(t) = -a\omega^2\sin(\omega t + b)$

c) Beschleunigung $f''(t)$ ist proportional zur Auslenkung $f(t)$ mit dem Proportionalitätsfaktor $-\omega^2$: $f''(t) = -\omega^2 \cdot f(t)$.

d)

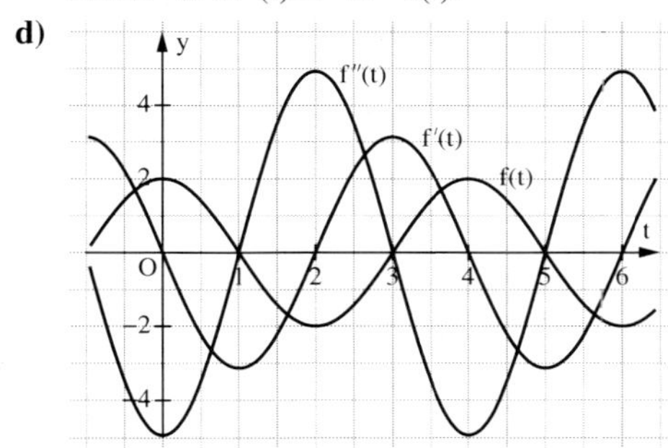

160

19. $y = 0{,}2\sin\left(\frac{x}{\sqrt{\ell}}t - 0{,}5\pi\right)$

a) Nullstellen: $t = \frac{3\sqrt{\ell}}{2}$; $t = -\frac{\sqrt{\ell}}{2}$; $t = \frac{\sqrt{\ell}}{2}$

$y'(t) = -\frac{\pi t \sin\left(\frac{xt}{\sqrt{\ell}}\right)}{10\sqrt{\ell^3}} = 0 \Leftrightarrow t = 0$

$y(0) = -\frac{1}{5}$

Amplitude $= \frac{1}{5} = 0{,}2$

Schwingungsdauer: $2\sqrt{\ell}$

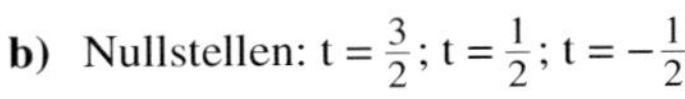

b) Nullstellen: $t = \frac{3}{2}$; $t = \frac{1}{2}$; $t = -\frac{1}{2}$

Extrempunkt: $y'(t) = \frac{\pi\sin(\pi t)}{5}$

$H_1\left(1 \mid \frac{1}{5}\right)$; $H_2\left(3 \mid \frac{1}{5}\right)$; $T_1\left(0 \mid \frac{1}{5}\right)$; $T_2\left(2 \mid \frac{1}{5}\right)$; $T_3\left(4 \mid \frac{1}{5}\right)$

Wendepunkte: $y''(t) = \frac{\pi^2\cos(xt)}{5}$

Die Nullstellen sind die Wendepunkte.

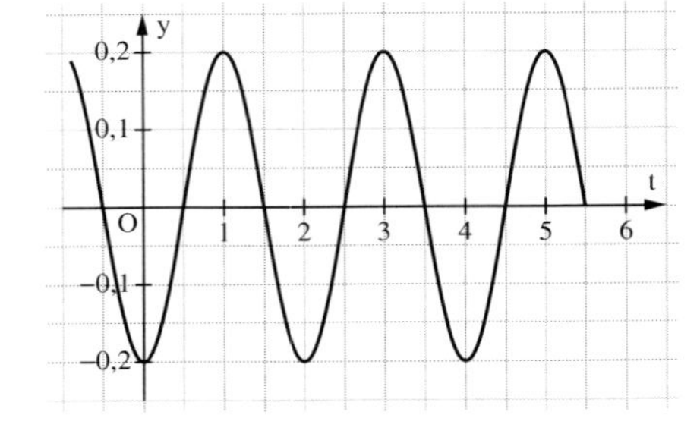

c) Geschwindigkeit $f'(t)$: $f'(t) = \frac{\pi\sin\left(\frac{\pi t}{\sqrt{\ell}}\right)}{5\sqrt{\ell}}$

Beschleunigung $f''(t)$: $f''(t) = \frac{\pi^2\cos\left(\frac{\pi t}{\sqrt{\ell}}\right)}{5 \cdot \ell}$

d) Die Geschwindigkeit $f'(t)$ ist an den Stellen vom Betrag maximal, an denen $f''(t)$, also die Beschleunigung, gleich null ist:

$f''(t) = 0 \Leftrightarrow t = -\frac{\sqrt{\ell}}{2}$ und $t = \frac{\sqrt{\ell}}{2}$; d. h. in den Wendepunkten von y, die auch die Nullstellen sind, ist die Geschwindigkeit maximal.

Die Beschleunigung $f''(t)$ ist an den Stellen vom Betrag maximal, an denen $f'''(t) = 0$ ist.

$f'''(t) = -\frac{\pi^3\sin\left(\frac{\pi t}{\sqrt{\ell}}\right)}{5\ell \cdot \sqrt{\ell}} = 0 \Leftrightarrow t = 0; t = \sqrt{\ell}; t = -\sqrt{\ell}$; d. h. in den Extrempunkten ist die Beschleunigung maximal, dort ist aber auch die Geschwindigkeit $f'(t) = 0$.

20. a) Grafik rechts

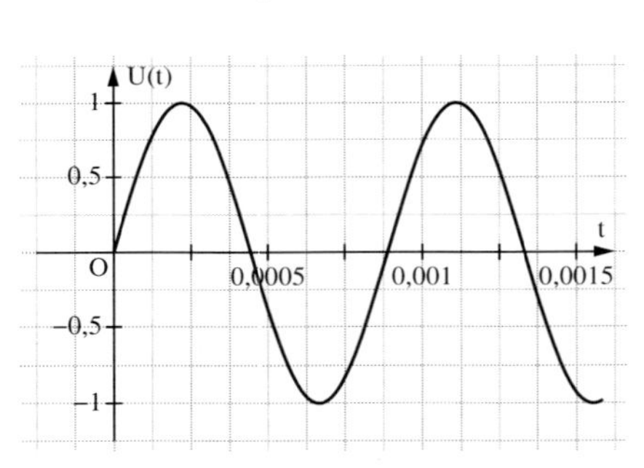

b) Schwingungsdauer (≙ eine Periode):

$T = \frac{2\sqrt{2}\,\pi}{10000} - 0 = \frac{2\sqrt{2}\,\pi}{10000}$

c) $g(t) = -\frac{C \cdot U_0}{\sqrt{CL}} \cdot \cos\left(\frac{t}{\sqrt{LC}}\right)$

speziell: $g(t) = \frac{\sqrt{2}}{100}U_0\cos(5000\sqrt{2}\,t)$

d) $I = I_0\cos\left(\frac{t}{\sqrt{LC}}\right)$

$I = g(t) = -\frac{C \cdot U_0}{\sqrt{LC}} \cdot \cos\left(\frac{t}{\sqrt{LC}}\right)$

$\Rightarrow U_0 = \frac{I_0\cos\left(\frac{t}{\sqrt{LC}}\right) \cdot \sqrt{LC}}{-C \cdot \cos\left(\frac{t}{\sqrt{LC}}\right)} = \frac{I_0 \cdot \sqrt{LC}}{-C}$

3 Integralrechnung

Lernfeld: Wie groß ist …?

Download von Dateien aus dem Internet

164

1. Das Diagramm stellt die Empfangsgeschwindigkeit in Abhängigkeit von der Zeit dar. Der Flächeninhalt gibt dann die Größe der heruntergeladenen Datei an.
Zur Bestimmung der Größe kann man z. B. folgendermaßen vorgehen: Da die Downloadgeschwindigkeiten sehr unterschiedlich sind, versucht man sie näherungsweise durch eine konstante Geschwindigkeit zu ersetzen. Dazu zeichnet man eine Linie parallel zur Zeit-Achse, wobei die Flächenanteile oberhalb dieser Linie die fehlenden Flächenanteile unterhalb ungefähr ausgleichen sollten. Eine solche Gerade könnte man ungefähr bei $210\,\frac{\text{kB}}{\text{s}}$ zeichnen. Der Flächeninhalt berechnet sich dann als Fläche eines Rechtecks:
$210\,\frac{\text{kB}}{\text{s}} \cdot 124\text{ s} = 26\,040\text{ kB}$.
Alternativ könnte man auch versuchen, das gesamte Zeitintervall in kleinere Intervalle einzuteilen, und dann für diese den Flächeninhalt durch schmale Rechtecke oder Trapeze anzunähern.
Zum Vergleich: Die Version 9.2 hat tatsächlich 27 200 kByte.

Wasserfluss in einem Pumpspeicherkraftwerk

2. **a)** $6\text{ h} \cdot 400\,000\,\frac{\text{m}^3}{\text{h}} - 14\text{ h} \cdot 200\,000\,\frac{\text{m}^3}{\text{h}} + 4\text{ h} \cdot 300\,000\,\frac{\text{m}^3}{\text{h}} = 800\,000\text{ m}^3$

b) Die Flächeninhalte geben die Wassermenge an, die bewegt wurde. Liegt die Fläche unterhalb der x-Achse, wurde die Wassermenge entnommen, oberhalb der x-Achse wurde sie zugeführt.

c)

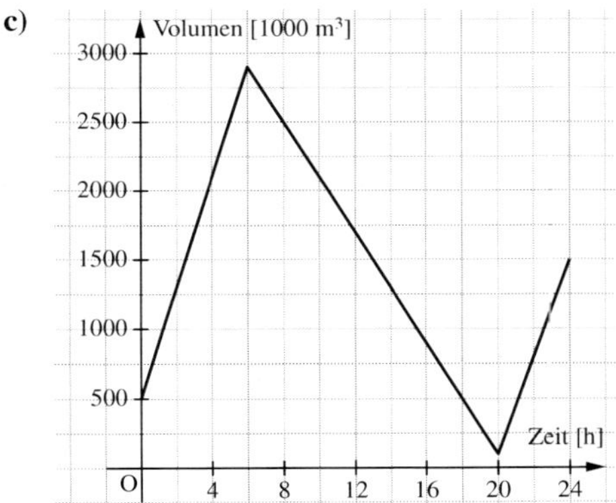

d) $F_{[0;\,6]}(x) = 400\,000x + 500\,000$
$F_{[6;\,20]}(x) = -200\,000x + 4\,100\,000$
$F_{[20;\,24]}(x) = 300\,000x - 5\,900\,000$

Flächeninhalt einer krummlinig begrenzten Fläche

165

3. Bestimmen über Summen von Rechteckflächen

1. Summe:

Das Intervall [0; 2] wird in 4 Teilintervalle geteilt und die Funktion jeweils am Ende ausgewertet und mit der Breite multipliziert.

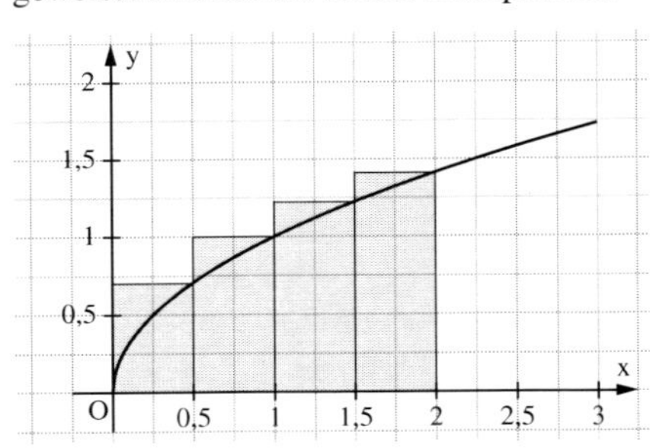

$S_1 = \sqrt{0{,}5} \cdot 0{,}5 + \sqrt{1} \cdot 0{,}5 + \sqrt{1{,}5} \cdot 0{,}5 + \sqrt{2} \cdot 0{,}5 \approx 2{,}173$

2. Summe:

Die Funktion wird jeweils am Anfang des Intervalls ausgewertet.

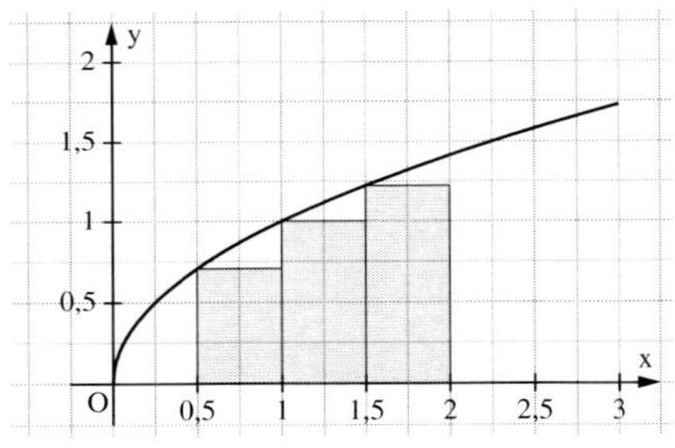

$S_2 = 0 \cdot 0{,}5 + \sqrt{0{,}5} \cdot 0{,}5 + \sqrt{1} \cdot 0{,}5 + \sqrt{1{,}5} \cdot 0{,}5 \approx 1{,}466$

Beide Summen sind bereits Näherungen für den Flächeninhalt. Der Mittelwert aus beiden ist aber eine bessere Näherung:

$A \approx 1{,}82$ [exakter Wert: $A = \frac{4}{3}\sqrt{2} \approx 1{,}886$].

Neben der Näherung durch Rechteckflächen kann die Fläche auch durch Trapeze genähert werden. Jeweils können auch die Teilintervalle deutlich kleiner gewählt werden, um genauere Ergebnisse zu erhalten.

3.1 Der Begriff des Integrals

3.1.1 Orientierte Flächeninhalte – Geometrische Definition des Integrals

169

1. (1)

Fahrzeit (in h)	zurückgelegte Strecke (in km)
0,25	30
0,5	60
0,75	≈ 92
1	≈ 117
1,25	≈ 142
1,50	≈ 167

Grafische Darstellung an den Beispielen 0,25 h und 1,5 h

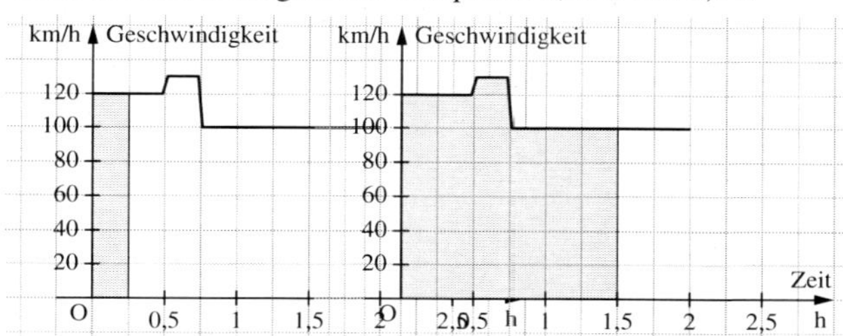

(2)

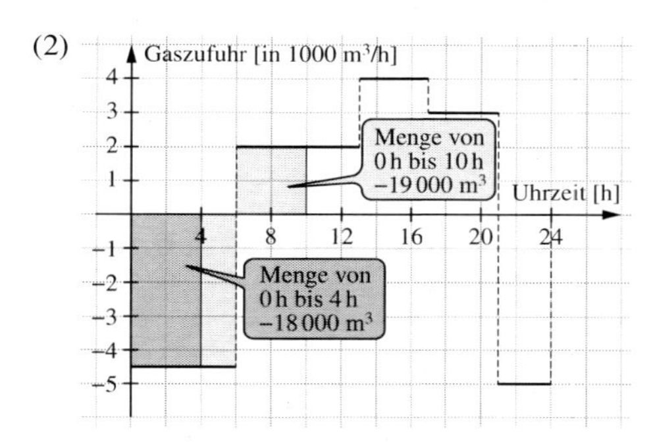

Uhrzeit	0	1	2	3	4	5	6	7	8
Gasvolumen (in 1000 m³)	30	25,5	21	16,5	12	7,5	3	5	7

Uhrzeit	9	10	11	12	13	14	15	16	17
Gasvolumen (in 1000 m³)	9	11	13	15	17	21	25	29	33

Uhrzeit	18	19	20	21	22	23	24
Gasvolumen (in 1000 m³)	36	39	42	45	40	35	30

169 **1.** (3)

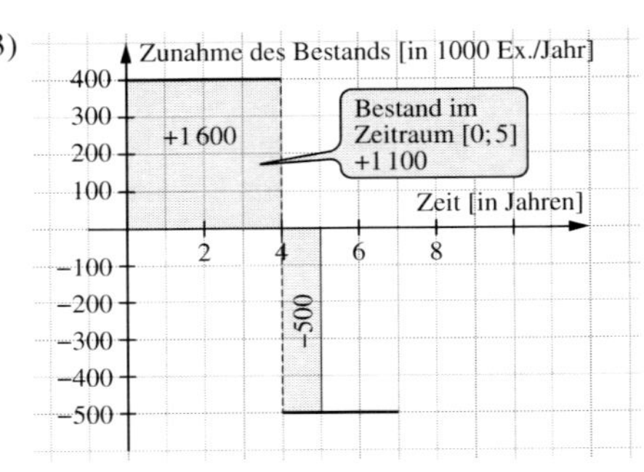

vergangene Zeit (in Jahren)	0	1	2	3	4	5	6	7
Anzahl der Fische	2000	2400	2800	3200	3600	3100	2600	2100

(4)

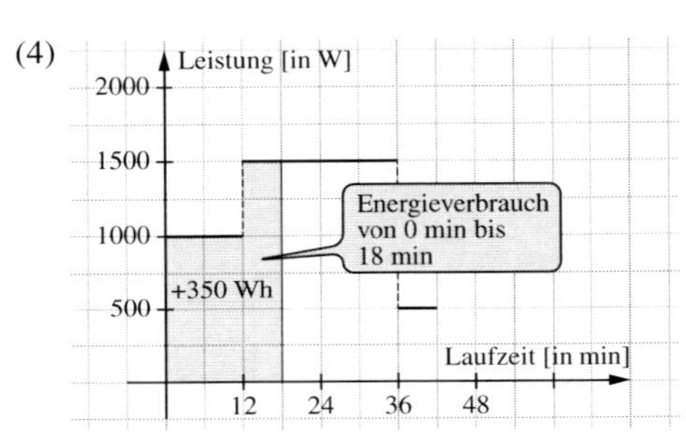

Zeit (in h)	0	0,1	0,2	0,3	0,4	0,5	0,6	0,7
Energieverbrauch (in Wh)	0	100	200	350	500	650	800	850

170 **2. a)** $0{,}5\,\frac{\mu g}{min} \cdot 10\text{ min} = 5\ \mu g$

Der Patientin werden 5 µg des Medikaments verabreicht. Dies kann man durch die Rechteckfläche mit dem Zeitintervall [0; 10] als der einen Rechteckseite und des Graphen der Infusions-/Abbaugeschwindigkeit als der anderen Seite veranschaulichen.

$5\ \mu g - 0{,}2\,\frac{\mu g}{min} \cdot 25\text{ min} = 0\ \mu g$

Das Medikament ist nach weiteren 25 Minuten vollständig abgebaut.

b)

Zeit (in min)	5	10	15	20	25	30	35
Menge des Medikaments im Blut (in µg)	2,5	5	4	3	2	1	0

Die jeweilige Menge kann man durch die orientierten Flächeninhalte der Rechtecke bis zu dem entsprechenden Zeitpunkt veranschaulichen.

c) Der Flächeninhalt unter dem Graphen muss näherungsweise bestimmt werden. Der Patientin wurden ungefähr 2,2 µg des Medikaments verabreicht.

170

3. a)

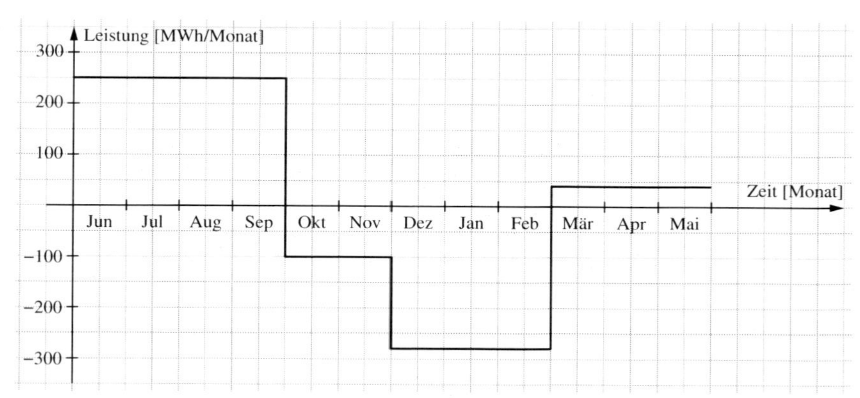

Veranschaulichung der entnommenen bzw. eingespeisten Energie über Flächeninhalte unter bzw. über der x-Achse.

b) $250\,\frac{\text{MWh}}{\text{Monat}} \cdot 4\text{ Monate} - 100\,\frac{\text{MWh}}{\text{Monat}} \cdot 2\text{ Monate} - 280\,\frac{\text{MWh}}{\text{Monat}} \cdot 3\text{ Monate}$

$+\,40\,\frac{\text{MWh}}{\text{Monat}} \cdot 3\text{ Monate} = 80\text{ MWh}$

171

4. a) Konstante Geschwindigkeit von $90\,\frac{\text{km}}{\text{h}}$ für 0,5 h ⇒ zurückgelegte Strecke 45 km

Veranschaulichung: Fläche zwischen Graphen und x-Achse zwischen 13.00 Uhr und 13.30 Uhr.

b) ca. 25 km

c) 45 km + 25 km + 10 km = 80 km

5. a) (1) Flächeninhalt = 5

$\int_{-3}^{4} f(x)dx = -1$

(2) Flächeninhalt = $3\frac{1}{4}$

$\int_{-2}^{4} f(x)dx = -\frac{1}{4}$

(3) Flächeninhalt = 5

$\int_{-3}^{3} f(x)dx = 1{,}5$

(4) Flächeninhalt = $\frac{27}{4} = 6\frac{3}{4}$

$\int_{-4}^{3} f(x)dx = \frac{3}{4}$

b) (1) $\int_{-1}^{1} f(x)dx = 0$

(2) $\int_{-1}^{1} f(x)dx = 0$

(3) $\int_{-1}^{1} f(x)dx = 1$

(4) $\int_{-1}^{1} f(x)dx = 2$

6. a) Die ausgeschiedene Menge an Hg kann durch die folgenden Summen angenähert werden:

$\overline{S_1} = 30 \cdot 3{,}5 + 30 \cdot 2{,}4 + 60 \cdot 1{,}8 + 30 \cdot 0{,}8 + 30 \cdot 0{,}5 = 324$

$\underline{S_2} = 30 \cdot 2{,}4 + 30 \cdot 1{,}8 + 60 \cdot 0{,}8 + 30 \cdot 0{,}5 + 30 \cdot 0{,}4 = 201$

Die ausgeschiedene Gesamtmenge nach der Entfernung der Füllung innerhalb von 180 Tagen liegt zwischen 201 µg und 324 µg bei etwa 260 µg.

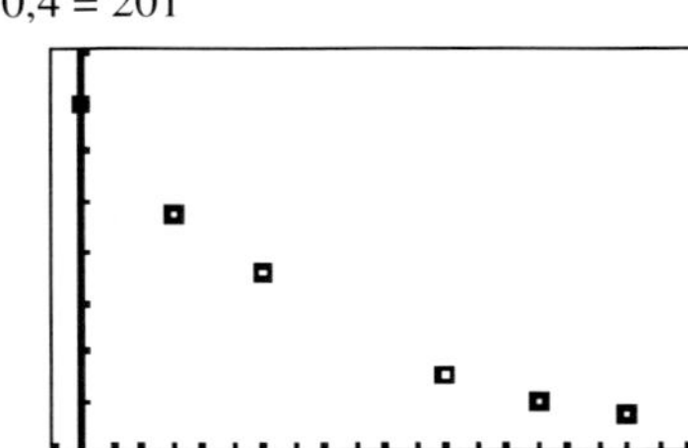

171

6. b) Die Gesamtmenge, die vermutlich innerhalb von 180 Tagen vor dem Entfernen ausgeschieden wurden, beträgt $180 \cdot 3{,}5\ \mu g = 630\ \mu g$.

c) Es muss eine exponentielle Regression berechnet werden: $y = a \cdot b^x$.
Der GTR bestimmt $a = 3{,}49663879$ und $b = 0{,}9876975342$.

d) Z. B. für Schrittweite 1 Tag:
Berechne die Summen
$S_1 = f(1) + f(2) + \ldots + f(180) = 249{,}02$
$S_2 = f(0) + f(1) + \ldots + f(179) = 252{,}14$
Der exakte Wert liegt zwischen den Werten der beiden Summen.
Arithmetisches Mittel: $S = \frac{249{,}02 + 252{,}14}{2} = 250{,}58$

172

7. a) $\int_{-2}^{3} f(x)dx = 1{,}5$

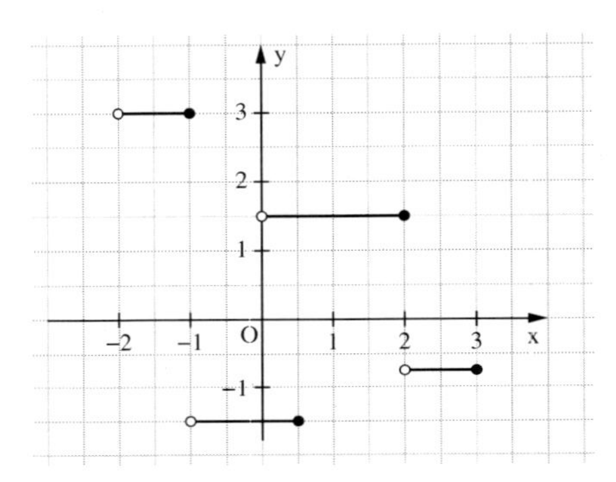

b) Z. B. [−1; 2]; [−1,5; 0]; [0; 1]; [−0,5; 1,5]; [1,5; 3]

c) $b = -1{,}5; 0; 1$

d) $\int_{-2}^{3} f(x)\,dx = \frac{3}{2}$; $\int_{-2}^{3} f^*(x)\,dx = \frac{9}{4}$.

D. h. $\int_{-2}^{3} f^*(x)\,dx = 1{,}5 \cdot \int_{-2}^{3} f(x)\,dx$

8. Z. B.

a)

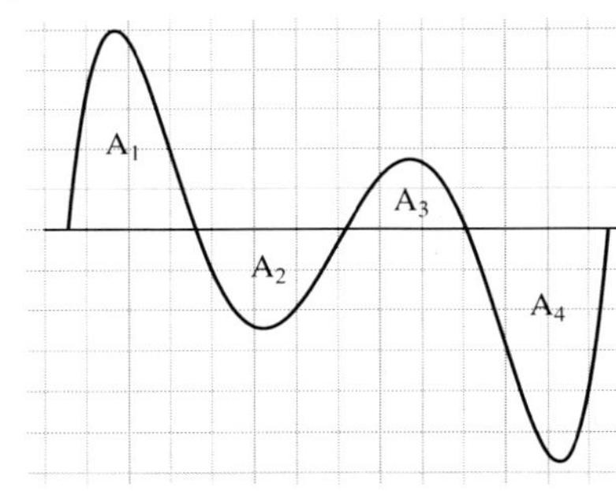

c)

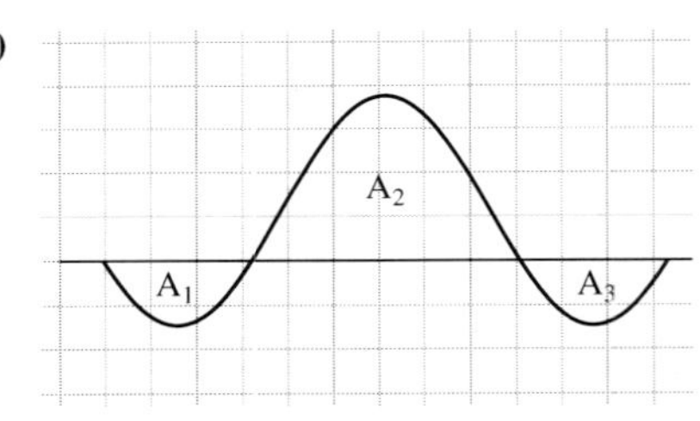

b)

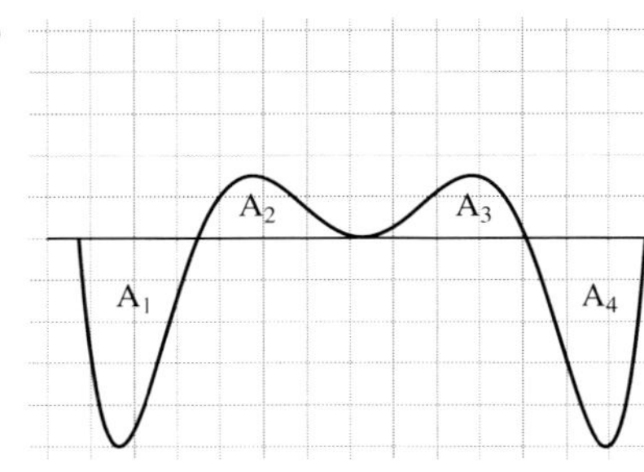

d)

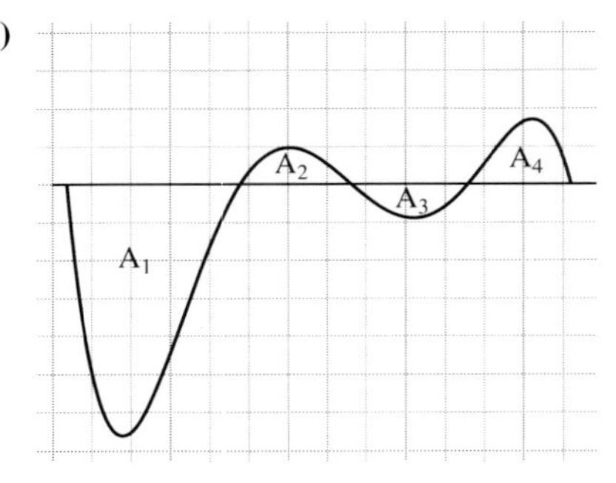

172

9. **a)** $f(x) = x \cdot (x^2 - 2) \Rightarrow$ Nullstellen $x_1 = 0$; $x_2 = -\sqrt{2}$; $x_3 = \sqrt{2}$
ist punktsymmetrisch zum Ursprung, d. h. durch die Symmetrie sind die Flächen zwischen x_1 und x_2 und x_1 und x_3 gleich groß aber verschieden orientiert.

b) $f(x) = x^3(x^2 - 9) \Rightarrow$ Nullstellen $x_1 = 0$; $x_2 = -3$; $x_3 = 3$
Punktsymmetrie zum Ursprung
$\int_{x_2}^{x_3} f(x)\,dx = 0$ mit der gleichen Begründung wie bei a).

c) Nullstellen $x_1 = 0$; $x_2 = -\sqrt{2}$; $x_3 = \sqrt{2}$; $x_4 = -1$; $x_5 = 1$
Punktsymmetrie zum Ursprung.
Wie in a) und b) folgt dadurch $\int_{x_2}^{x_3} f(x)\,dx = 0$.

10. (1) $\int_{-1,5}^{1,5} -(x^2 + 1)\,dx > 0$

(2) $\int_0^1 10x(x - 0,5)(x - 1)\,dx = 0$

(3) $\int_{-1,5}^{1,5} (x^2 - 1)x\,dx = 0$

(4) $\int_{-\frac{\pi}{6}}^{\frac{\pi}{2}} \sin(6x)dx < 0$

11. a) $f(x) = \begin{cases} -10 \text{ für } 0 \le x \le 5 \\ 7 \text{ für } 5 < x \le 15 \end{cases}$
mit x in Jahren; f(x) in ha

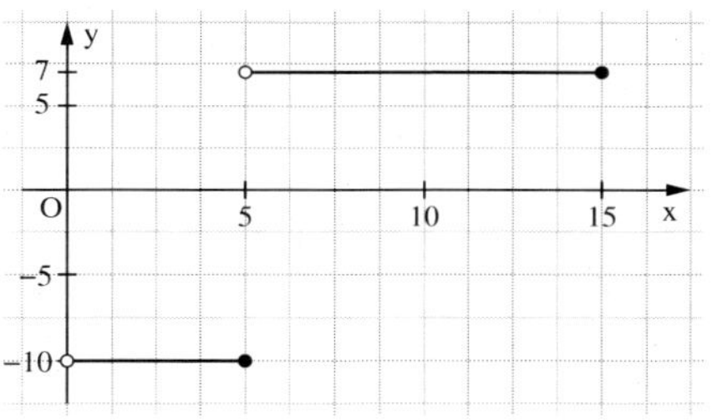

b) 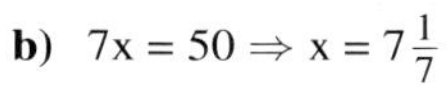
$7x = 50 \Rightarrow x = 7\frac{1}{7}$

Nach gut 7 Jahren Aufforstung bzw. nach gut 12 Jahren nach Beginn des Holzeinschlags ist die ursprüngliche Größe wieder erreicht.

c) $\int_0^5 f(x)dx = -50$ Gesamt geschlagene Waldfläche.

$\int_5^{15} f(x)dx = 70$ Die Fläche, um die der Wald in 10 Jahren nach dem Einschlag zugenommen hat.

$\int_2^{10} f(x)dx = 5$ Veränderung der Waldfläche zwischen Jahr 2 und Jahr 10. Es sind 5 ha hinzu gekommen.

3.1.2 Näherungsweises Berechnen von Integralen – Analytische Definition des Integrals

177

2. $\Delta x = \frac{2}{n}$ f monoton fallend auf [0; 2]
$x_i = i \cdot \frac{2}{n}$; $0 \le i \le n$

$$\overline{S_n} = \Delta x\,(f(x_0) + f(x_1) + \ldots + f(x_{n-1})) = 8 - \frac{8}{n^3}(0^2 + 1^2 + \ldots + (n-1)^2$$

$$= 8 - \frac{8}{n^3}\,\frac{(n-1)n(2n-1)}{6} = 8 - \frac{4}{3}\left(1 - \frac{1}{n}\right)\left(2 - \frac{1}{n}\right)$$

177

2. $\underline{S_n} = \Delta x\,(f(x_1) + f(x_2) + \ldots + f(x_n)) = 8 - \frac{8}{n^3}(1^2 + 2^2 + \ldots + n^2$

$= 8 - \frac{8}{n^3}\,\frac{n(n+1)(2n+1)}{6} = 8 - \frac{4}{3}\left(1 + \frac{1}{n}\right)\left(2 + \frac{1}{n}\right)$

$\underline{S_n} \le \int_0^2 (-x^2 + 4)\,dx \le \overline{S_n}$

$n \to \infty$: $\underline{S_n} \to 8 - \frac{8}{3} = \frac{16}{3}$; $\overline{S_n} \to 8 - \frac{8}{3} = \frac{16}{3}$

$\Rightarrow \int_0^2 (-x^2 + 4)\,dx = \frac{16}{3}$

Unterschiede zum Beispiel aus der Einführung:

- Funktion hier monoton fallend, daher werden die Formeln für Ober- und Untersumme vertauscht.
- Konstante Verschiebung muss hier berücksichtigt werden.

3. obere Treppenfigur

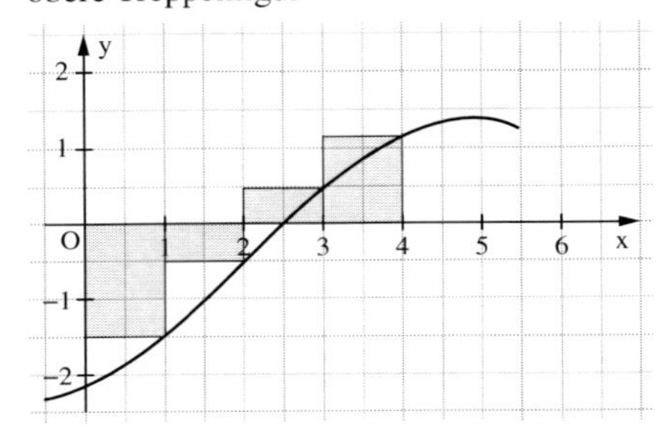

$\overline{S_4} = -1{,}5 - 0{,}5 + 0{,}5 + 1{,}314 = -0{,}168$

untere Treppenfigur

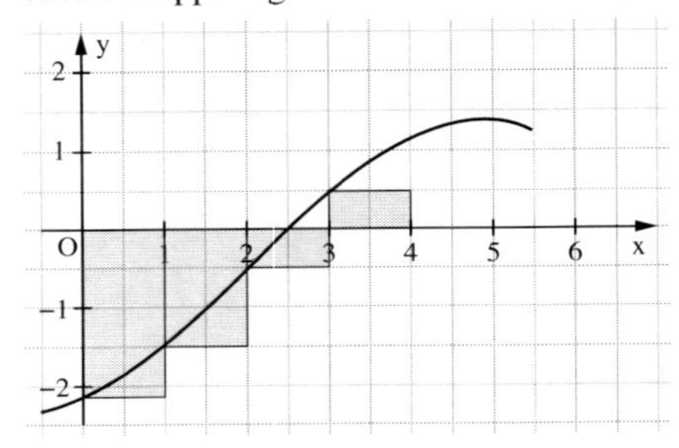

$\underline{S_4} = -2{,}429 - 1{,}5 - 0{,}5 + 0{,}5 = -3{,}929$

4. a) (1) Der Flächeninhalt des entstandenen Dreiecks ist die Hälfte des Quadrats mit Seitenlängen b, also

$\int_0^b x\,dx = \frac{b^2}{2}.$

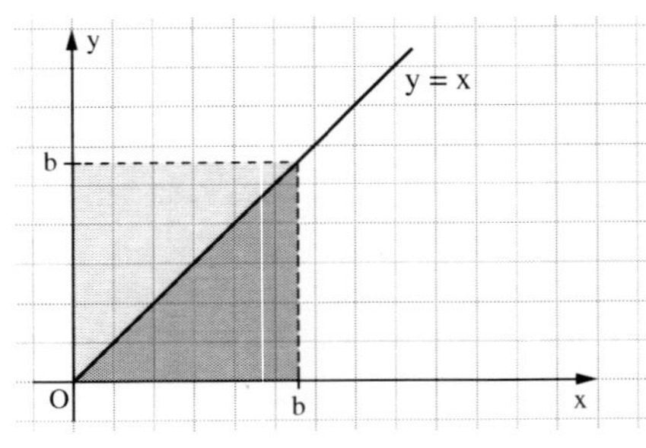

(2) Obersumme:

$\overline{S_n} = \frac{b}{n}\left(f\left(\frac{b}{n}\right) + f\left(\frac{2b}{n}\right) + f\left(\frac{3b}{n}\right) + \ldots + f\left(\frac{nb}{n}\right)\right)$

$= \frac{b}{n}\left(\frac{b}{n} + \frac{2b}{n} + \frac{3b}{n} + \ldots + \frac{nb}{n}\right) = \left(\frac{b}{n}\right)^2(1 + 2 + 3 + \ldots + n)$

$= \left(\frac{b}{n}\right)^2 \sum_{k=1}^{n} k = \left(\frac{b}{n}\right)^2 \frac{n(n+1)}{2} = \frac{b^2}{2} \cdot \left(1 + \frac{1}{n}\right)$

$\lim_{n\to\infty} \overline{S_n} = \frac{b^2}{2} \Rightarrow A \le \frac{b^2}{2}$

Untersumme:

$\underline{S_n} = \overline{S_n} - \frac{b}{n} \cdot b = \overline{S_n} - \frac{b^2}{n}$

177

4. $\lim\limits_{n\to\infty} \underline{S_n} = \frac{b^2}{2} \Rightarrow A \geq \frac{b^2}{2}$

Insgesamt ist also $A = \frac{b^2}{2}$.

Für $\int\limits_a^b x\,dx$ schneidet man die Spitze des Dreiecks von x = 0 bis x = a ab. Diese Spitze hat den Flächeninhalt $\int\limits_0^a x\,dx = \frac{a^2}{2}$. Da dies abgezogen wird, gilt:

$\int\limits_a^b x\,dx = \frac{b^2}{2} - \frac{a^2}{2}$ für $0 \leq a < b$.

b) Die Überlegung ist die gleiche wie in Teilaufgabe a):

$$\int\limits_a^b x^2\,dx = \int\limits_0^b x^2\,dx - \int\limits_0^a x^2\,dx = \frac{b^3}{3} - \frac{a^3}{3}$$

c) Obersumme:

$$\overline{S_n} = \frac{b}{n}\left(\left(\frac{b}{n}\right)^3 + \left(\frac{2b}{n}\right)^3 + \left(\frac{3b}{n}\right)^3 + \ldots + \left(\frac{nb}{n}\right)^3\right)$$

$$= \frac{b^4}{n^4}(1 + 2^3 + 3^3 + \ldots + n^3)$$

$$= \frac{b^4}{n^4}\sum_{k=1}^{n} k^3 = \frac{b^4}{n^4} \cdot \frac{n^2(n+1)^2}{4} = \frac{b^4}{4} \cdot \frac{(n+1)^2}{n^2} = \frac{b^4}{4} \cdot \left(1 + \frac{1}{n}\right)^2$$

$\lim\limits_{n\to\infty} \overline{S_n} = \frac{b^4}{4} \Rightarrow A \leq \frac{b^4}{4}$

Untersumme:

$\underline{S_n} = \overline{S_n} - \frac{b}{n} \cdot b^3 = \overline{S_n} - \frac{b^4}{n}$

$\lim\limits_{n\to\infty} \underline{S_n} = \frac{b^4}{4} \Rightarrow A \geq \frac{b^4}{4}$

Insgesamt ist $A = \frac{b^4}{4}$.

Für das Integral im Intervall [a, b] gilt wieder

$$\int\limits_a^b x^3\,dx = \int\limits_0^b x^3\,dx - \int\limits_0^a \frac{x}{3}\,dx = \frac{b^4}{4} - \frac{a^4}{4}.$$

d) Anhand der Skizze kann man sehen, dass der Flächeninhalt derselbe ist wie der Flächeninhalt des Rechtecks mit den Seiten b und $\sqrt{b}$ abzüglich der Fläche unter der Normalparabel im Intervall $[0; \sqrt{b}]$.

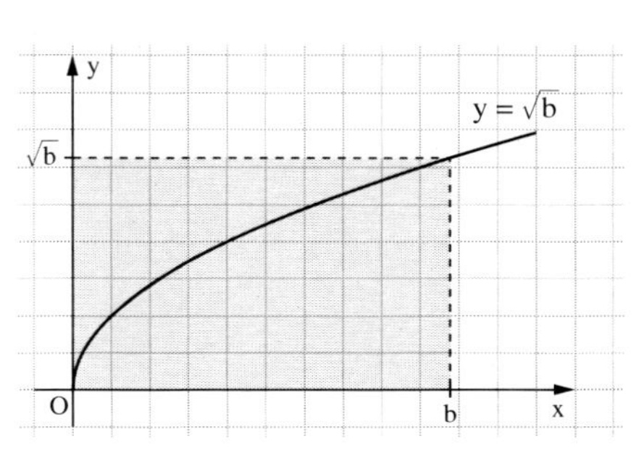

Also:

$$b \cdot \sqrt{b} - \int\limits_0^{\sqrt{b}} x^2\,dx$$

$$= b \cdot \sqrt{b} - \frac{1}{3}\sqrt{b}^{\,3}$$

$$= \left(1 - \frac{1}{3}\right) b \cdot \sqrt{b} = \frac{2}{3} b \sqrt{b}$$

Für das Integral im Intervall [a, b] gilt wieder:

$$\int\limits_a^b \sqrt{x}\,dx = \int\limits_0^b \sqrt{x}\,dx - \int\limits_0^a \sqrt{x}\,dx = \frac{2}{3} b \sqrt{b} - \frac{2}{3} a \sqrt{a}.$$

178

5. a) Die Darstellung ist nicht möglich. Da es unendlich viele rationale und irrationale Zahlen auf jedem Intervall gibt, würde eine Darstellung immer wie ein Strich bei y = 0 und y = 1 aussehen.

b) Da natürliche Zahlen rational sind, sind immer alle Summanden 1.

$\overline{S_5} = 1 + 1 + 1 + 1 + 1 = 5$

$\underline{S_5} = 1 + 1 + 1 + 1 + 1 = 5$

Allgemein $\overline{S_n} = \underline{S_n} = n$

c) Der Grenzwert der Ober- und Untersummen konvergiert nicht. Die Säulen müssten unendlich dünn gewählt werden. Es wird kein Flächeninhalt eingeschlossen.

179

6. a) Zeichnung: siehe Schülerband

b) $\underline{S_5} = \frac{39}{25} = 1{,}56;\ \overline{S_5} = \frac{44}{25} = 1{,}76 \Rightarrow 1{,}56 \le \int_0^1 (2 - x^2)\,dx \le 1{,}76$

c) $\underline{S_{10}} = 1{,}615;\ \overline{S_{10}} = 1{,}715 \Rightarrow 1{,}615 \le \int_0^1 (2 - x^2)\,dx \le 1{,}715$

d)
$$\underline{S_n} = \frac{1}{n} \cdot \left(f\left(\frac{1}{n}\right) + f\left(\frac{2}{n}\right) + \ldots + f\left(\frac{n-1}{n}\right) + f(1)\right)$$
$$= \frac{1}{n} \cdot \left(2 \cdot n - \left(\frac{1^2}{n^2} + \frac{2^2}{n^2} + \ldots + \frac{n^2}{n^2}\right)\right)$$
$$= 2 - \frac{1}{n^3} \cdot \frac{n(n+1)(2n+1)}{6} = 2 - \frac{(n+1)(2n+1)}{6n^2}$$

$$\overline{S_n} = \underline{S_n} + \frac{1}{n} f(0) - \frac{1}{n} f(1)$$
$$= 2 - \frac{(n+1)(2n+1)}{6n^2} + \frac{2}{n} - \frac{1}{n}$$
$$= 2 - \frac{(n+1)(2n+1)}{6n^2} + \frac{1}{n}$$

e) $n > 150023 \Rightarrow \underline{S_n} \approx 1{,}66666 \approx \overline{S_n} \Rightarrow \int_0^1 (2 - x^2)\,dx \approx 1{,}66666$

7. a) $\overline{S_{10}} = 1{,}4933;\ \underline{S_{10}} = 1{,}3933;\ 1{,}3933 \le \int_0^1 2^x dx \le 1{,}4933$

b) $\overline{S_{100}} = 1{,}4477;\ \underline{S_{100}} = 1{,}4377;\ 1{,}4377 \le \int_0^1 2^x dx \le 1{,}4477$

8. a)
$\underline{S_{20}} = 7{,}71875;$ $\overline{S_{20}} = 8{,}96875$

$\underline{S_{50}} = 8{,}085;$ $\overline{S_{50}} = 8{,}585$

$\underline{S_{100}} = 8{,}20875;$ $\overline{S_{100}} = 8{,}45875$

$\underline{S_{200}} = 8{,}2709375;$ $\overline{S_{200}} = 8{,}3959375$

$\Rightarrow 8{,}271 \le \int_0^5 0{,}2x^2\,dx \le 8{,}396$

b)
$\underline{S_{20}} = -5{,}35;$ $\overline{S_{20}} = -5{,}13$

$\underline{S_{50}} = -5{,}4128;$ $\overline{S_{50}} = -5{,}2528$

$\underline{S_{100}} = -5{,}3732;$ $\overline{S_{100}} = -5{,}2932$

$\underline{S_{200}} = -5{,}3533;$ $\overline{S_{200}} = -5{,}3133$

$\Rightarrow -5{,}3533 \le \int_0^2 (x^2 - 4)\,dx \le -5{,}3133$

179

8. c) $\underline{S_{20}} = 1{,}3318$; $\overline{S_{20}} = 1{,}4443$

$\underline{S_{50}} = 1{,}3641$; $\overline{S_{50}} = 1{,}4091$

$\underline{S_{100}} = 1{,}3751$; $\overline{S_{100}} = 1{,}3976$

$\underline{S_{200}} = 1{,}3807$; $\overline{S_{200}} = 1{,}3919$

$\Rightarrow 1{,}3807 \le \int_0^4 \frac{1}{x}\,dx \le 1{,}3919$

d) Auf dem Intervall $[-1; 1]$ ist die Funktion $f(x) = 2 - x^2$ nicht monoton. Aufteilen des Intervalls in $[-1; 0]$ und $[0; 1]$ liefert:

$\underline{S_{20}} = 3{,}23$; $\overline{S_{20}} = 3{,}43$; $\underline{S_{50}} = 3{,}2928$; $\overline{S_{50}} = 3{,}3728$

$\underline{S_{100}} = 3{,}3132$; $\overline{S_{100}} = 3{,}3532$; $\underline{S_{200}} = 3{,}3233$; $\overline{S_{200}} = 3{,}3433$

$\Rightarrow 3{,}3233 \le \int_{-1}^{1} (2 - x^2)\,dx \le 3{,}3433$

Der genaue Wert des Integrals ist der gemeinsame Grenzwert der Folge der Obersummen $\overline{S_n}$ und der Folge der Untersummen $\underline{S_n}$.

180

9. a) (1) $\int_0^4 3x^2 dx = 3 \cdot \left(\frac{4^3}{3}\right) = 4^3 = 64$

(2) $\overline{S_n} = \frac{4}{n}\left(f\left(\frac{4}{n}\right) + f\left(2 \cdot \frac{4}{n}\right) + \ldots + f(4)\right)$

$= 3 \cdot \frac{4^3}{n^2}(1^2 + 2^2 + \ldots + n^2)$

$= \frac{3 \cdot 4^3}{n^3}\left(\frac{n(n+1)(2n+1)}{6}\right) = \frac{4^3}{2}\left(1 + \frac{1}{n}\right)\left(2 + \frac{1}{n}\right)$

$\underline{S_n} = \overline{S_n} - \frac{4}{n}f(4) + \frac{4}{n}f(0) = \frac{4^3}{2}\left(1 + \frac{1}{n}\right)\left(2 + \frac{1}{n}\right) - \frac{3 \cdot 4^3}{n}$

$\lim\limits_{n\to\infty} \overline{S_n} = \lim\limits_{n\to\infty} \underline{S_n} = \frac{4^3}{2} \cdot 1 \cdot 2 = 64$

b) (1) Aufteilung des Integrals in eine Rechteckfläche $\int_0^5 3\,dx$ und in die Fläche unter der Parabel $\int_0^5 x^2\,dx$.

$\int_0^5 3\,dx = 15$; $\int_0^5 x^2\,dx = \frac{5^3}{3} = \frac{125}{3} \Rightarrow \int_0^5 (x^2 + 3)\,dx = \frac{170}{3}$

(2) $\overline{S_n} = \frac{5}{n}\left(f\left(\frac{5}{n}\right) + f\left(2 \cdot \frac{5}{n}\right) + \ldots + f(5)\right)$

$= \frac{5}{n}\left(\frac{5^2}{n^2} + 3\right) + \left(\frac{2^2 \cdot 5^2}{n^2} + 3\right) + \ldots + \left(\frac{n^2 \cdot 5^2}{n^2} + 3\right)$

$= \frac{5}{n}\left(\frac{5^2}{n^2}(1^2 + 2^2 + \ldots + n^2) + 3n\right)$

$= \frac{5^3}{n^3}\,\frac{n(n+1)(2n+1)}{6} + 15 = \frac{5^3}{6}\left(1 + \frac{1}{n}\right)\left(2 + \frac{1}{n}\right) + 15$

$\underline{S_n} = \overline{S_n} - \frac{5}{n}f(5) + \frac{5}{n}f(0) = \frac{5^3}{6}\left(1 + \frac{1}{n}\right)\left(2 + \frac{1}{n}\right) - \frac{5^3}{n} + 15$

$\lim\limits_{n\to\infty} \overline{S_n} = \lim\limits_{n\to\infty} \underline{S_n} = \frac{5^3}{3} + 15 = \frac{170}{3}$

180

9. c) (1) $-\int\limits_0^2 x^3\,dx = -\frac{2^4}{4} = -4$

(2) $\overline{S_n} = \frac{2}{n}\,f(0) + f\left(\frac{2}{n}\right) + f\left(2 \cdot \frac{2}{n}\right) + \ldots + f\left((n-1)\frac{2}{n}\right)$

$= -\frac{2}{n}\left(\frac{2^3}{n^3}(0^3 + 1^3 + 2^3 + \ldots + (n-1)^3\right)$

$= -\frac{2^4}{n^4}\left(\frac{(n-1)^2 n^2}{4}\right) = -4\left(1 - \frac{1}{n}\right)^2$

$\underline{S_n} = \overline{S_n} - \frac{2}{n}f(0) + \frac{2}{n}f(2) = -4\left(1 - \frac{1}{n}\right)^2 - \frac{16}{n}$

$\lim\limits_{n\to\infty}\overline{S_n} = \lim\limits_{n\to\infty}\underline{S_n} = -4$

10. a) $\int\limits_0^2 (x+2)\,dx = 6$

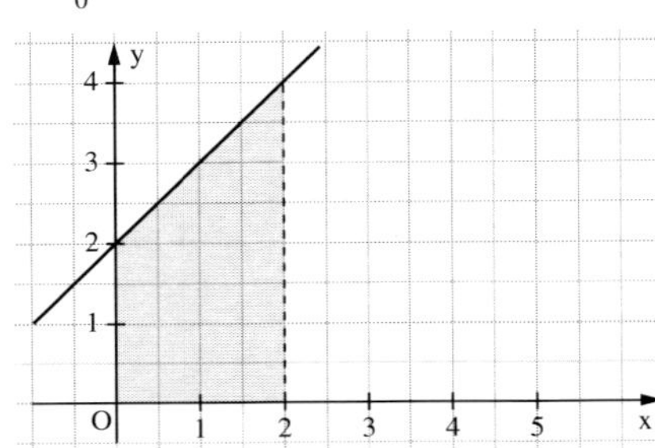

c) $\int\limits_0^8 \left(4 - \frac{1}{2}x\right)dx = 16$

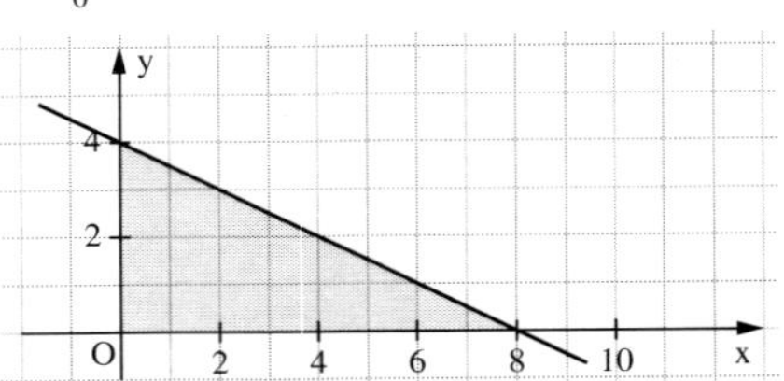

b) $\int\limits_0^3 1\,dx = 3$

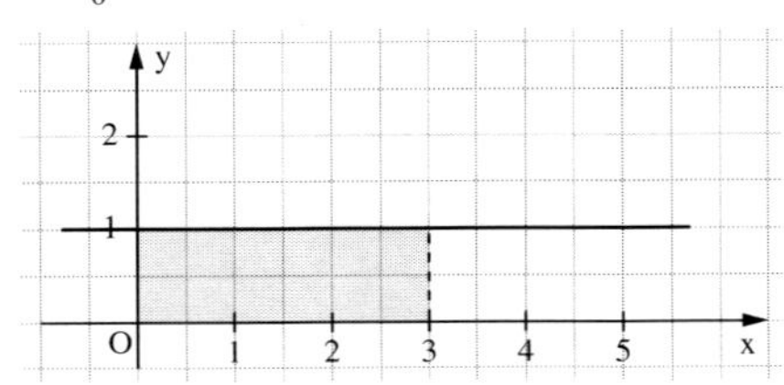

11. Z. B. mit fnInt des GTR:

a) −25,416667

b) 0

c) 1,262358161

d) 7,642857143

e) 3,96143536

f) 0,3950092909

12. a) $\int\limits_1^3 x^2\,dx = \frac{26}{3}$ **b)** $\int\limits_1^2 \frac{x}{3}\,dx = \frac{15}{4}$ **c)** $\int\limits_{-2}^2 \frac{x}{2}\,dx = \sqrt{3}$

13. a) $\int\limits_{-\sqrt{2}}^{\sqrt{2}} (-x^2 + 2)\,dx = \frac{8\sqrt{2}}{3}$

b) $\int\limits_{-1}^1 1\,dx - \int\limits_{-1}^1 x^2\,dx = 2 - 2 \cdot \int\limits_0^1 x^2\,dx = \frac{4}{3}$

c) Fläche des Dreiecks mit Ecken (0; 0), (1; 1), (1; 0) abzüglich der Fläche unter dem Graphen von x^2

$\frac{1}{2} - \int\limits_0^1 \frac{x}{2}\,dx = \frac{1}{2} - \frac{1}{3} = \frac{1}{6}$

180

14. a) Das Quadrat $0 \le x \le 1$ und $0 \le y \le 1$ hat den Flächeninhalt 1. Die Fläche über dem Graphen von $\sqrt{x}$ in diesem Quadrat ist $\int_0^1 \frac{x}{2}\,dx = \frac{1}{3}$. Damit ist $\int_0^1 \sqrt{x}\,dx = 1 - \frac{1}{3} = \frac{2}{3}$.

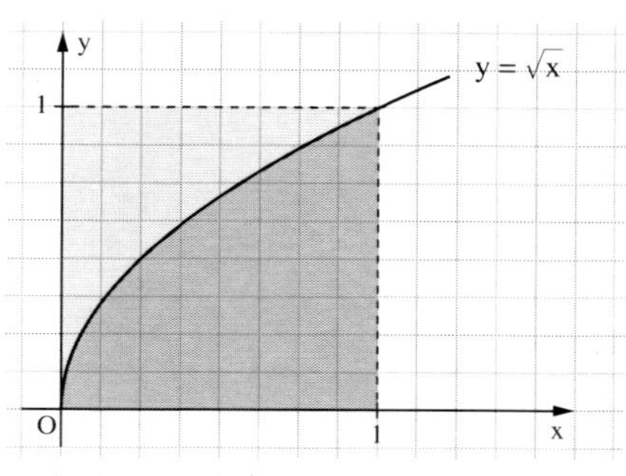

Wie oben ist die Fläche des Quadrats gleich 1 und die Fläche über dem Graphen von $\sqrt[3]{x}$ ist $\int_0^1 \frac{x}{3}\,dx = \frac{1}{4}$.

Damit ist $\int_0^1 \sqrt[3]{x}\,dx = 1 - \frac{1}{4} = \frac{3}{4}$.

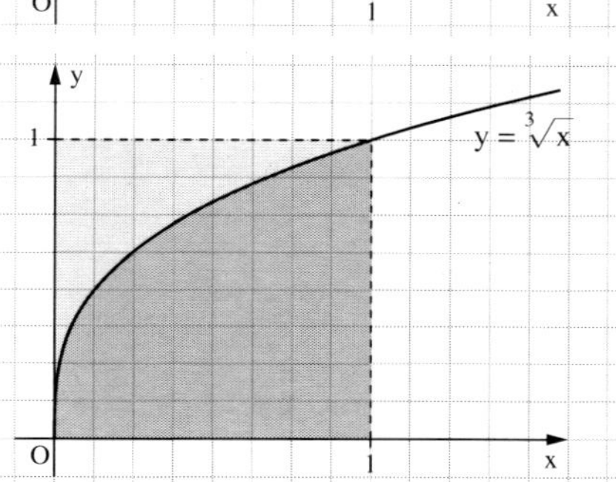

b) $\int_0^b \sqrt{x}\,dx = \underbrace{b \cdot \sqrt{b}}_{\text{Quadratfläche}} - \underbrace{\int_0^{\sqrt{b}} x^2\,dx}_{\text{Fläche über Graph}} = b\sqrt{b} - \frac{\sqrt{b^3}}{2} = \frac{2}{3}\sqrt{b^3}$

$\int_0^b \sqrt[3]{x}\,dx = b \cdot \sqrt[3]{b} - \int_0^{\sqrt[3]{b}} x^3\,dx = \frac{3}{4}\sqrt[3]{b^4}$

$\int_a^b \sqrt{x}\,dx = \int_0^b \sqrt{x}\,dx - \int_0^a \sqrt{x}\,dx = \frac{2}{3}\left(\sqrt{b^3} - \sqrt{a^3}\right)$

$\int_a^b \sqrt[3]{x}\,dx = \int_0^b \sqrt[3]{x}\,dx - \int_0^a \sqrt[3]{x}\,dx = \frac{3}{4}\left(\sqrt[3]{b^4} - \sqrt[3]{a^4}\right)$

15. a) $b = 3$ **b)** $b = 3$ oder $b = -3$ (oder $b = 0$)

c) $\frac{b^4}{4} - \frac{1}{4} = \frac{15}{4}$, also $\frac{b^4}{4} = \frac{16}{4}$; also $b = 2$ oder $b = -2$

16. a) Konstante Beschleunigung: $v(t) = \frac{80}{3{,}6} + \frac{\frac{120-80}{3{,}6}}{10} \cdot t = \frac{200}{9} + \frac{10}{9}t$ in $\frac{m}{s}$

Zurückgelegte Strecke in 10 s: $s(10) = \int_0^{10} \left(\frac{200}{9} + \frac{10}{9}t\right) dt = \frac{2500}{9}\,m = 277{,}78\,m$

b) Die Parabel wird durch den Ausdruck $v(t) = -0{,}4(t-10)^2 + 120$ beschrieben.
In $\frac{m}{s}$ gemessen: $v(t) = -\frac{1}{9}(t-10)^2 + \frac{120}{3{,}6}$

Zurückgelegte Strecke in 10 s:

$s(10) = \int_0^{10} -\frac{1}{9}\left((t-10)^2 + \frac{120}{3{,}6}t\right) dt = 296{,}27\,m$

3.2 Zusammenhang zwischen Differenzieren und Integrieren

3.2.1 Integralfunktionen

183

2. **Fehler** in der 1. Auflage; richtig: $\int_b^a f(x)\,dx = -\int_a^b f(x)\,dx$.

a) $I(0) = \frac{0^3}{3} = 0$; $I_1(1) = \frac{1^3}{3} - \frac{1}{3} = 0$; $I_{1,5}(1{,}5) = \frac{1{,}5^3}{3} - 1{,}125 = 0$

Allgemein $I_a(a) = 0$ und $I_a(a) = \int_a^a f(x)\,dx$

Sind die Grenzen des Integrals gleich, wird keine Fläche zwischen der Funktion und der x-Achse aufgespannt, die Fläche ist also null.

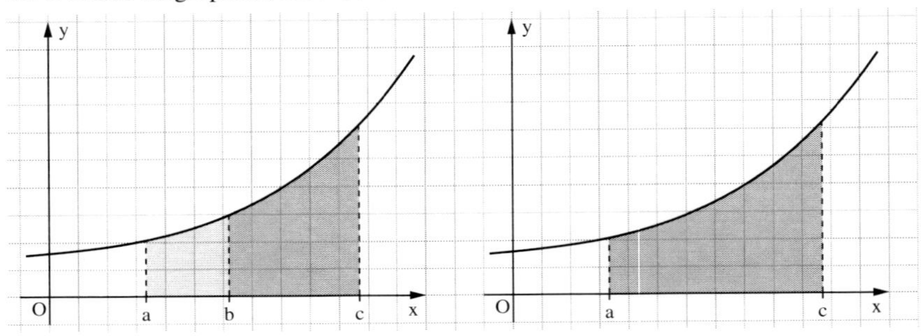

c) Ist b < a, so ist geometrisch klar, dass $\int_b^a f(x)\,dx + \int_a^c f(x)\,dx = \int_b^c f(x)\,dx$ gilt (siehe b)).

Sei nun $\int_a^b f(x)\,dx = -\int_b^a f(x)\,dx$, dann ist $-\int_a^b f(x)\,dx + \int_a^c f(x)\,dx = \int_b^c f(x)\,dx$ und damit auch $\int_a^b f(x)\,dx + \int_b^c f(x)\,dx = \int_a^c f(x)\,dx$.

Analog gilt für b > c: $\int_a^c f(x)\,dx + \int_c^b f(x)\,dx = \int_a^b f(x)\,dx$.

Mit $\int_c^b f(x)\,dx = -\int_b^c f(x)\,dx$ folgt $\int_a^c f(x)\,dx = \int_a^b f(x)\,dx + \int_b^c f(x)\,dx$.

Andererseits gelte nun $\int_a^b f(x)\,dx + \int_b^c f(x)\,dx = \int_a^c f(x)\,dx$ für beliebige Integrationsgrenzen, z. B. a > b. Umformen ergibt $\int_b^c f(x)\,dx = \int_a^c f(x)\,dx - \int_a^b f(x)\,dx$.

Diese Gleichung ergibt die bekannte Gleichung für geordnete Integrationsgrenzen, wenn $-\int_a^b f(x)\,dx = \int_b^a f(x)\,dx$. Analog für b > c.

184

3. **a)** $f(t) = 30t + 150$

b) Die Menge des Wassers nach x min entspricht dem Flächeninhalt zwischen dem Graphen von f und der x-Achse im Intervall [0; x].

x in min	10	20	30	40	50	60	70
F(x) in m³	3000	9000	18000	30000	45000	63000	84000

$$I(x) = \int_0^x (30x + 150)\,dx$$

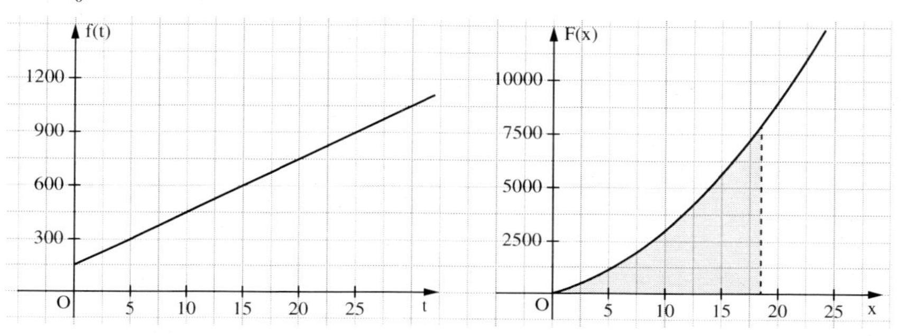

4. Die krummlinig begrenzte Teilfläche wird mittels Unter- und Obersumme bestimmt. Wir zählen dazu 7 ganze Quadrate unterhalb der Kurve für die Untersumme. Für die Obersumme kommen 7 Quadrate dazu, die von der Kurve geschnitten werden, also insgesamt 14. Der Flächeninhalt eines Quadrates entspricht 0,4 ℓ. Wir erhalten also
$\underline{S} = 7 \cdot 0{,}4 = 2{,}8$, $\overline{S} = 14 \cdot 0{,}4 = 5{,}6$.
Das arithmetische Mittel aus Unter- und Obersumme ist 4,2. Hinzu kommt der Flächeninhalt der zweiten Teilfläche $A = 36 \cdot 0{,}4 = 14{,}4$. Die Gesamtwassermenge in der Badewanne beträgt also ca. 18,6 ℓ nach 22 Sekunden.

5. $I_{-2}(x) = \int_{-2}^{x} (4 - 0{,}8t)\,dt$

$I_{-1}(x) = \int_{-1}^{x} (4 - 0{,}8t)\,dt$

$I_0(x) = \int_{0}^{x} (4 - 0{,}8t)\,dt$

$I_1(x) = \int_{1}^{x} (4 - 0{,}8t)\,dt$

$I_2(x) = \int_{2}^{x} (4 - 0{,}8t)\,dt$

Die Graphen der Integralfunktionen sind lediglich in y-Richtung gegeneinander verschoben.

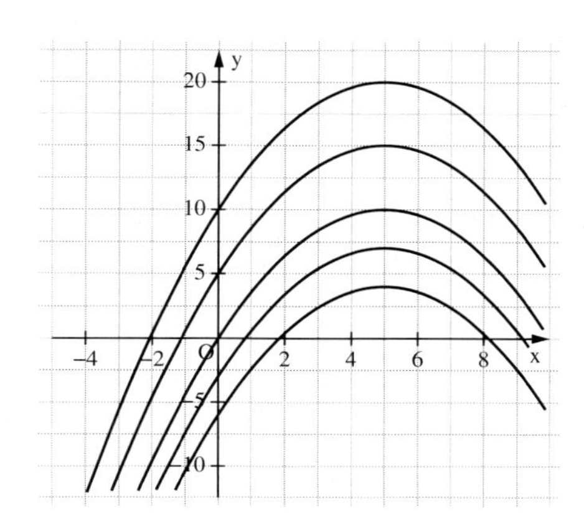

184

6. a) $f(x) = 3x + 1$;

$a = 2$: $I_2(x) = \frac{3}{2}x^2 + x - 8$

$a = 0$: $I_0(x) = \frac{3}{2}x^2 + x$

$a = -1$: $I_{-1}(x) = \frac{3}{2}x^2 + x - \frac{1}{2}$

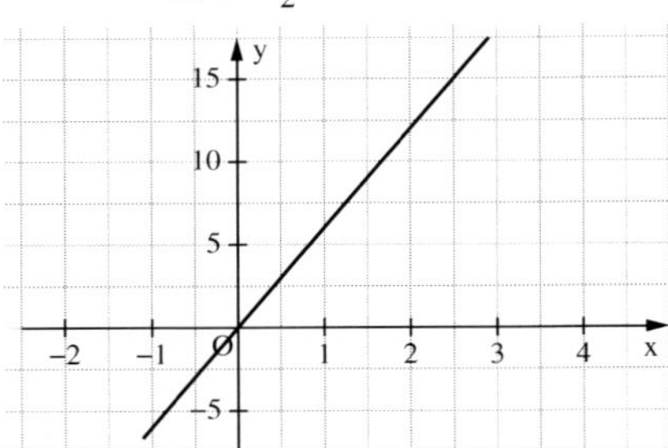

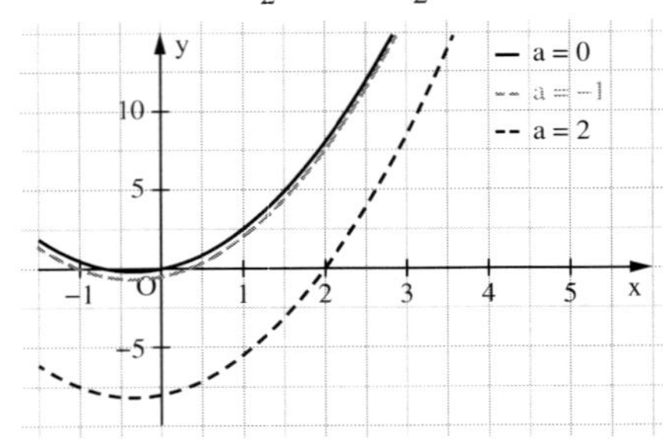

b) $f(x) = 2x - 6$;

$a = 3$: $I_3(x) = x^2 - 6x + 9$

$a = 0$: $I_0(x) = x^2 - 6x$

$a = -2$: $I_{-2}(x) = x^2 - 6x - 16$

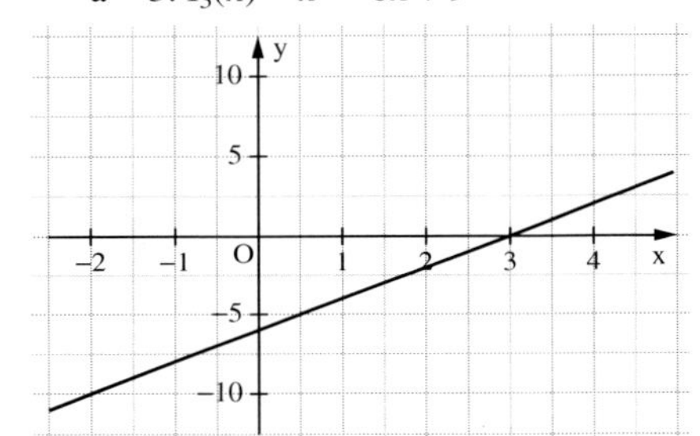

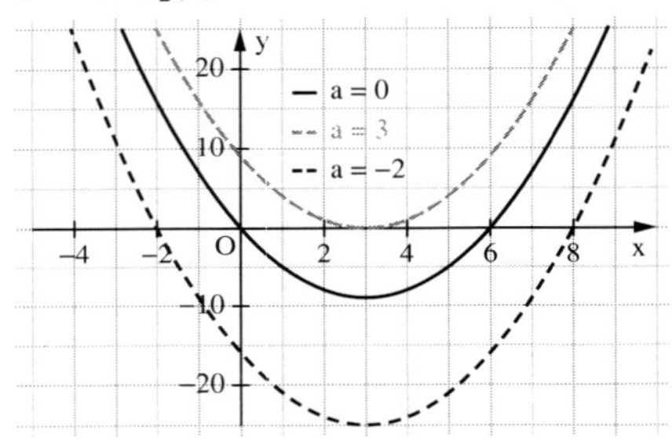

c) $f(x) = \frac{1}{2}x - 1$;

$a = 1$: $I_1(x) = \frac{1}{4}x^2 - x + \frac{3}{4}$

$a = 0$: $I_0(x) = \frac{1}{4}x^2 - x$

$a = -4$: $I_{-4}(x) = \frac{1}{4}x^2 - x - 8$

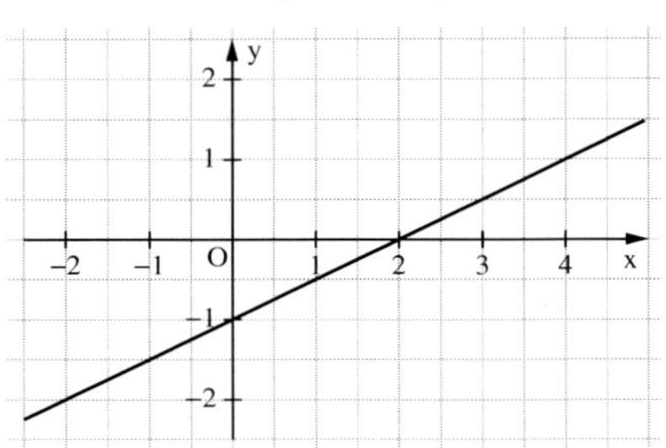

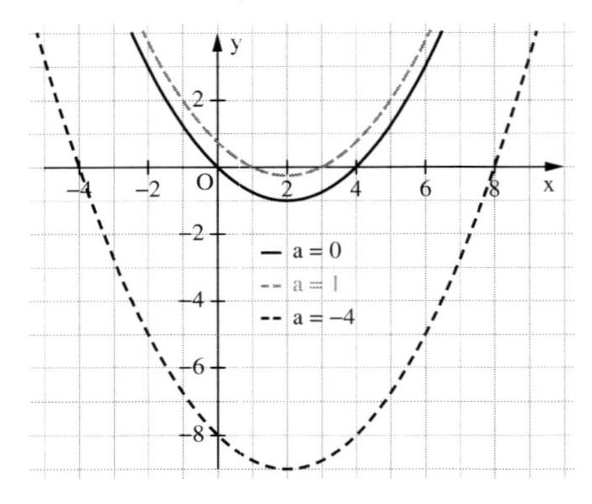

184

6. d) $f(x) = x^2 + 1$;

$a = 0$: $I_0(x) = \frac{1}{3}x^3 + x$

$a = 1$: $I_1(x) = \frac{1}{3}x^3 + x - \frac{4}{3}$

$a = -1$: $I_{-1}(x) = \frac{1}{3}x^3 + x + \frac{4}{3}$

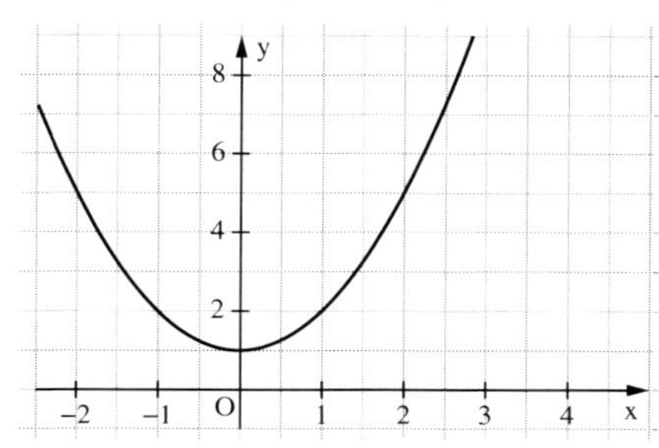

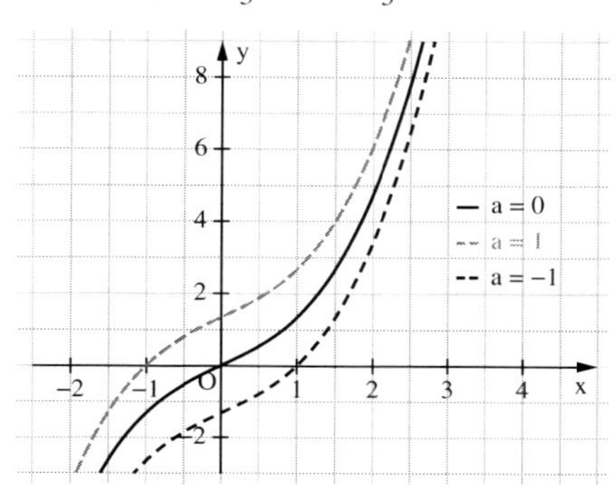

e) $f(x) = 3x^2 - 1$;

$a = 0$: $I_0(x) = x^3 - x$

$a = 2$: $I_2(x) = x^3 - x - 6$

$a = -2$: $I_{-2}(x) = x^3 - x + 6$

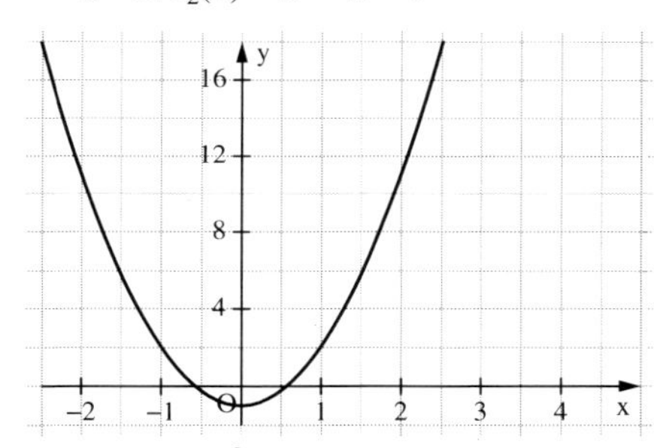

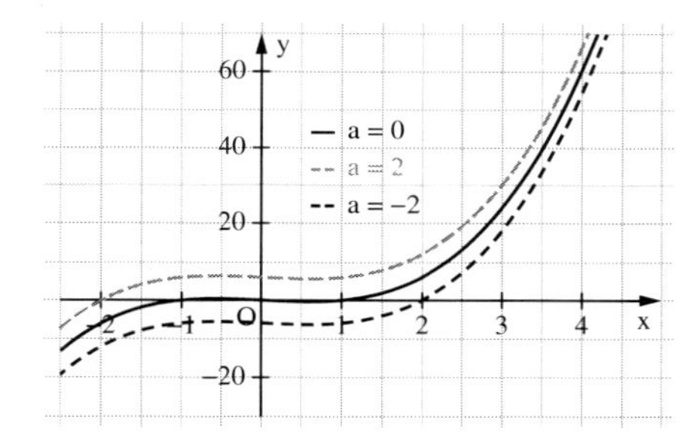

f) $f(x) = -3x^2 + 2$;

$a = 0$: $I_0(x) = -x^3 + 2x$

$a = 1$: $I_1(x) = -x^3 + 2x - 1$

$a = -3$: $I_{-3}(x) = -x^3 + 2x - 21$

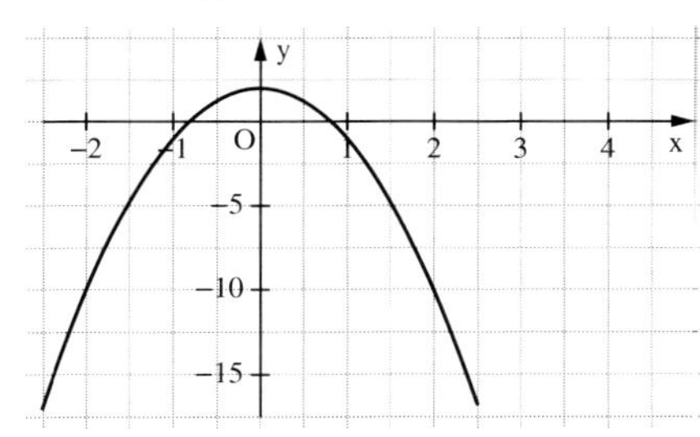

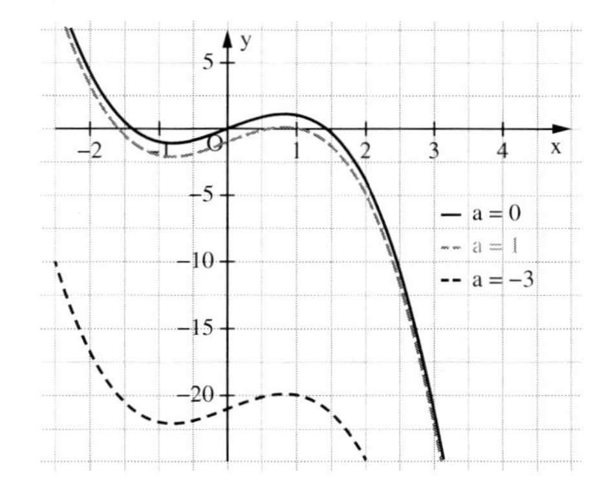

7. a) $\int_a^x \frac{t}{2}\,dt = \frac{x^3}{3} - \frac{a^3}{3}$; siehe Schülerband S. 177, Aufgabe 4. $\int_a^x \frac{t}{3}\,dt = \frac{x^4}{4} - \frac{a^4}{4}$; $a \geq 0$

b) $a < 0$: $\int_a^x \frac{t}{2}\,dt = \frac{x^3}{3} - \frac{a^3}{3}$; $\int_a^x \frac{t}{3}\,dt = \frac{x^4}{4} - \frac{a^4}{4}$

184

8. a) • $f(x) = f(-x) \Rightarrow I_a(x) = \int_a^x f(z)\,dz = \int_a^x f(-z)\,dz = -\int_{-a}^{-x} f(z)\,dz = -I_{-a}(-x)$

speziell: I_0 hat Punktsymmetrie zum Ursprung.

• $f(x) = -f(-x) \Rightarrow I_a(x) = \int_a^x f(z)\,dz = -\int_a^x f(-z)\,dz = -\int_{-a}^{-x} f(z)\,dz = I_{-a}(-x)$

speziell: I_0 hat Achsensymmetrie zur y-Achse.

b) • Symmetrie zur y-Achse: $I_a(x) = I_a(-x)$

$\Rightarrow \int_a^x f(z)\,dz = \int_a^{-x} f(z)\,dz = -\int_{-a}^{x} -f(-z)\,dz$

Für a = 0 folgt: f(x) ist punktsymmetrisch zum Ursprung.

Allgemein: Symmetrie zur Parallelen zur y-Achse durch Punkt (a | 0)

$I_a(x + a) = I(-x + a) \Rightarrow f(x)$ punktsymmetrisch zu (a | 0)

• Punktsymmetrie zu (a | 0): $I_a(x + a) = -I_a(-x + a)$

$\Rightarrow$ f(x) achsensymmetrisch zur Parallelen zur y-Achse durch Punkt (a | 0)

185

9. a) Näherungswerte:
Obersumme: 32 200 Atome;
Untersumme: 30 255 Atome;
Mittelwert: 31 227,5 Atome

b) Einsetzen der Zeitpunkte aus a) in f(t) ergibt Abweichungen von maximal 1,7 Atomen.

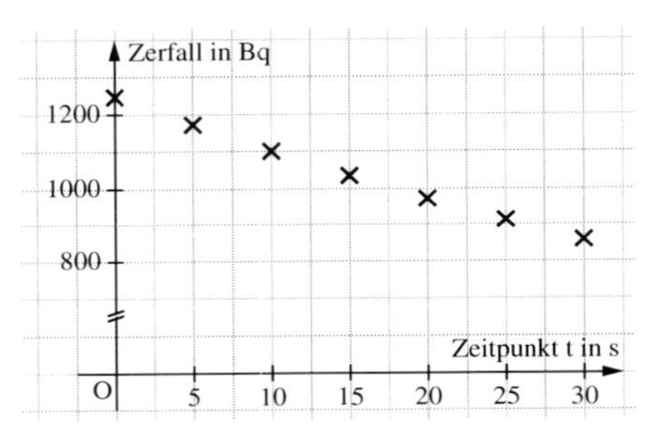

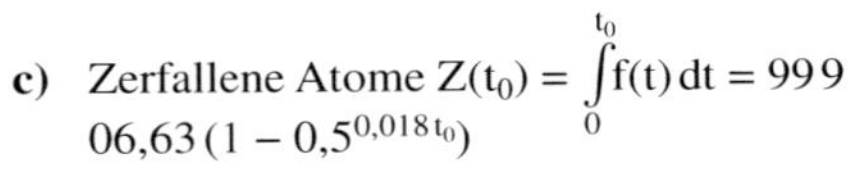

c) Zerfallene Atome $Z(t_0) = \int_0^{t_0} f(t)\,dt = 99906{,}63\,(1 - 0{,}5^{0{,}018\,t_0})$

Z(30) = 31 194 Atome; Z(60) = 52 648 Atome; Z(300) = 97 541 Atome

10. a) Die Abbildung zeigt den Datenplot und den Graphen der Funktion
$f(x) = 0{,}006x^2 + 0{,}033x + 9{,}442$,
welche man mithilfe des Befehls QuadReg bestimmen kann.

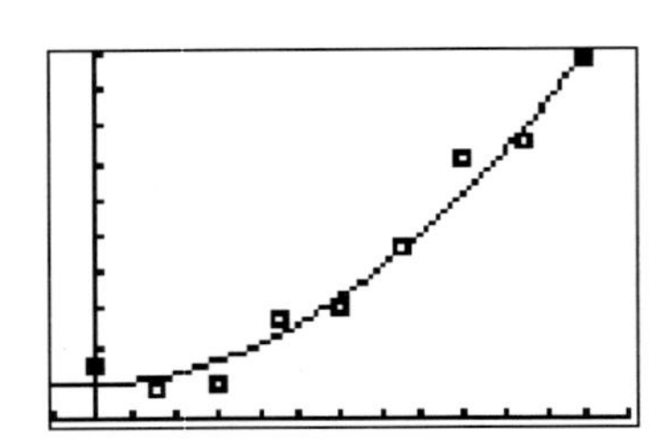

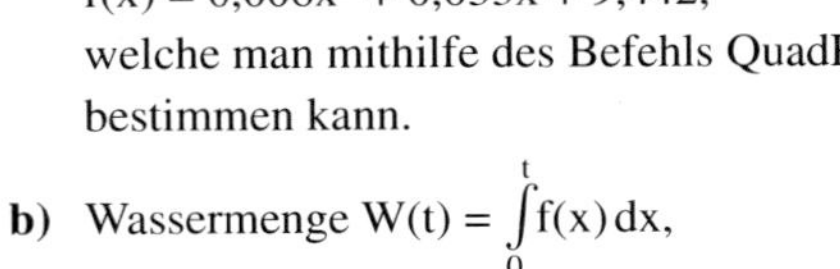

b) Wassermenge $W(t) = \int_0^t f(x)\,dx$,

t in Minuten nach 20.00 Uhr

t in min	15	30	45	60	75	90	105	120
Uhrzeit	20.15	20.30	20.45	21.00	21.15	21.30	21.45	22.00
W(t)	152,1	352,1	640,55	1057,9	1644,7	2441,4	3488,6	4826,6

c) $F(t) = 0{,}002t^3 + 0{,}0165t^2 + 9{,}442t$; t in min nach 20.00 Uhr

185

11. a) $f(x) = \frac{1}{2}x$

$I_0(x) = \frac{1}{4}x^2$; $I_1(x) = \frac{1}{4}x^2 - \frac{1}{4}$

c) $f(x) = -\frac{1}{2}x^2 + 3$; $I_0(x) = -\frac{1}{6}x^3 + 3x$;

$I_1(x) = -\frac{1}{6}x^3 + 3x - \frac{17}{6}$

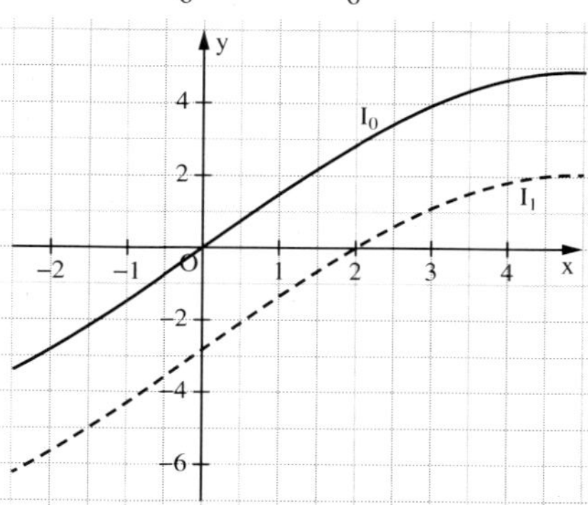

b) $f(x) = x^2 - 1$; $I_0(x) = \frac{1}{3}x^3 - x$;

$I_1(x) = \frac{1}{3}x^3 - x + \frac{2}{3}$

12. a) Nein, da F mit $F(x) = |x|$ nicht stetig differenzierbar ist.

b) Ja: $f(x) = \begin{cases} 2x & \text{für } x \leq 2 \\ 4 & \text{für } x > 2 \end{cases}$

c) Ja: $f(x) = 2 \cdot |x|$

d) Nein, denn wenn man beide Teilfunktionen ableitet und die Steigung an der Stelle 1 bestimmt, so erhält man nicht den gleichen Wert.

3.2.2 Hauptsatz der Differenzial- und Integralrechnung

189

2. (1) $f(x) = \begin{cases} \frac{3}{2}x + 1 & \text{für } 0 \leq x \leq 2 \\ -\frac{4}{3}x + \frac{20}{3} & \text{für } 2 < x \leq 5 \end{cases}$

$I_0(x) = \begin{cases} \frac{3}{4}x^2 + x & \text{für } 0 \leq x \leq 2 \\ -\frac{4}{6}x^2 + \frac{20}{3}x & \text{für } 2 < x \leq 5 \end{cases}$

Es gilt $\left(\int_a^x f(t)\,dt\right)' = f(x)$, weil die Steigung beider Teilfunktionen von $I_0(x)$ bei $x_0 = 2$ mit dem Funktionswert von $f(x)$ übereinstimmt.

189

2. (2) $f(x) = \begin{cases} \frac{3}{2}x + 1 & \text{für } 0 \le x \le 2 \\ -\frac{2}{3}x + \frac{10}{3} & \text{für } 2 < x \le 5 \end{cases}$

$I_0(x) = \begin{cases} \frac{3}{4}x^2 + x & \text{für } 0 \le x \le 2 \\ -\frac{2}{6}x^2 + \frac{10}{3}x & \text{für } 2 < x \le 5 \end{cases}$

Es gilt nicht $\left(\int_0^x f(t)dt\right)' = f(x)$, weil $I_0(x)$ eine nicht-stetige Funktion ist. Der Graph von I_0 hat an der Stelle $x = 2$ einen Sprung. I_0 hat somit an der Stelle 2 keine Tangente.

3. a) Da $f(x)$ im Intervall $0 < x < 6$ positiv ist, ist $I_0(x)$ monoton wachsend. Bei der Extremstelle $x = 3$ von $f(x)$ hat $I_0(x)$ die Wendestelle. Bei den Nullstellen $x = 0$ und $x = 6$ von $f(x)$ hat $I_0(x)$ Extremstellen. Für $x > 6$ ist $f(x)$ negativ und somit $I_0(x)$ monoton fallend.

b) $f(x) = I_0'(x)$. Nach dem Hauptsatz der Differenzial- und Integralrechnung

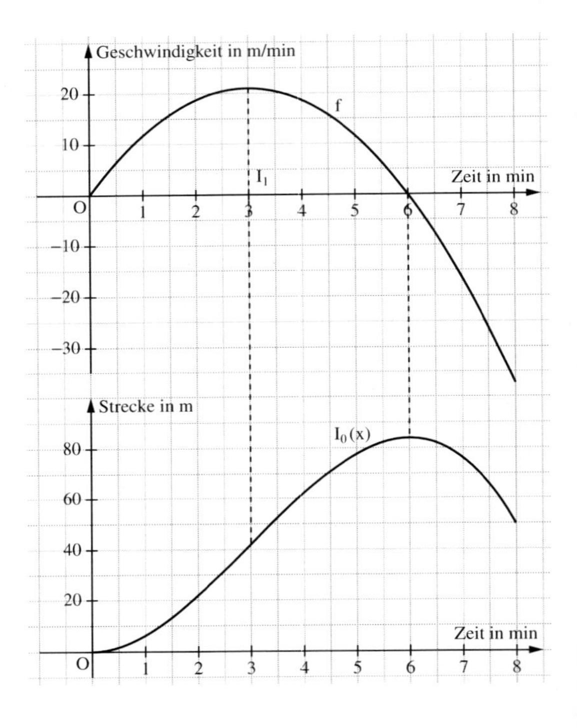

4. Fehler in der 1. Auflage; identisch mit Seite 190, Ü8. Ab 2. Auflage:

a) $f(x) = x^2 + 1$; $a = 1$ **b)** $f(x) = x^2 - 9$; $a = 3$ **c)** $f(x) = 2 - 3x$; $a = -1$

a) $I_{-2}(x) = \frac{1}{3}x^3 + x + \frac{14}{3}$; $I_{-2}'(x) = x^2 + 1$

b) $I_3(x) = \frac{1}{3}x^3 - 9x + 18$; $I_3'(x) = x^2 - 9$

c) $I_{-1}(x) = 2x - \frac{3}{2}x^2 + \frac{7}{2}$; $I_{-1}'(x) = 2 - 3x$

190

5. **a)** $f'(x) = 2x - 4$; $I_a(x) = x^2 - 4x - a^2 + 4a = x^2 - 4x + c$

b) $f'(x) = x^2 + 2$; $I_a(x) = \frac{1}{3}x^3 + 2x - \frac{a^3}{3} - 2a = \frac{1}{3}x^3 + 2x + c$

c) $f'(x) = 0$; $I_a(x) = c$

Die Integralfunktion ist die gegebene Funktion bis auf eine additive Konstante.

190

6. **a)** $I(x)$ ist eine Integralfunktion zur Integrandenfunktion $f(x)$. Es gilt:

$$I_0(x) = I(x) = \int_0^x f(t)\,dt.$$

b) $I(x)$ ist eine Integralfunktion $I_a(x)$ zu $f(x)$ für $a = 1$ und für $a = 2$:

$$I(x) = I_1(x) = \int_1^x f(t)\,dt = \int_2^x f(t)\,dt = I_2(x)$$

c) $I(x)$ ist keine Integralfunktion zu $f(x)$, denn es gibt kein reelles a, für das gilt:

$$I(x) = I_a(x) = \int_a^x f(t)\,dt$$

d) $I(x)$ ist keine Integralfunktion zur Integrandenfunktion $f(x)$.

7. *Vergleich der Graphen:*
$f(x)$: Nullstelle bei $x = \pm 1 \;\Leftrightarrow\; I_0(x)$: Extremum bei $x = \pm 1$
$f(x) < 0 \;\Leftrightarrow\; I_0(x)$ monoton fallend; $f(x) > 0 \;\Leftrightarrow\; I_0(x)$ monoton wachsend
Verlauf der Integralfunktion I_0:
Da die untere Integralgrenze 0 ist, hat I_0 bei $x = 0$ eine Nullstelle. $f(x)$ liegt für $0 \le x \le 1$ unter der x-Achse, daher ist I_0 negativ und fällt bis $x = 1$, da dort $f(x) = 0$ ist und somit die gesamte Fläche unter der x-Achse für $x > 0$ erreicht wurde. Für größere x muss zunächst der negative Beitrag „kompensiert" werden, bevor $I_0(x)$ positiv wird. Für $x < 0$ ist das Verhalten analog.

Da $\int_0^x f(t)\,dt = -\int_x^0 f(t)\,dt$ ist, wird der Graph punktsymmetrisch am Ursprung gespiegelt.

8. **a)** $I_{-2}(x) = -\frac{1}{3}x^3 + 4x + \frac{16}{3}$ $\qquad I_{-2}'(x) = -x^2 + 4$

b) $I_1(x) = \frac{3}{2}x^2 - 12x + \frac{21}{2}$ $\qquad I_1'(x) = 3x - 12$

c) $I_0(x) = \frac{1}{3}x^3 + \frac{1}{2}x^2$ $\qquad I_0'(x) = x^2 + x$

9. Integralfunktion (2) $\leftrightarrow$ Ausgangsfunktion (6)
$f(x) = 2x - 4$ mit $a = 2$ $\leftrightarrow$ $f(x) = 2$
Integralfunktion (3) $\leftrightarrow$ Ausgangsfunktion (4)
$f(x) = -x^2 + 4x - 3$ mit $a = 3$ oder $a = 1$ $\leftrightarrow$ $f(x) = -2x + 4$
Integralfunktion (5) $\leftrightarrow$ Ausgangsfunktion (1)
$f(x) = -\frac{1}{3}x^3 + 4x + \frac{11}{3}$ mit $a = -1$ oder $a = \frac{1}{2} \pm \frac{3}{2}\sqrt{5}$ $\leftrightarrow$ $f(x) = -x^2 + 4$

3.3 Integration mithilfe von Stammfunktionen

3.3.1 Berechnen von Integralen mithilfe von Stammfunktionen

193

2. Zur Faktorregel für Integrale: F sei Stammfunktion zu f; k sei konstant.

$$\int_a^b k\,f(x)\,dx = \int_a^b k \cdot F'(x)\,dx = \int_a^b (k \cdot F(x))'\,dx = k \cdot F(b) - k \cdot F(a) = k \cdot (F(b) - F(a))$$

$$= k\int_a^b F'(x)\,dx = k \cdot \int_a^b f(x)\,dx$$

Zur Summenregel für Integrale: Sei F Stammfunktion zu f und G Stammfunktion von g. Dann ist F + G Stammfunktion zu f + g, da

$(F(x) + G(x))' = F'(x) + G'(x) = f(x) + g(x)$.

Damit $\int_a^b (f(x) + g(x))\,dx = (F(b) + G(b)) - (F(a) + G(a)) = F(b) - F(a) + G(b) - G(a)$

$= \int_a^b f(x)\,dx + \int_a^b g(x)\,dx$

3. Damit F eine Integralfunktion ist, muss gelten

$F(x) = \int_a^x F'(t)\,dt = I_a(x)$ für ein $a \in \mathbb{R}$.

Andererseits ist $\int_a^x F'(t)dt = F(x) - F(a)$, d. h. F ist eine Integralfunktion I_a, wenn $F(a) = 0$.

(1) $F = I_{-1} = I_1$

(2) F ist keine Integralfunktion.

(3) $F = I_{\frac{\pi}{2} + k\pi}$ für $k \in \mathbb{Z}$

(4) F ist keine Integralfunktion.

194

4. a) $F(x) = \frac{1}{6}x^6 + c;\ c \in \mathbb{R}$ beliebig

b) $F(x) = \frac{1}{2}x^4 + \frac{5}{3}x^3 - 2x^2 + 7x + c;\ c \in \mathbb{R}$ beliebig

c) $F(x) = \frac{a}{n+1}x^{n+1} + c;\ c \in \mathbb{R}$ beliebig

d) $F(t) = e^x + \frac{x}{2} + c;\ c \in \mathbb{R}$ beliebig

e) $F(z) = c;\ c \in \mathbb{R}$ beliebig

f) $F(t) = \frac{1}{2}t^2 + \frac{1}{t} + c;\ c \in \mathbb{R}$ beliebig

5. a) $F(x) = \frac{1}{2}x^6 - \frac{1}{2}x^4 + 7x + 1$

b) $F(x) = \frac{1}{20}x^5 - \frac{1}{6}x^3 + \frac{7}{60}$

c) $F(z) = \frac{1}{3}z^3 + \frac{1}{z} + \frac{31}{6}$

6. a) $\left[\frac{1}{4}x^4 - \frac{1}{3}x^3\right]_{-1}^{2} = \left(4 - \frac{8}{3}\right) - \left(\frac{1}{4} + \frac{1}{3}\right) = \frac{3}{4}$

b) $\left[\frac{1}{3}x^6 - \frac{3}{4}x^4 + 2x^2\right]_{1}^{2} = \left(\frac{1}{3} \cdot 64 - \frac{3}{4} \cdot 16 + 8\right) - \left(\frac{1}{3} - \frac{3}{4} + 2\right) = \frac{63}{4}$

194

6. **c)** $\left[x^4 - \frac{3}{5}x^5\right]_{-1}^{1} = \left(1 - \frac{3}{5}\right) - \left(1 + \frac{3}{5}\right) = -\frac{6}{5}$

d) $\left[\frac{a}{2}t^2 + \frac{b}{3}t^3\right]_{-1}^{3} = 4a + \frac{28}{3}b$

e) $\left[\frac{1}{2}x^4 - \frac{1}{2}\sqrt{x}\right]_{1}^{4} = 127$

f) $\left[-\frac{2}{x} + \frac{2}{x^2}\right]_{-2}^{-1} = (2 + 2) - \left(1 + \frac{1}{2}\right) = \frac{5}{2}$

7. **a)** $F(x) = \frac{1}{3}x^3 - \frac{1}{2}x^2$

b) $F(x) = \frac{1}{5}x^5 - \frac{4}{3}x^3 + 4x$

c) $F(x) = x + \frac{1}{x}$

d) $F(x) = -\frac{5}{x} + \frac{2}{x^2} = \frac{2 - 5x}{x^2}$

e) $F(x) = 2\sqrt{x}$

f) $F(x) = \frac{2}{3}x^{\frac{3}{2}} - \frac{1}{2}x^2$

8. Die Funktionen sind beide Stammfunktionen von f(x), denn es gilt:
$F_1'(x) = \frac{1}{x^2} = f(x)$ und $F_2'(x) = \frac{1}{x^2} = f(x)$.
Die Funktionen F_1 und F_2 widersprechen dem Satz nicht, da sie sich eben doch nur um Konstanten unterscheiden. Dabei handelt es sich allerdings um mehrere Konstanten, da F_2 eine zusammengesetzte Funktion ist.

9. **a)** b = 3

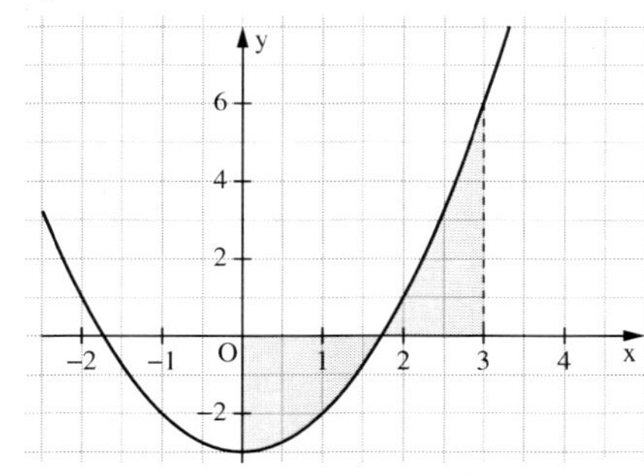

c) b = 2

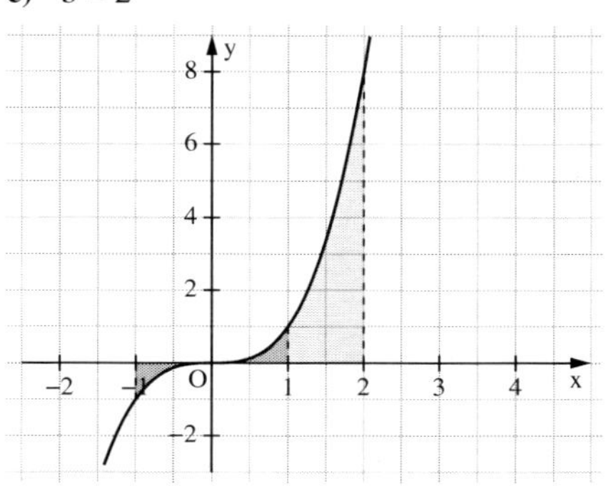

b) b ≈ 8,12

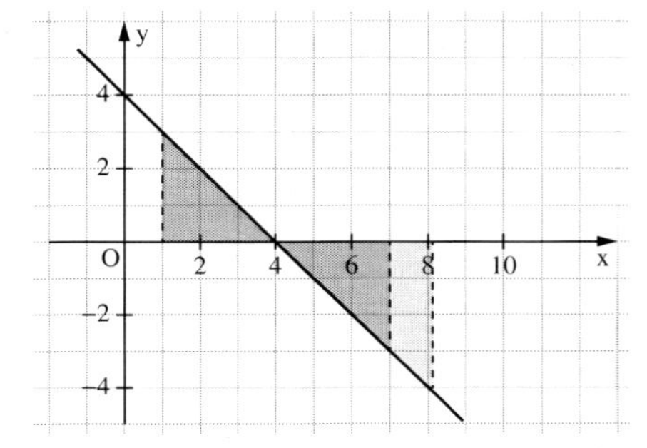

194

10. (1) $\int_{-1}^{1} x^4\,dx = \left[\frac{1}{5}x^5\right]_{-1}^{1} = \frac{2}{5}$

(2) $\int_{0}^{3} \sqrt{x}\,dx = \left[\frac{2}{3}x^{\frac{3}{2}}\right]_{0}^{3} = 2\sqrt{3}$

(3) $\int_{-1}^{1} (x^2 - 2)\,dx = \left[\frac{1}{3}x^3 - 2x\right]_{-1}^{1} = -\frac{10}{3}$

11. a) $I_{-1}(x) = -\frac{1}{3}x^3 + 4x + \frac{11}{3}$

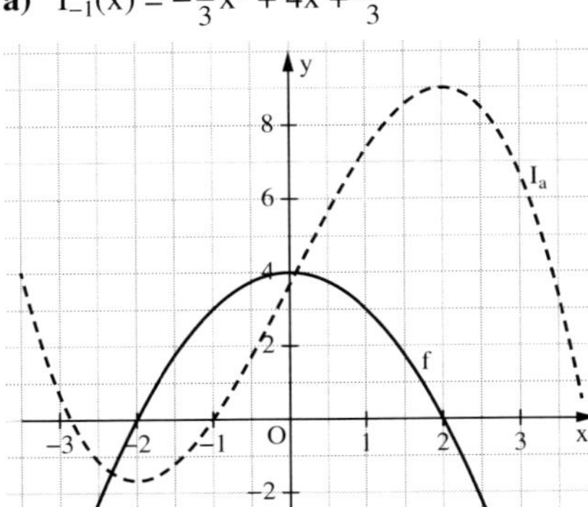

b) $I_0(x) = \arctan x$

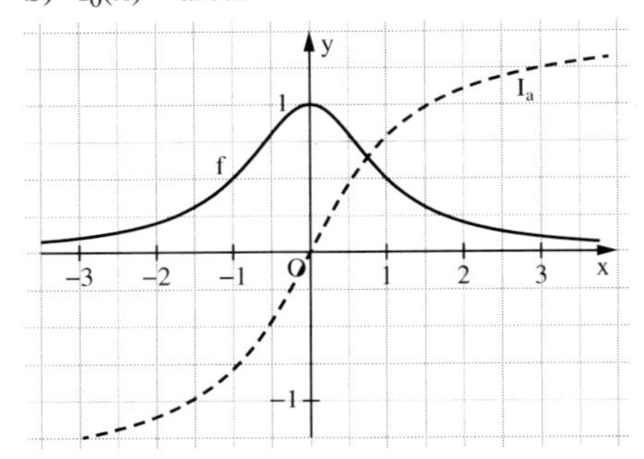

c) $I_0(x) = e^x(x - 1)$

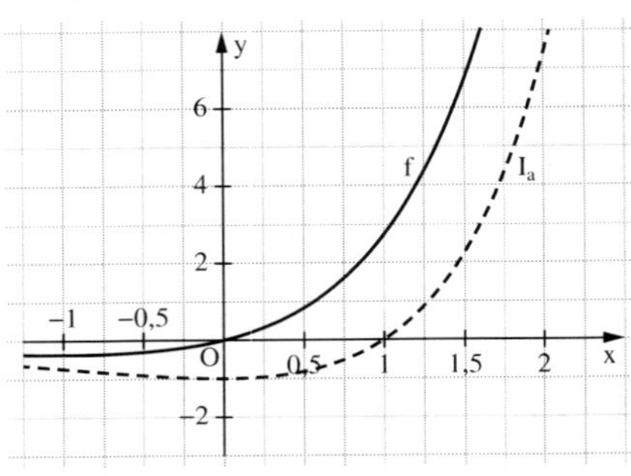

195

12. a) Der Graph ist monoton fallend und nähert sich für $t \to \infty$ der Null an.

b) $\int_{0}^{12} 2 \cdot 0{,}905^t\,dt$

$= [-20{,}04 \cdot 0{,}905^t]_0^{12} = 13{,}99$

Nach 12 Stunden wurden ca. 14 mg abgebaut.

c) 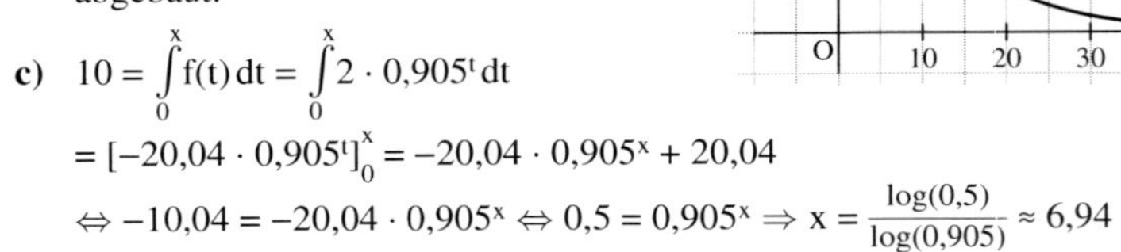

$10 = \int_{0}^{x} f(t)\,dt = \int_{0}^{x} 2 \cdot 0{,}905^t\,dt$

$= [-20{,}04 \cdot 0{,}905^t]_0^{x} = -20{,}04 \cdot 0{,}905^x + 20{,}04$

$\Leftrightarrow -10{,}04 = -20{,}04 \cdot 0{,}905^x \Leftrightarrow 0{,}5 = 0{,}905^x \Rightarrow x = \frac{\log(0{,}5)}{\log(0{,}905)} \approx 6{,}94$

Nach knapp 7 h ist die Hälfte des Wirkstoffes abgebaut.

195

12. d) 1 % von 20 mg = 0,2 mg

$20 - \int_0^{t_0} 2 \cdot 0{,}905t\,dt < 0{,}2$

$\Leftrightarrow -0{,}04 + 20{,}04 \cdot 0{,}905^{t_0} > 0{,}2$

$\Leftrightarrow t_0 > 44{,}5$

Nach ca. 44,5 h ist nur noch 1 % im Körper.

e)

Anzahl Tage	abgebaute Menge (in mg)
1	18,21
2	19,86
3	20,02
4	20,03
5	20,04
⋮	⋮

Der Wirkstoff ist nach einer knappen Woche eigentlich schon abgebaut. Da die Funktion f für $t \to \infty$ gegen null konvergiert (den Wert aber nie erreicht), würde der Wirkstoff anhand der Modellierung mit f nie vollständig abgebaut.

13. $v(t) < 0$ für $0 \le t \le 32{,}155$

Erst ab $t_0 = 32{,}155$ s beginnt der Glaszylinder sich zu leeren.

Wasserstand W (in cm) in Abhängigkeit der Zeit t (in s) für $t \ge t_0 = 32{,}155$

$W(t) = 78 - \int_{t_0}^{t} v(u)\,du = 78 - [0{,}1u^2 - 6{,}431u]_{32{,}155}^{t}$

$= -0{,}1t^2 + 6{,}431t - 25{,}39 \stackrel{!}{=} 0$

$\Rightarrow t = 4{,}23$ oder $t = 60{,}08$

Da obige Gleichung für $t \ge 32{,}155$ s gilt, ist $t = 60{,}08$ s die gesuchte Lösung.

Der Zylinder ist nach etwa einer Minute leer.

14. a) $S_1 = 12\,\frac{m}{s} \cdot 120\,s = 1440\,m$

S_1 ist die Fläche unter den Graphen der Geschwindigkeit zwischen $t = 0$ und $t = 120$.

b) $S_2 = \int_0^{t} v(u)\,du$

c) Da v keine Nullstelle besitzt, also die Geschwindigkeit nie null wird, berechnen wir den Wert t_0, ab dem das Boot sich weniger als 1 mm pro Sekunde bewegt:

$v(t_0) \approx 0{,}001\,\frac{m}{s} \Rightarrow t_0 \approx 590\,s$

Strecke bis Stillstand

$S_E = \int_0^{t_0} v(t)\,dt = 1440 + \int_{120}^{590} v(t)\,dt = 1440 + 132{,}278 \int_{120}^{590} 0{,}9802^t\,dt$

$\approx 1440 + 660{,}087 = 2040{,}087$

d) $S = \int_{t_1}^{t_2} v(t)\,dt$

3.3.2 Integration durch lineare Substitution

197

2. a) $F(x) = \frac{2}{3}x^{\frac{3}{2}}$; $G(x) = \frac{2}{9}(3x+1)^{\frac{3}{2}}$

$$\int_2^4 \sqrt{3x+1}\,dx = \frac{26}{9}\sqrt{13} - \frac{14}{9}\sqrt{7}$$

b) $G'(x) = \left(\frac{1}{m}F(m \cdot x + n)\right)' = m\frac{1}{m}F'(m \cdot x + n)$

$= F'(m \cdot x + n) = f(m \cdot x + n) = g(x)$

c) $\int_a^b f(mx+n)\,dx = \int_a^b g(x)\,dx = [G(x)]_a^b = \left[\frac{1}{m}F(mx+n)\right]_a^b$

3. a) $F(x) = \frac{1}{8}(2x+8)^4$

b) $F(x) = -\frac{3}{2(2x-1)}$

c) $F(x) = -\frac{5}{24}(2-3x)^8$

d) $F(x) = \frac{1}{4}(x-4)^4 - \frac{1}{2(x-4)^2}$

4. a) $\left[\frac{1}{32}(4x-1)^8\right]_{-0,5}^{1,5} = 12\,002$

b) $\left[-\frac{1}{2(x+4)^2}\right]_{-1}^{3} = -\frac{1}{98} + \frac{1}{18} \approx 0{,}0453$

c) $\left[-\frac{2}{9}(2-3x)^{\frac{3}{2}}\right]_{-3}^{-1} = \frac{2}{9}\left(-\sqrt{5^3} + \sqrt{11^3}\right) \approx 5{,}623$

5. a) $F(x) = \frac{1}{2} \cdot e^{2x}$ **b)** $F(x) = \frac{1}{3} \cdot e^{3x-1}$ **c)** $F(x) = \frac{1}{16}(-e^{-4x})$ **d)** $F(x) = -2e^{2-0,5x}$

6. a) (1) $f'(x) = \ln(2) \cdot 2^x$

(2) $f'(x) = \ln\left(\frac{2}{3}\right) \cdot \left(\frac{2}{3}\right)^x$

(3) $f'(x) = 3 \cdot \ln(2) \cdot 2^{x+1} = 6 \cdot \ln(2) \cdot 2^x$

(4) $f'(x) = -\ln(3) \cdot 3^{-x}$

b) (1) $F(x) = \frac{2^x}{\ln(2)}$

(2) $F(x) = \frac{\left(\frac{2}{3}\right)^x}{\ln\left(\frac{2}{3}\right)}$

(3) $F(x) = \frac{6 \cdot 2^x}{\ln(2)}$

(4) $F(x) = \frac{-3^{-x}}{\ln(3)}$

7. N(t) Bestand zur Zeit t

$$N(t) = \int_0^t w(x)\,dx + N(0) = \left[\frac{10\,000}{\ln 2} \cdot 2^{0,1x}\right]_0^t + 10\,000 = \frac{10\,000}{\ln 2} \cdot 2^{0,1t} - \frac{10\,000}{\ln 2} + 10\,000$$

8. $G_1(x) = \ln(x+1)$ für $x > -1$; $G_2(x) = \frac{1}{2} \cdot \ln(2x+1)$ für $x > -\frac{1}{2}$;

$G_3(x) = -\ln(1-x)$ für $x < 1$; $G_4(x) = -\frac{1}{2} \cdot \ln(1-2x)$ für $x < \frac{1}{2}$

3.3.3 Methode der partiellen Integration

199

2. a) $u(x) = 2 \cdot e^{2x}$; $u'(x) = 4 \cdot e^{2x}$; $v'(x) = x + 3$; $v(x) = \frac{1}{2}x^2 + 3x$

$\int (x + 3) \cdot (2e^{2x})\,dx = \left(\frac{1}{2}x^2 + 3x\right) \cdot (2e^{2x}) - \int\left(\frac{1}{2}x^2 + 3x\right) \cdot (4e^{2x})\,dx$

Der Integrand im rechts stehenden Integrals ist ein Produkt bestehend aus einer quadratischen Funktion und einer Exponentialfunktion, d. h. der Grad der ganzrationalen Funktion wächst bei diesem Ansatz.

b) $u(x) = x^2$; $u'(x) = 2x$; $v'(x) = e^x$; $v(x) = e^x$

$\int x^2 \cdot e^x\,dx = x^2 \cdot e^x - 2\int x \cdot e^x\,dx$

$u(x) = x$; $u'(x) = 1$; $v'(x) = e^x$; $v(x) = e^x$

$\int x \cdot e^x\,dx = x \cdot e^x - \int 1 \cdot e^x\,dx = x \cdot e^x - e^x = (x - 1) \cdot e^x$

Folgerung: $\int x^2 \cdot e^x\,dx = x^2 \cdot e^x - 2 \cdot (x - 1) \cdot e^x = (x^2 - 2x + 2) \cdot e^x$

c) $u(x) = \ln(x)$, $u'(x) = \frac{1}{x}$; $v'(x) = 1$; $v(x) = x$

$\int 1 \cdot \ln(x)\,dx = x \cdot \ln(x) - \int \frac{1}{x} \cdot x\,dx = x \cdot \ln(x) - x = x \cdot (\ln(x) - 1)$

$\int_1^3 \ln(x)\,dx = 3 \cdot \ln(3) - 3 - (1 \cdot \ln(1) - 1) = 3 \cdot \ln(3) - 2$

200

3. a) $\int (x - 2) \cdot e^x\,dx = (x - 3) \cdot e^x$; $\int_1^3 (x - 2) \cdot e^x\,dx = 2e$

b) $\int (x + 1) \cdot e^x\,dx = x \cdot e^x$; $\int_{-1}^1 (x + 1) \cdot e^x\,dx = e + \frac{1}{e} \approx 3{,}086$

c) $\int 2x \cdot e^{-x}\,dx = -2(x + 1) \cdot e^{-x}$; $\int_0^5 2x \cdot e^{-x}\,dx = 2 - \frac{12}{e^5} \approx 1{,}919$

4. Fehler in der 1. Auflage; richtig: **h)** $\int_1^2 x^2 \cdot \ln(x)\,dx$.

a) $\int (x^2 + 1) \cdot e^x\,dx = (x^2 - 2x + 3) \cdot e^x$; $\int_{-1}^2 (x^2 + 1) \cdot e^x\,dx = 3e^2 - \frac{6}{e} \approx 19{,}96$

b) $\int (x^2 + 4x + 3) \cdot e^x\,dx = (x^2 + 2x + 1) \cdot e^x$; $\int_{-3}^0 (x^2 + 4x + 3) \cdot e^x\,dx = 1 - \frac{4}{e^3} \approx 0{,}801$

c) $\int (-6x^2 + 4) \cdot e^x\,dx = (-6x^2 + 12x - 8) \cdot e^x$; $\int_{-2}^1 (-6x^2 + 4) \cdot e^x\,dx = \frac{56}{e^2} - 2e \approx 2{,}142$

d) $\int (x^2 - x) \cdot e^{-x}\,dx = (-x^2 - x - 1) \cdot e^{-x}$; $\int_{-2}^4 (x^2 - x) \cdot e^{-x}\,dx = 3e^2 - \frac{21}{e^4} \approx 21{,}78$

e) $\int x^3 \cdot e^x\,dx = (x^3 - 3x^2 + 6x - 6) \cdot e^x$; $\int_0^1 x^3 \cdot e^x\,dx = 6 - 2e \approx 0{,}563$

f) $\int x \cdot \ln(x)\,dx = \frac{1}{4} \cdot x^2 \cdot (2\ln(x) - 1)$; $\int_1^e x \cdot \ln(x)\,dx = \frac{e^2 + 1}{4} \approx 2{,}097$

g) $\int \frac{\ln(x)}{x^2}\,dx = -\frac{1}{x} \cdot (\ln(x) + 1)$; $\int_1^2 \frac{\ln(x)}{x^2}\,dx = \frac{1}{2} \cdot (1 - \ln(2)) \approx 0{,}153$

200

4. **h)** $\int x^2 \cdot \ln(x)\,dx = \frac{1}{9} \cdot x^3 \cdot (3\ln(x) - 1)$; $\int_1^2 x^2 \cdot \ln(x)\,dx = \frac{24\ln(2) - 7}{9} \approx 1{,}071$

i) $\int x \cdot 2^x\,dx = 2^x \cdot \left(\frac{x}{\ln(2)} - \frac{1}{\ln^2(2)}\right)$; $\int_a^\pi x \cdot 2^x\,dx = 2\pi \cdot \left(\frac{\pi}{\ln(2)} - \frac{1}{\ln^2(2)}\right) - 2^a \cdot \left(\frac{a}{\ln(2)} - \frac{1}{\ln^2(2)}\right)$

5. **a)** $F(x) = \left(\frac{x}{2} - \frac{1}{4}\right) \cdot e^{2x}$

b) $F(x) = (2x - 3) \cdot e^x$

c) $F(x) = \frac{1}{6}x^6 - \frac{4}{5}x^5 + \frac{3}{2}x^4 - \frac{4}{3}x^3 + \frac{1}{2}x^2$

d) $F(x) = \frac{1}{5}x^{10} + \frac{37}{9}x^9 + 38x^8 + 208x^7 + \frac{2240}{3}x^6 + \frac{9184}{5}x^5 + 3136x^4$
$+ \frac{11008}{3}x^3 + 2816x^2 + 1280x$

e) $F(x) = \frac{\ln^2(x)}{2}$

f) $F(x) = -(x^2 + 2x + 2) \cdot e^{-x}$

g) $F(x) = (x^2 - 5x + 9) \cdot e^x$

h) $F(x) = \left(\frac{1}{2}x^3 - \frac{3}{4}x^2 + \frac{3}{4}x - \frac{3}{8}\right) \cdot e^{2x}$

i) $F(x) = \frac{x^3}{9} \cdot (3 \cdot \ln(x) - 1)$

6. Nullstellen bei $x_1 = -2$ und $x_2 = +2$; Stammfunktion für f(x): $F(x) = (x^2 - 2x - 2) \cdot e^x$

$$\int_{-2}^{2} (x^2 - 4) \cdot e^x\,dx = -2e^2 - \frac{6}{e^2} \approx -15{,}59$$

Der Graph verläuft unterhalb der x-Achse und schließt ein Flächenstück mit $A \approx 15{,}59$ FE ein.

7. **a)** Schnittstellenbestimmung: f(x) = g(x) gilt, wenn x = 0 oder $e^{x-2} = 1$, also wenn x = 0 oder wenn x = 2.

$$\int_0^2 (f(x) - g(x))\,dx = \left[\frac{1}{2}x^2 - (x - 1) \cdot e^{x-2}\right]_0^2 = 1 - \frac{1}{e^2} \approx 0{,}865$$

b) Schnittstellenbestimmung: f(x) = g(x) gilt, wenn x = 0 oder $x \cdot e^x = e$, also wenn x = 0 oder wenn x = 1.

$$\int_0^1 (f(x) - g(x))\,dx = \left[\frac{e}{2}x^2 - (x^2 - 2x + 2) \cdot e^x\right]_0^1 = 2 - \frac{e}{2} \approx 0{,}641$$

8. Tiefpunktbestimmung von $f(x) = x \cdot e^x$: $f'(x) = (x + 1) \cdot e^x$; $f'(x) = 0$ gilt für x = −1 (mit VZW von f′ von – nach +).

$T\left(-1 \mid -\frac{1}{e}\right)$. Gleichung der Tangente durch den Tiefpunkt: $t(x) = -\frac{1}{e}$.

$$\int_{-1}^{0} (f(x) - t(x))\,dx = \left[(x - 1) \cdot e^x + \frac{1}{e} \cdot x\right]_{-1}^{0} = \frac{3}{e} - 1 \approx 0{,}1036$$

9. Fehler in der ersten Auflage; richtig: **d)** $\int_0^a x \cdot e^{-x}\,dx$.

a) $\int x \cdot e^{-x}\,dx = -(x + 1) \cdot e^{-x}$; $\int x^2 \cdot e^{-x}\,dx = -(x^2 + 2x + 2) \cdot e^{-x}$;

$\int x^3 \cdot e^{-x}\,dx = -(x^3 + 3x^2 + 6x + 6) \cdot e^{-x}$

200

9. b) $f_1'(x) = (1 - x) \cdot e^{-x}$; lokales Maximum bei $x_1 = 1$; $\int\limits_0^1 x \cdot e^{-x}\,dx = 1 - \frac{2}{e} \approx 0{,}264$

$f_2'(x) = (2x - x^2) \cdot e^{-x}$; lokales Maximum bei $x_1 = 2$; $\int\limits_0^2 x^2 \cdot e^{-x}\,dx = 2 - \frac{10}{e^2} \approx 0{,}647$

$f_3'(x) = (3x^2 - x^3) \cdot e^{-x}$; lokales Maximum bei $x_1 = 3$; $\int\limits_0^3 x^3 \cdot e^{-x}\,dx = 6 - \frac{78}{e^3} \approx 2{,}117$

c) $f_1''(x) = (x - 2) \cdot e^{-x}$; Wendestelle bei $x_2 = 2$; $\int\limits_0^2 x \cdot e^{-x}\,dx = 1 - \frac{3}{e^2} \approx 0{,}594$

$f_2'(x) = (x^2 - 4x + 2) \cdot e^{-x}$;

Wendestellen bei $x_2 = 2 - \sqrt{2}$ sowie bei $x_2 = 2 + \sqrt{2}$

$\int\limits_0^{2-\sqrt{2}} x^2 \cdot e^{-x}\,dx \approx 0{,}0435$; $\int\limits_0^{2+\sqrt{2}} x^2 \cdot e^{-x}\,dx \approx 1{,}326$

$f_3''(x) = x \cdot (x^2 - 6x + 6) \cdot e^{-x}$;

Wendestellen bei $x_2 = 0$, $x_2 = 3 - \sqrt{3}$ sowie bei $x_2 = 3 - \sqrt{3}$;

$\int\limits_0^{3-\sqrt{3}} x^3 \cdot e^{-x}\,dx \approx 0{,}2398$; $\int\limits_0^{3+\sqrt{3}} x^3 \cdot e^{-x}\,dx \approx 4{,}172$

d) $\int\limits_0^a x \cdot e^{-x}\,dx = -(a + 1) \cdot e^{-a} + (0 + 1) \cdot e^0$; $\lim\limits_{a \to \infty} \int\limits_0^a x \cdot e^{-x}\,dx = 1$

$\int\limits_0^a x^2 \cdot e^{-x}\,dx = -(a^2 + 2a + 2) \cdot e^{-a} + (0 + 0 + 2) \cdot e^0$; $\lim\limits_{a \to \infty} \int\limits_0^a x^2 \cdot e^{-x}\,dx = 2$

$\int\limits_0^a x^3 \cdot e^{-x}\,dx = -(a^3 + 3a^2 + 6a + 6) \cdot e^{-a} + (0 + 0 + 0 + 6) \cdot e^0$; $\lim\limits_{a \to \infty} \int\limits_0^a x^3 \cdot e^{-x}\,dx = 6$

3.4 Berechnen von Flächeninhalten

3.4.1 Fläche zwischen einem Funktionsgraphen und der x-Achse

202

3. $f(x) = 2 - x^3$, Nullstelle $f(x_n) = 0 \Rightarrow x = \sqrt[3]{2}$

- Flächeninhalt mit x-Achse über Intervall I = [0; 2]:

$$A = \int\limits_0^{\sqrt[3]{2}} f(x)\,dx + \left|\int\limits_{\sqrt[3]{2}}^{2} f(x)\,dx\right| = \left[2x - \frac{1}{4}x^4\right]_0^{\sqrt[3]{2}} + \left|\left[2x - \frac{1}{4}x^4\right]_{\sqrt[3]{2}}^{0}\right| \approx 3{,}78$$

- $\int\limits_0^2 f(x)\,dx = \left[2x - \frac{1}{4}x^4\right]_0^2 = 0$

- Graph f(x) über Intervall I = [0; 2]

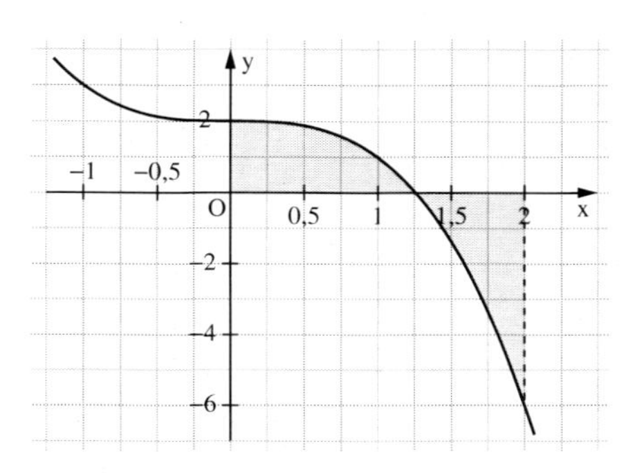

203

4. a) Nullstelle im Intervall $x_0 = -\sqrt{2}$

$$A = \int_{-2}^{-\sqrt{2}} (x^2 - 2)\,dx + \left| \int_{-\sqrt{2}}^{-1} (x^2 - 2)\,dx \right| = \left[\tfrac{1}{3}x^3 - 2x\right]_{-2}^{-\sqrt{2}} + \left| \left[\tfrac{1}{3}x^3 - 2x\right]_{-\sqrt{2}}^{-1} \right|$$

$$= \tfrac{8}{3}\sqrt{2} - 3 \approx 0{,}7712$$

b) Nullstellen $x_0 = 2$, $x_1 = 3$

$$A = \left| \int_0^2 f(x)\,dx \right| + \int_2^3 f(x)\,dx + \left| \int_3^4 f(x)\,dx \right|$$

Stammfunktion: $F(x) = -\frac{1}{3}x^3 + \frac{5}{2}x^2 - 6x$

$A = \frac{17}{3}$

c) Nullstellen $x_0 = 0$, $x_1 = 1$

$$A = \int_{-1}^{0} f(x)\,dx + \left| \int_0^1 f(x)\,dx \right| + \int_1^3 f(x)\,dx$$

Stammfunktion: $F(x) = \frac{2}{3}x^3 - x^2$

$A = \frac{5}{3} + \frac{1}{3} + \frac{28}{3} = \frac{34}{3} \approx 11{,}33$

d) Nullstelle $x_0 = 2$, außerhalb des Intervalls

$$A = \left| \int_{-4}^{1} f(x)\,dx \right|$$

Stammfunktion: $F(x) = \frac{1}{16}x^4 - 2x$

$A = \frac{415}{16} = 25{,}9375$

e) Nullstelle $x_0 = \frac{1}{2}$; aber es gilt: $f(x) \geq 0$ für $x \in [-1; 3]$

$$A = \int_{-1}^{3} f(x)\,dx$$

Stammfunktion: $F(x) = \frac{1}{6}(2x - 1)^2 = \frac{4}{3}x^3 - 2x^2 + x - \frac{1}{6}$

$A = \frac{76}{3} \approx 25{,}33$

f) Nullstelle $x_0 = -1$, außerhalb des Intervalls

$$A = \int_1^2 f(x)\,dx$$

Stammfunktion: $F(x) = \frac{1}{2}x^2 - \frac{1}{x}$

$A = 2$

g) Nullstelle $x_0 = -1$, außerhalb des Intervalls

$$A = \int_1^4 f(x)\,dx$$

Stammfunktion: $F(x) = -\frac{1}{x} - \frac{1}{2x^2} = -\frac{2x + 1}{2x^2}$

$A = \frac{39}{32} \approx 1{,}21875$

203

4. h) Nullstellen $x_0 = 0$; $x_1 = \frac{1}{2}$ außerhalb des Intervalls

$A = \int_2^3 f(x)\,dx$

Stammfunktion: $F(x) = x^2 - \frac{2}{3}\sqrt{2x^3}$

$A = \frac{23}{3} - 2\sqrt{6} \approx 2{,}77$

i) $F(x) = e^x$; $A = e^2 - e^{-2} \approx 7{,}25$

j) $F(x) = e^x - \frac{1}{2}e \cdot x^2$; $A = \left(e - \frac{1}{2}e\right) - (1 - 0) = \frac{1}{2}e - 1 \approx 0{,}359$

5. a) $A = \int_1^u (x + 2)\,dx = \left[\frac{1}{2}x^2 + 2x\right]_1^u = \frac{1}{2}u^2 + 2u + \frac{5}{2} \overset{!}{=} \frac{27}{2} \Rightarrow u = 4$

b) Nullstelle von f: $x_0 = \frac{3}{2}$. Die Nullstelle kann nicht im Intervall liegen.

Stammfunktion: $F(x) = -x^2 + 3x$

$\int_0^{x_0} f(x)\,dx = 2{,}25 > 1$. Wir betrachten also $\int_0^u f(x)\,dx = -u^2 + 3u \overset{!}{=} 1$

$\Rightarrow u \approx 0{,}38$ und $u \approx 2{,}61$. Das zweite Ergebnis kommt als Lösung nicht in Frage, da

$\int_{\frac{3}{2}}^{x} f(x)dx < 0$. Die Fläche im Intervall [0; 2,61] wäre also > 1.

c) Nullstellen von f: $x_0 = -2$; $x_1 = 3$

x_1 liegt nicht im Intervall, da $u < 2$. Stammfunktion: $F(x) = \frac{2}{3}x^3 - x^2 - 12x$

Da $\left|\int_{-2}^{2} f(x)\,dx\right| = 37\frac{1}{3} < 43$ ist, muss $u < -2$ sein.

$\Rightarrow \int_u^{-2} f(x)\,dx = -\frac{2}{3}u^3 + u^2 - 12u + \frac{44}{3} \overset{!}{=} 5\frac{2}{3}$

$\Rightarrow u_1 = -3$; $u_2 = \frac{9}{4} + \frac{3}{4}\sqrt{17}$; $u_3 = \frac{9}{4} - \frac{3}{4}\sqrt{17} \Rightarrow u = -3$

d) Alle Nullstellen von f können im Intervall liegen:

$x_0 = \frac{1}{2} - \frac{1}{2}\sqrt{5}$; $x_1 = 1$; $x_2 = \frac{1}{2} + \frac{1}{2}\sqrt{5}$

Berechne die Flächen zwischen Nullstellen und x = 4.

Stammfunktion: $F(x) = \frac{1}{4}x^4 - \frac{2}{3}x^3 + x$

$\int_{x_2}^{4} f(x)\,dx = 24{,}826 < 26\frac{1}{4}$

$\left|\int_{x_1}^{x_2} f(x)\,dx\right| + \int_{x_2}^{4} f(x)\,dx = 24{,}90 < 26\frac{1}{4}$

$\int_{x_0}^{x_1} f(x)\,dx + \left|\int_{x_1}^{x_2} f(x)\,dx\right| + \int_{x_2}^{4} f(x)\,dx = \frac{211}{8} - \frac{5}{24}\sqrt{5} \approx 25{,}91 < 26\frac{1}{4}$

$\Rightarrow u < x_0$

$\int_u^{x_0} f(x)\,dx = -\frac{1}{4}u^4 + \frac{2}{3}u^3 - u + \frac{1}{24} - \frac{5}{24}\sqrt{5} \overset{!}{=} 26\frac{1}{4} - \frac{211}{8} - \frac{5}{24}\sqrt{5}$

$\Rightarrow u = -1$

203

6. a) Nullstellen von f: $x_0 = \sqrt{k}$ und $x_1 = -\sqrt{k}$
f ist achsensymmetrisch zur y – Achse, also löse

$$\left|\int_{-\sqrt{k}}^{\sqrt{k}} f(x)\,dx\right| = \int_{\sqrt{k}}^{3} f(x)\,dx$$

$$\Leftrightarrow -\left[\frac{1}{3}x^3 - kx\right]_{-\sqrt{k}}^{\sqrt{k}} = \left[\frac{1}{3}x^3 - kx\right]_{\sqrt{k}}^{3}$$

$$\Leftrightarrow \frac{4}{3}(\sqrt{k})^3 = 9 - 3k + \frac{2}{3}(\sqrt{k})^3$$

$$\Leftrightarrow 0 = 9 - 3k - \frac{2}{3}(\sqrt{k})^3$$

$$\Leftrightarrow k = 2{,}25$$

b) $f(x) = (x+b)(x+a)(x-a)(x-b) = (x^2 - a^2)(x^2 - b^2) = x^4 - (a^2 + b^2)\cdot x^2 + a^2 \cdot b^2$

$$\int_{-b}^{b} f(x)dx = \left[\frac{x^5}{5} - (a^2+b^2)\cdot\frac{x^3}{3} + a^2\cdot b^2\cdot x\right]_{-b}^{+b}$$

$$= 2\cdot\left(\frac{b^5}{5} - a^2\cdot\frac{b^3}{3} - \frac{b^5}{3} + a^2b^3\right) = 2\cdot\left(\frac{2}{3}a^2b^3 - \frac{2}{15}b^5\right) = \frac{4}{3}b^3\cdot\left(a^2 - \frac{1}{5}b^2\right)$$

also $\int_{-b}^{b} f(x)\,dx = 0$, falls $5a^2 = b^2$.

Die Funktionsgleichung lautet daher: $f(x) = x^4 - 6a^2\cdot x^2 + 5a^4$.
Für die Ableitungen gilt: $f'(x) = 4x^3 - 12a^2\cdot x$ und $f''(x) = 12x^2 - 12a^2$.
Die Wendestellen der Funktion liegen bei $x = -a$ bzw. $x = a$, d. h. wenn die Wendestellen einer ganzrationalen Funktion 4. Grades Nullstellen der Funktion sind, dann sind die Flächenstücke oberhalb und unterhalb der x-Achse gleich groß.

7. a) Nullstellen $x_0 = -2$; $x_1 = 2$
Stammfunktion: $F(x) = 4x - \frac{1}{3}x^3 + c$

$$A = \int_{-2}^{2}(4 - x^2)\,dx = \left[4x - \frac{1}{3}x^3\right]_{-2}^{2} = \frac{32}{3} = 10\frac{2}{3}$$

b) Nullstellen $x_0 = 2$; $x_1 = 4$
Stammfunktion: $F(x) = -\frac{1}{3}x^3 + 3x^2 - 8x + c$

$$A = \int_{2}^{4}(-x^2 + 6x - 8)\,dx = \left[-\frac{1}{3}x^3 + 3x^2 - 8x\right]_{2}^{4} = \frac{4}{3}$$

c) Nullstellen $x_0 = 0$; $x_1 = 1$; $x_2 = 3$
Stammfunktion: $F(x) = -\frac{1}{4}x^4 + \frac{4}{3}x^3 - \frac{3}{2}x^2 + c$

$$A = \left|\int_{0}^{1}(-x^3 + 4x^2 - 3x)\,dx\right| + \int_{1}^{3}(-x^3 + 4x^2 - 3x)\,dx$$

$$= \left|\left[-\frac{1}{4}x^4 + \frac{4}{3}x^3 - \frac{3}{2}x^2\right]_0^1\right| + \left[-\frac{1}{4}x^4 + \frac{4}{3}x^3 - \frac{3}{2}x^2\right]_1^3 = \frac{37}{12} = 3\frac{1}{12}$$

d) Nullstellen $x_0 = -1$; $x_1 = 7$
Stammfunktion: $F(x) = -\frac{1}{3}x^3 + 3x^2 + 7x + c$

$$A = \int_{-1}^{7}(-x^2 + 6x + 7)\,dx = \left[-\frac{1}{3}x^3 + 3x^2 + 7x\right]_{-1}^{7} = 85\frac{1}{3}$$

203

7. e) Nullstellen $x_0 = -1;\ x_1 = 1;\ x_2 = 3$

Stammfunktion: $F(x) = \frac{1}{4}x^4 - x^3 - \frac{1}{2}x^2 + 3x + c$

$$A = \int_{-1}^{1}(x^3 - 3x^2 - x + 3)\,dx + \left|\int_{1}^{3}(x^3 - 3x^2 - x + 3)\,dx\right|$$

$$= \left[\frac{1}{4}x^4 - x^3 - \frac{1}{2}x^2 + 3x\right]_{-1}^{1} + \left|\left[\frac{1}{4}x^4 - x^3 - \frac{1}{2}x^2 + 3x\right]_{1}^{3}\right| = 8$$

f) Nullstellen $x_0 = -1;\ x_1 = -\frac{1}{2};\ x_2 = \frac{1}{2};\ x_3 = 1$

Stammfunktion: $F(x) = \frac{4}{3}x^3 - 5x - \frac{1}{x} + c$

Da $f(x) \to \infty$ für $x \to 0$ und $x \to \pm\infty$ ist A wie folgt zu bestimmen:

$$A = \left|\int_{-1}^{-\frac{1}{2}} f(x)\,dx\right| + \left|\int_{\frac{1}{2}}^{1} f(x)\,dx\right| = 2 \cdot \left|\int_{\frac{1}{2}}^{1} f(x)\,dx\right| = 2 \cdot \left|\left[\frac{4}{3}x^3 - 5x - \frac{1}{x}\right]_{\frac{1}{2}}^{1}\right| = 2 \cdot \frac{1}{3} = \frac{2}{3}$$

8. a) $f(a) = 3$ für $a > 0 \Rightarrow a = \sqrt{2}$

$$A = 3 \cdot \sqrt{2} - \int_{0}^{\sqrt{2}}(x^2 + 1)\,dx = 3\sqrt{2} - \left[\frac{1}{3}x^3 + x\right]_{0}^{\sqrt{2}} = 3\sqrt{2} - \frac{5}{3}\sqrt{2} = \frac{4}{3}\sqrt{2}$$

b) $f(a) = 3$ für $a > 0 \Rightarrow a = 2$

$$A = 3 \cdot 2 - \int_{1}^{2}\left(\frac{x^3}{2} - \frac{x}{2}\right)dx = 6 - \left[\frac{1}{8}x^4 - \frac{1}{4}x^2\right]_{1}^{2} = 6 - 1{,}125 = 4{,}875$$

c) $f(a) = 4$ für $a > 0 \Rightarrow a = 2$

$$A = 2 \cdot 4 - \int_{0}^{2}(-x^3 + 3x^2)\,dx = 8 - \left[-\frac{1}{4}x^4 + x^3\right]_{0}^{2} = 8 - 4 = 4$$

204

9. a) $f(x) = (x + 1)^2 - 4$

$$A = \left|\int_{-2}^{1}((x + 1)^2 - 4)\,dx\right| + \int_{1}^{2}((x + 1)^2 - 4)\,dx$$

$$= \left|\left[\frac{1}{3}(x + 1)^3 - 4x\right]_{-2}^{1}\right| + \left[\frac{1}{3}(x + 1)^3 - 4x\right]_{1}^{2} = 9 + \frac{7}{3} = 11\frac{1}{3}$$

b) $f(x) = 3 - x^2$; Nullstellen $x = \pm\sqrt{3}$

f und Grenzen symmetrisch zur y-Achse

$$A = 2 \cdot \left(\int_{0}^{\sqrt{3}}(3 - x^2)\,dx + \left|\int_{\sqrt{3}}^{2}(3 - x^2)\,dx\right|\right)$$

$$= 2 \cdot \left(\left[3x - \frac{1}{3}x^3\right]_{0}^{\sqrt{3}} + \left|\left[3x - \frac{1}{3}x^3\right]_{\sqrt{3}}^{2}\right|\right)$$

$$= 2 \cdot \left(2\sqrt{3} + 2\sqrt{3} - \frac{10}{3}\right) = 7{,}1897$$

204

9. c) $f(x) = \frac{1}{3}(x+1)(x-1)(x-3)$; Grenzen symmetrisch um $(1 \mid 0)$

f punktsymmetrisch um $(1 \mid 0)$

$$A = 2 \cdot \left(\left| \int_1^3 f(x)\,dx \right| + \int_3^4 f(x)\,dx \right)$$

$$= 2 \cdot \left(\left| \left[\frac{1}{12}x^4 - \frac{1}{3}x^3 - \frac{1}{6}x^2 + x \right]_1^3 \right| + \left[\frac{1}{12}x^4 - \frac{1}{3}x^3 - \frac{1}{6}x^2 + x \right]_3^4 \right)$$

$$= 2 \cdot \left(\left| -\frac{4}{3} \right| + \frac{25}{12} \right) = \frac{41}{6} = 6\frac{5}{6} = 6{,}833$$

d) $f(x) = x^3 + x^2 - 2x$

$$A = \int_{-1,5}^{0} f(x)\,dx + \left| \int_0^1 f(x)\,dx \right| + \int_1^{1,5} f(x)\,dx$$

Stammfunktion: $F(x) = \frac{1}{4}x^4 + \frac{1}{3}x^3 - x^2$

$$A = \frac{135}{64} + \frac{5}{12} + \frac{107}{192} = \frac{37}{12} = 3\frac{1}{12} = 3{,}0833$$

10. a) $f(x) = -3x^2 + 6x$

Es ist $\int_0^2 f(x)\,dx = 4$. Die Funktion hat die Nullstellen $x = 0$ und $x = 2$. Dementsprechend muss die x – Achse in 0,5er Schritten skaliert werden.

b) $f(x) = 2x^3 - 24x^2 + 72x$

Es ist $\int_0^6 f(x)\,dx = 216$. Die Funktion hat ihr Maximum an der Stelle $x = 2$ mit dem y-Wert 64. Daher muss die y-Achse in 20er Schritten skaliert sein (also 20, 40, 60).

11. a)

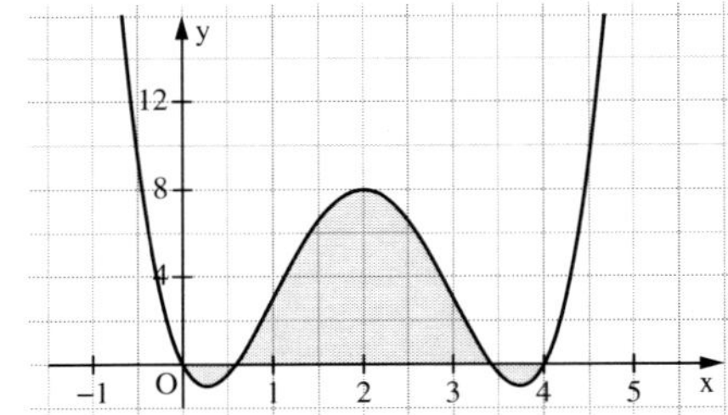

Nullstellen $x_0 = 0$; $x_1 = 2 - \sqrt{2}$; $x_2 = 2 + \sqrt{2}$; $x_3 = 4$.

$$A = \left| \int_0^{2-\sqrt{2}} f(x)\,dx \right| + \int_{2-\sqrt{2}}^{2+\sqrt{2}} f(x)\,dx + \left| \int_{2+\sqrt{2}}^{4} f(x)\,dx \right| = \frac{32}{5}(3\sqrt{2} - 2)$$

b)

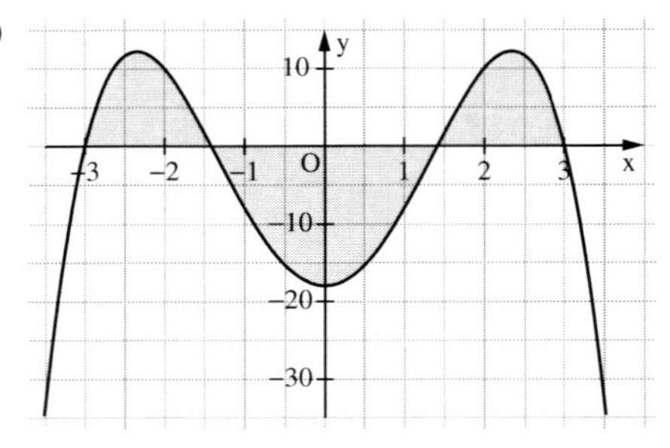

204

11. Nullstellen $x_0 = -3$; $x_1 = -\sqrt{2}$; $x_2 = \sqrt{2}$; $x_3 = 3$. f achsensymmetrisch zur y-Achse

$$A = 2 \cdot \left(\left| \int_0^{\sqrt{2}} f(x)\,dx \right| + \int_{\sqrt{2}}^{3} f(x)\,dx \right)$$

Stammfunktion: $F(x) = -\frac{1}{5}x^5 + \frac{11}{3}x^3 - 18x \Rightarrow A = \frac{4}{15}\left(172\sqrt{2} - 27\right)$

c)

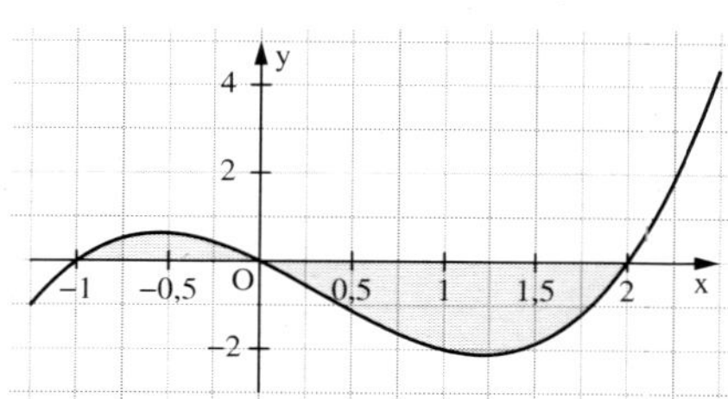

Nullstellen $x_0 = -1$; $x_1 = 0$; $x_2 = 2$

$$A = \int_{-1}^{0} f(x)\,dx + \left| \int_0^2 f(x)\,dx \right|$$

Stammfunktion: $F(x) = \frac{1}{4}x^4 - \frac{1}{3}x^3 - x^2 \Rightarrow A = \frac{37}{12} \approx 3{,}0833$

d)

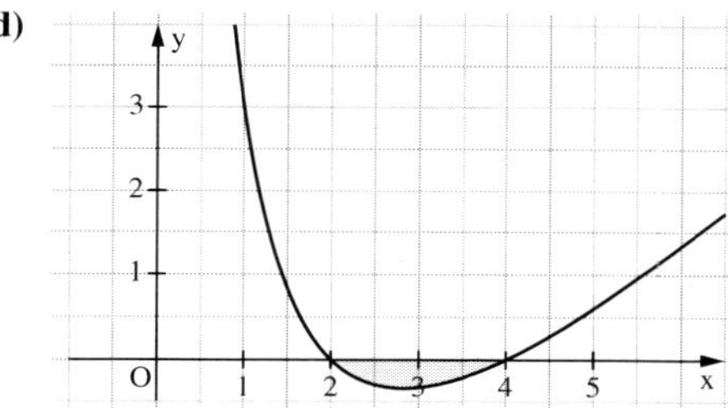

Nullstellen $x_0 = 2$; $x_1 = 4$

$$A = \left| \int_2^4 \left(x - 6 + \frac{8}{x}\right) dx \right| = \left| \left[\frac{1}{2}x^2 - 6x + 8\ln x\right]_2^4 \right| = -8\ln 2 + 6 = 0{,}4548$$

e)

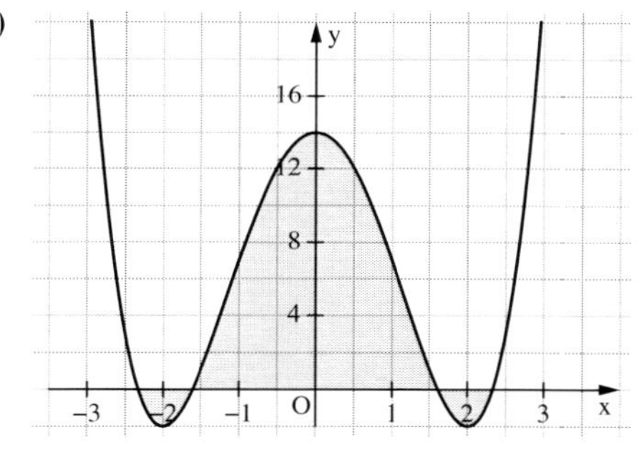

Nullstellen $x_0 = -\sqrt{4 + \sqrt{2}} \approx -2{,}33$; $x_1 = -\sqrt{4 - \sqrt{2}} \approx -1{,}61$;

$x_2 = \sqrt{4 - \sqrt{2}} \approx 1{,}61$; $x_3 = \sqrt{4 + \sqrt{2}} \approx 2{,}33$

$f(x) = x^4 - 8x^2 + 14$; $F(x) = \frac{1}{5}x^5 - \frac{8}{3}x^3 + 14x + c$

204

11. $A \approx \left|\left[\frac{1}{5}x^5 - \frac{8}{3}x^3 + 14x\right]_{-2,33}^{-1,61}\right| + \left[\frac{1}{5}x^5 - \frac{8}{3}x^3 + 14x\right]_{-1,61}^{1,61}$

$+ \left|\left[\frac{1}{5}x^5 - \frac{8}{3}x^3 + 14x\right]_{1,61}^{2,33}\right| \approx 29,05$

f)

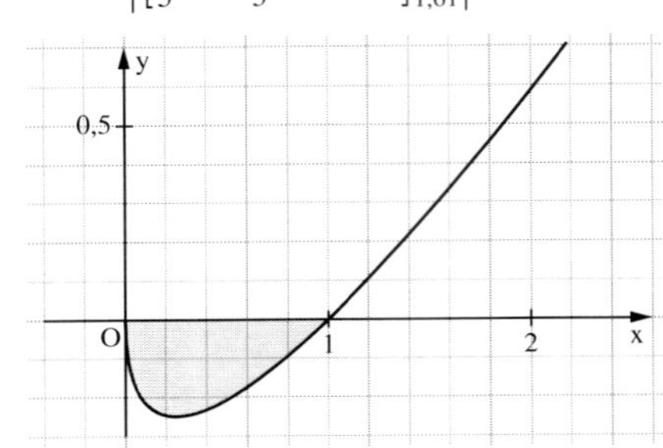

Nullstellen $x_0 = 0$; $x_1 = 1$

$A = \left|\int_0^1 f(x)\,dx\right| = \left|\left[\frac{1}{2}x^2 - \frac{2}{3}\sqrt{x^3}\right]_0^1\right| = \frac{1}{6}$

205

12. a) Der Betrag darf nicht aus dem Integral gezogen werden, dadurch werden Flächen orientiert berechnet und somit ist das Gleichheitszeichen falsch.

$\int_1^3 |x^3 - 6x^2 + 11x - 6|\,dx = 2 \cdot \int_1^2 (x^3 - 6x^2 + 11x - 6)\,dx$

$= 2 \cdot \left[\frac{1}{4}x^4 - 2x^3 + \frac{11}{2}x^2 - 6x\right]_1^2 = \frac{1}{2}$

b) Der Betrag darf nicht weggelassen werden, wenn nicht alle Flächen über der x-Achse liegen. Die Fläche liegt komplett unter der x-Achse:

$\int_{-2}^1 |x^2 + x - 2|\,dx = \left|\int_{-2}^1 (x^2 + x - 2)\,dx\right| = \left|\left[\frac{1}{3}x^3 + \frac{1}{2}x^2 - 2x\right]_{-2}^1\right| = \frac{9}{2}$

13. a) Die Öffnungsfläche kann in ein rechteckiges und ein halbkreisförmiges Teil zerlegt werden. Im Beispiel (A) ist der rechteckige Teil ein Quadrat mit Seitenlänge r = 2 m und der Halbkreis hat einen Radius von 1 m.

$A = (2\text{ m})^2 + \frac{1}{2}\pi(1\text{ m})^2 = \left(4 + \frac{\pi}{2}\right)\text{ m}^2 = 5,57\text{ m}^2$

b) Hier kann erneut die Rechteckfläche abgetrennt werden. Es verbleibt eine Parabel der Form $f(x) = -\frac{b}{a^2}x^2 + b$, wobei b die Höhe über dem Rechteck und a den Abstand von der Mitte zu einer Seite beschreibt.

Im Beispiel (B) ist a = 1 m; b = 0,5 m. Die Fläche ist dann

$A_P = \int_{-a}^{a}\left(-\frac{b}{a^2}x^2 + b\right)dx$. Im Beispiel

$A_P = \int_{-1}^{1}\left(-\frac{1}{2}x^2 + \frac{1}{2}\right)dx = \int_0^1 (-x^2 + 1)\,dx = \left[-\frac{1}{3}x^3 + x\right]_0^1 = \frac{2}{3}\text{ m}^2$

$A_B = (2\text{ m})^2 + \frac{2}{3}\text{ m}^2 = 4\frac{2}{3}\text{ m}^2$

c) Die Öffnungsfläche des Torbogens (A) ist um 0,90 m^2 größer.

205

14. a) Nullstellen: $x_0 = 0$; $x_1 = k$

$$A = \left|\int_0^k (x^2 - kx)\,dx\right|$$

$$= \left|\left[\tfrac{1}{3}x^3 - \tfrac{1}{2}kx^2\right]_0^k\right| = \left|-\tfrac{1}{6}k^3\right| \stackrel{!}{=} 36$$

$\Leftrightarrow |k| = 6 \Leftrightarrow k = 6$ oder $k = -6$

k bestimmt die Position der zweiten Nullstelle und des Scheitelpunkts.
Für betragsmäßig große k wandert die Nullstelle nach außen. Damit wächst die eingeschlossene Fläche.

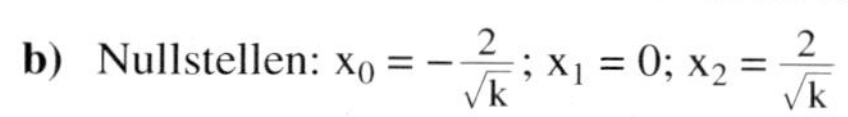

b) Nullstellen: $x_0 = -\frac{2}{\sqrt{k}}$; $x_1 = 0$; $x_2 = \frac{2}{\sqrt{k}}$

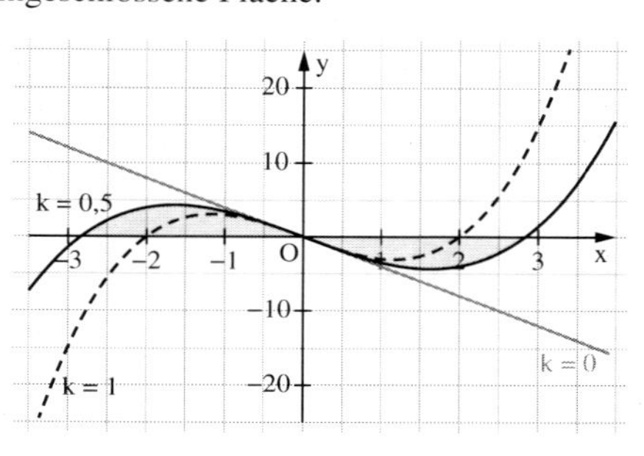

f besitzt nur für $k > 0$ eine endliche Fläche. f ist punktsymmetrisch zum Ursprung, also ist

$$A = 2 \cdot \int_{-\frac{2}{\sqrt{k}}}^{0} (kx^3 - 4x)\,dx$$

$$= 2 \cdot \left[\tfrac{1}{4}kx^4 - 2x^2\right]_{-\frac{2}{\sqrt{k}}}^{0} = \frac{8}{k} \stackrel{!}{=} 16$$

$\Leftrightarrow k = \frac{1}{2}$

Je kleiner k, desto weiter laufen die Nullstellen nach außen. Damit wächst die eingeschlossene Fläche.

c) Nullstellen: $x_0 = -\frac{1}{2}\sqrt{-2k}$; $x_1 = 0$;
$x_2 = \frac{1}{2}\sqrt{-2k}$

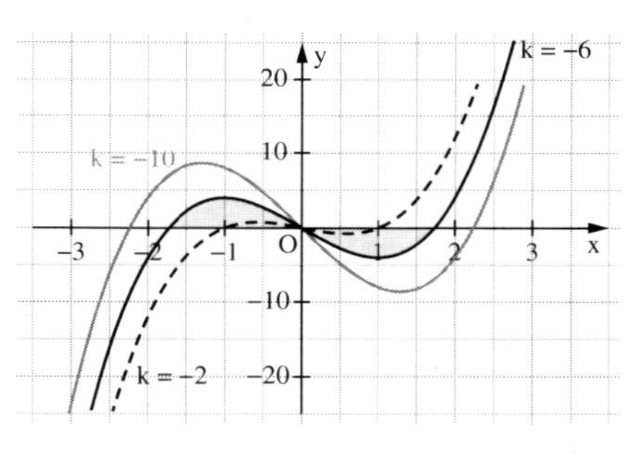

f besitzt nur für $k < 0$ eine endliche Fläche. f ist punktsymmetrisch zum Ursprung, also ist

$$A = 2 \cdot \int_{-\frac{1}{2}\sqrt{-2k}}^{0} (2x^3 + kx)\,dx$$

$$= 2 \cdot \left[\tfrac{1}{2}x^4 + \tfrac{1}{2}kx^2\right]_{-\frac{1}{2}\sqrt{-2k}}^{0} = \tfrac{1}{4}k^2 \stackrel{!}{=} 9$$

$\Leftrightarrow k = -6$

k streckt den Graphen in x- und y-Richtung. Je kleiner das k, desto größer wird die eingeschlossene Fläche.

15. Fläche, die der Graph mit x-Achse einschließt:
Nullstellen: $x_0 = 0$; $x_1 = 3$

$$A = \int_0^3 (-x^3 + 3x^2)\,dx = \left[-\tfrac{1}{4}x^4 + x^3\right]_0^3 = \frac{27}{4}$$

Gesucht: a mit $\int_0^a (-x^3 + 3x^2)\,dx = \frac{27}{8}$

$\Leftrightarrow -\frac{1}{4}a^4 + a^3 - \frac{27}{8} = 0 \Leftrightarrow a \approx 1{,}84282$

205

16. a) $f(x) = y = \sqrt{r^2 - x^2} \Rightarrow y^2 = r^2 - x^2 \Leftrightarrow x^2 + y^2 = r^2$

Seien x, y die Koordinaten des Punktes P(x | y). Für jeden Punkt P(x | y) des Halbkreises ist die Hypotenuse des Dreiecks gleich lang mit der Länge r. Beim Punkt R(x | 0) befindet sich ein rechter Winkel und nach Pythagoras gilt somit $x^2 + y^2 = r^2$ für jeden Punkt P(x | y) des Halbkreises, was äquivalent zu f(x) ist für $y > 0$.

b) Für $g(x) = f(x) - 4$ liegt die zu berechnende Fläche oberhalb der x-Achse:

Nullstellen: $x_0 = -2\sqrt{5}$; $x_1 = 2\sqrt{5}$

$A = \int_{-2\sqrt{5}}^{2\sqrt{5}} (\sqrt{36 - x^2} - 4)\,dx$; GTR liefert A = 12,390

3.4.2 Fläche zwischen zwei Funktionsgraphen

208

3. (1)

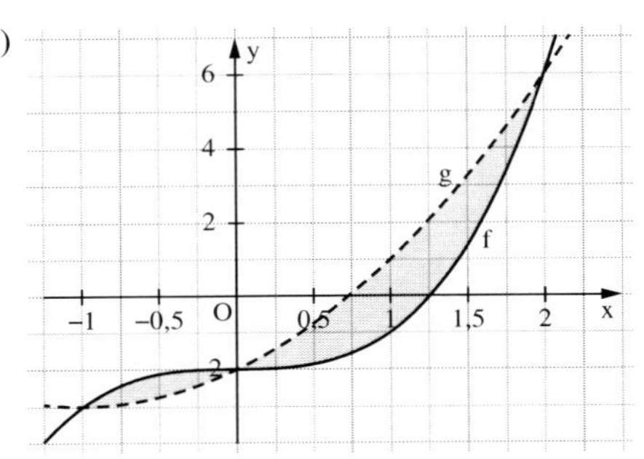

(2) $A = \int_{-1}^{0} (f(x) - g(x))\,dx + \int_{0}^{2} (g(x) - f(x))\,dx$

$= \left[\frac{1}{4}x^4 - \frac{1}{3}x^3 - x^2\right]_{-1}^{0} + \left[-\frac{1}{4}x^4 + \frac{1}{3}x^3 + x^2\right]_{0}^{2} = \frac{5}{12} + \frac{8}{3} = \frac{37}{12} \approx 3{,}083$

4. a) Schnittstellen im Intervall: $x_0 = -1$; $x_1 = 0$; $x_2 = 1$

$A = \int_{-2}^{-1} (x - x^3)\,dx + \int_{-1}^{0} (x^3 - x)\,dx + \int_{0}^{1} (x - x^3)\,dx + \int_{1}^{5} (x^3 - x)\,dx$

$= \left[\frac{1}{2}x^2 - \frac{1}{4}x^4\right]_{-2}^{-1} + \left[\frac{1}{4}x^4 - \frac{1}{2}x^2\right]_{-1}^{0} + \left[\frac{1}{2}x^2 - \frac{1}{4}x^4\right]_{0}^{1} + \left[\frac{1}{2}x^2 - \frac{1}{4}x^4\right]_{1}^{5}$

$= \frac{587}{4} = 146{,}75$

b) Schnittstellen im Intervall: $x_0 = 0$

$A = \int_{-4}^{0} (2x^2 - 15x - x^3)\,dx + \int_{0}^{3} (x^3 - (2x^2 - 15x))\,dx$

$= \left[\frac{2}{3}x^3 - \frac{15}{2}x - \frac{1}{4}x^4\right]_{-4}^{0} + \left[\frac{1}{4}x^4 - \frac{2}{3}x^3 + \frac{15}{2}x^2\right]_{0}^{3} = \frac{3557}{12} \approx 296{,}4167$

208

4. c) Schnittstellen im Intervall: $x_0 = 1$; $x_1 = 2$

$$A = \int_{-1}^{1} (x^4 + 4 - 5x^2)\,dx + \int_{1}^{2} (5x^2 - (x^4 + 4))\,dx + \int_{2}^{3} (x^4 + 4 - 5x^2)\,dx$$

$$= \left[\tfrac{1}{5}x^5 + 4x - \tfrac{5}{3}x^3\right]_{-1}^{1} + \left[\tfrac{5}{3}x^3 - \tfrac{1}{5}x^5 - 4x\right]_{1}^{2} + \left[\tfrac{1}{5}x^5 + 4x - \tfrac{5}{3}x^3\right]_{2}^{3} = \tfrac{316}{15} \approx 21{,}067$$

d) Schnittstellen im Intervall: $x_0 = 1$

$$A = \int_{0}^{1} (x^2 + 1 - (x^3 + x))\,dx + \int_{1}^{2} (x^3 + x - (x^2 + 1))\,dx$$

$$= \left[\tfrac{1}{3}x^3 + x - \tfrac{1}{4}x^4 - \tfrac{1}{2}x^2\right]_{0}^{1} + \left[\tfrac{1}{4}x^4 + \tfrac{1}{2}x^2 - \tfrac{1}{3}x^3 - x\right]_{1}^{2} = \tfrac{5}{2} = 2{,}5$$

e) Schnittstellen im Intervall: $x_0 = 0$; $x_1 = 1$

$$A = \int_{0}^{1} \left(\sqrt{x} - x\right)dx = \left[\tfrac{2}{3}\sqrt{x^3} - \tfrac{1}{2}x^2\right]_{0}^{1} = \tfrac{1}{6}$$

f) Schnittstelle im Intervall: $x_0 = 2$

$$A = \int_{1}^{2} \left(\tfrac{17}{4} - x^2 - \tfrac{1}{x^2}\right)dx + \int_{2}^{3} \left(\tfrac{1}{x^2} - \left(\tfrac{17}{4} - x^2\right)\right)dx$$

$$= \left[\tfrac{17}{4}x - \tfrac{1}{3}x^3 + \tfrac{1}{x}\right]_{1}^{2} + \left[-\tfrac{1}{x} - \tfrac{17}{4}x + \tfrac{1}{3}x^3\right]_{2}^{3} = \tfrac{11}{3} = 3{,}667$$

5. a) Schnittstellen: $x_0 \approx -2{,}146$; $x_1 \approx -0{,}246$; $x_2 \approx 1{,}893$

Stammfunktion

$$F(x) - G(x) = \tfrac{1}{4}x^4 - 2x^2 - x + \tfrac{1}{6}x^3$$

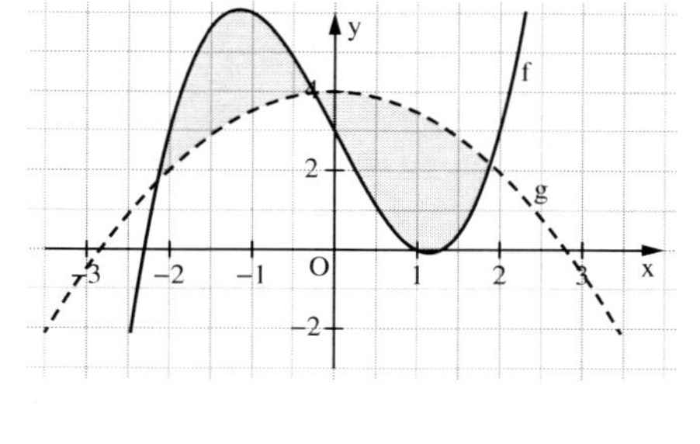

$$A = \int_{-3}^{x_0} (g(x) - f(x))\,dx + \int_{x_0}^{x_1} (f(x) - g(x))\,dx$$

$$+ \int_{x_1}^{x_2} (g(x) - f(x))\,dx$$

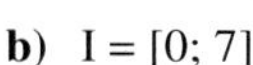

$$+ \int_{x_2}^{2} (f(x) - g(x))\,dx = 12{,}5874$$

b) $I = [0; 7]$

Schnittstellen der beiden Graphen:
$x_1 \approx 2{,}139$; $x_2 \approx 6{,}115$

Fläche zwischen den beiden Graphen:

$$A = \int_{2{,}139}^{6{,}115} \sqrt{x} - (x^2 - 8x + 14)\,dx$$

$$= \left[\tfrac{2}{3}\sqrt{x^3} - \tfrac{1}{3}x^3 + 4x^2 - 14x\right]_{2{,}139}^{6{,}115}$$

$$\approx 10{,}645$$

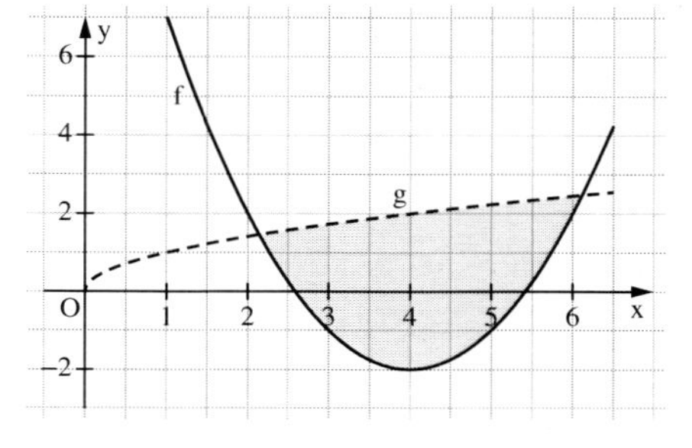

208

6. a) Schnittstellen: $x_0 = -\sqrt{2}$; $x_1 = 1$; $x_2 = \sqrt{2}$

$$A = \int_{x_0}^{x_1} (f(x) - g(x))\,dx + \int_{x_1}^{x_2} (g(x) - f(x))\,dx = \frac{46}{12}$$

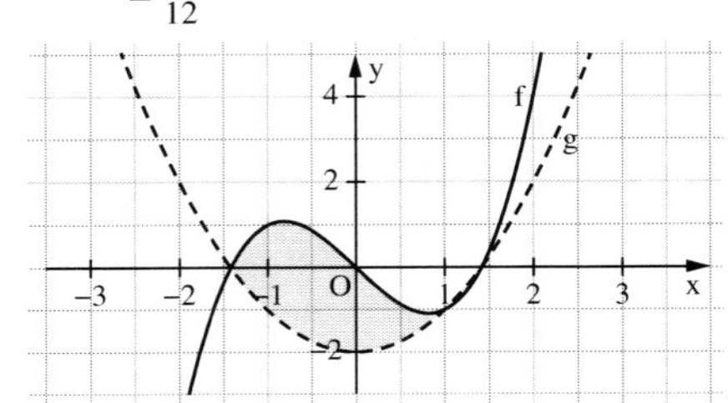

c) Schnittstellen: $x_0 \approx -0{,}929$; $x_1 \approx 1{,}103$

$$A = \int_{x_0}^{x_1} (f(x) - g(x))\,dx \approx 12{,}979$$

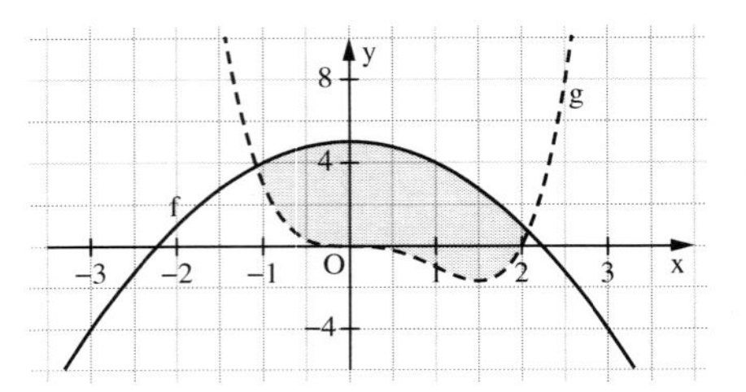

b) Schnittstellen: $x_0 \approx -0{,}929$; $x_1 \approx 1{,}103$

$$A = \int_{x_0}^{x_1} (g(x) - f(x))\,dx \approx 7{,}021$$

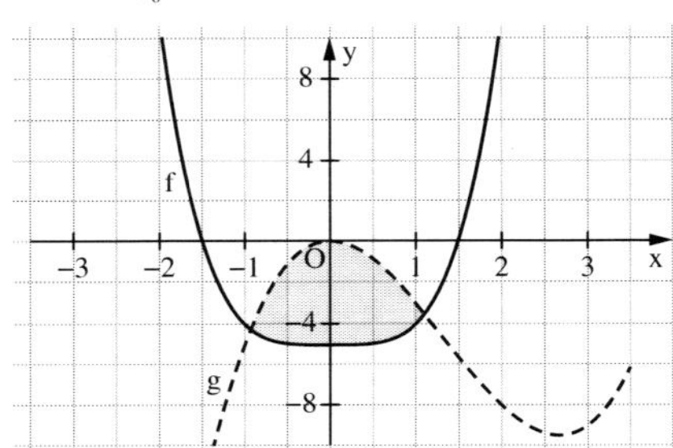

d) Schnittstellen: $x_0 \approx -1{,}637$; $x_1 = 1$

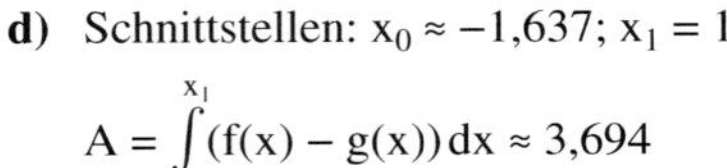

$$A = \int_{x_0}^{x_1} (f(x) - g(x))\,dx \approx 3{,}694$$

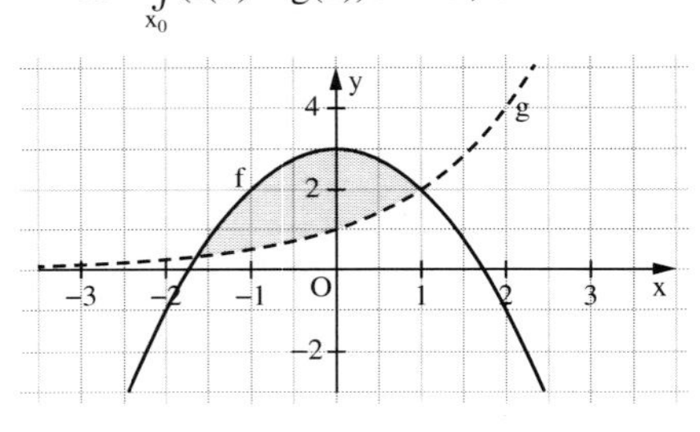

7. a) $f(x) = -x^2 + 3$; $g(x) = x^2 - 4$; Schnittstellen $x_{1,2} = \pm\frac{1}{2}\sqrt{14} \approx \pm 1{,}871$

$$A = \int_{-\frac{1}{2}\sqrt{14}}^{\frac{1}{2}\sqrt{14}} (f(x) - g(x))\,dx = \left[-\frac{2}{3}x^3 + 7x\right]_{-\frac{1}{2}\sqrt{14}}^{\frac{1}{2}\sqrt{14}} = \frac{14}{3}\sqrt{14} \approx 17{,}461$$

b) $f(x) = x^2$; $g(x) = \sqrt{x}$; Schnittstellen: $x_0 = 0$; $x_1 = 1$

$$A = \int_0^1 (g(x) - f(x))\,dx = \left[\frac{2}{3}\sqrt{x^3} - \frac{1}{3}x^3\right]_0^1 = \frac{1}{3}$$

c) $f(x) = x^2 - 4$; $g(x) = x + 2$; Schnittstellen $x_0 = -2$; $x_1 = 3$

$$A = \int_{-2}^{3} (g(x) - f(x))\,dx = \left[-\frac{1}{3}x^3 + \frac{1}{2}x^2 + 6x\right]_{-2}^{3} = \frac{125}{6} \approx 20{,}833$$

d) $f(x) = -(x+1)^2 + 2$; $g(x) = x^2 - 2$

Schnittstellen $x_0 = -\frac{1}{2} - \frac{1}{2}\sqrt{7} \approx -1{,}823$; $x_1 = \frac{1}{2} + \frac{1}{2}\sqrt{7} \approx 1{,}823$

$$A = \int_{x_0}^{x_1} (f(x) - g(x))\,dx = \left[-\frac{1}{3}(x+1)^3 + 4x - \frac{1}{3}x^3\right]_{-\frac{1}{2}+\frac{1}{2}\sqrt{7}}^{-\frac{1}{2}+\frac{1}{2}\sqrt{7}} = \frac{7\sqrt{7}}{3} \approx 6{,}1734$$

e) $f(x) = -x^3$; $g(x) = -x$; Schnittstellen $x_0 = -1$; $x_1 = 0$; $x_2 = 1$

Punktsymmetrisch zum Ursprung

$$A = 2 \cdot \int_0^1 (f(x) - g(x))\,dx = 2\left[-\frac{1}{4}x^4 + \frac{1}{2}x^2\right]_0^1 = \frac{1}{2}$$

208

7. f) $f(x) = -(x+1)x(x-2) = -x^3 + x^2 + 2x$; $g(x) = (x-1)x(x+2) = x^3 + x^2 - 2x$

Schnittstellen $x_0 = -\sqrt{2}$; $x_1 = 0$; $x_2 = \sqrt{2}$

Punktsymmetrisch zur y-Achse

$$A = 2 \cdot \int_0^{\sqrt{2}} (f(x) - g(x))\,dx = 2\left[-\frac{1}{2}x^4 + 2x^2\right]_0^{\sqrt{2}} = 4$$

8. Parabel: $f(x) = \frac{1}{4}x^2$; Tangente: $g(x) = x - 1$

$$A = \int_0^2 f(x)\,dx - \int_1^2 g(x)\,dx = \frac{1}{6}$$

209

9. a) Extremstellen: $x_1 = -\frac{2}{\sqrt{3}}$; $x_2 = \frac{2}{\sqrt{3}}$

1. Tangente: $t_1(x) = f\left(-\frac{2}{\sqrt{3}}\right) \approx 4{,}08$; 2. Tangente: $t_2(x) = f\left(\frac{2}{\sqrt{3}}\right) \approx -2{,}08$

Schnittstellen: $t_1(x)$ und $f(x)$: $x \approx 2{,}23$; $t_2(x)$ und $f(x)$: $x \approx -2{,}23$

$$A_1 = \int_{-2{,}23}^{\frac{2}{\sqrt{3}}} (f(x) - t_2(x))\,dx \approx 11{,}966;\quad A_2 = \int_{-\frac{2}{\sqrt{3}}}^{2{,}23} (t_1(x) - f(x))\,dx \approx 11{,}966$$

b) Da die Funktionsgraphen jeder Funktion 3. Grades, deren Graph Extrempunkte hat, punktsymmetrisch zum Punkt $\left(x_1 + \frac{x_2 - x_1}{2} \mid f\left(x_1 + \frac{x_2 - x_1}{2}\right)\right)$ sind und die Tangenten im Extrempunkt Parallelen zur x-Achse sind, gilt die Aussage für alle Funktionen dritten Grades, deren Graph Extrempunkte hat.

10. $f_1(x) = x + 3$; $f_2(x) = \frac{1}{4}(x+3)(x-1) = \frac{1}{4}x^2 + \frac{1}{2}x - \frac{3}{4}$; $f_3(x) = -x^3 + 1$

$$A = \int_{-3}^{-1} f_1(x)\,dx - \int_{-3}^{1} f_2(x)\,dx + \int_{-1}^{1} f_3(x)\,dx$$

$$= 2 - \left[\frac{1}{12}x^3 + \frac{1}{4}x^2 - \frac{3}{4}x\right]_{-3}^{1} + \left[-\frac{1}{4}x^4 + x\right]_{-1}^{1} = 2 + \frac{8}{3} + 2 = 6{,}\overline{6}$$

11. a) Abb. lt. Aufgabenstellung

(2) $(-1 \mid e^{-1})$; $(0 \mid 1)$; $(1 \mid e)$; $(2 \mid e^2)$; $(3 \mid e^3)$

$g_1(x) = \left(1 - \frac{1}{e}\right) \cdot x + 1$; $g_2(x) = (e - 1) \cdot x + 1$;

$g_3(x) = (e^2 - e) \cdot (x - 1) + e = e \cdot (e - 1) \cdot x + (2e - e^2)$;

$g_4(x) = (e^3 - e^2) \cdot (x - 2) + e^2 = e^2 \cdot (e - 1) \cdot x + (3e^2 - 2e^3)$

(3) $\int_{-1}^{0} (g_1(x) - e^x)dx \approx 0{,}0518$; $\int_{0}^{1} (g_2(x) - e^x)dx \approx 0{,}1409$;

$\int_{1}^{2} (g_3(x) - e^x)dx \approx 0{,}3829$; $\int_{2}^{3} (g_4(x) - e^x)dx \approx 1{,}0408$

b) (1) Alle Parabeln sollen durch den Punkt $(0 \mid 1)$ verlaufen; daher gilt: $c = 1$. Weiter gilt: $h_1(1) = -1^2 + b_1 \cdot 1 + 1 = e$, also $b_1 = e$.

$h_2(2) = -2^2 + b_2 \cdot 2 + 1 = e^2$, also $b_2 = \frac{1}{2} \cdot (e^2 + 3)$

$h_3(3) = -3^2 + b_3 \cdot 3 + 1 = e^3$, also $b_3 = \frac{1}{3} \cdot (e^3 + 8)$

209

11. (2) Daher folgt:

$$A_1 = \int_0^1 (h_1(x) - e^x)dx \approx 0{,}3075;\; A_2 = \int_0^2 (h_2(x) - e^x)dx \approx 3{,}3333;$$

$$A_3 = \int_0^3 (h_3(x) - e^x)dx \approx 17{,}043$$

12. $f(x) = \frac{1}{4}(x-2)x^2(x+2) = \frac{1}{4}x^4 - x^2;\; g(x) = \frac{3\sqrt{3}}{8}(x+2)x(x-2) = \frac{3}{8}\sqrt{3}\,x^3 - \frac{3\sqrt{3}}{2}x$

$$A_1 = \int_{-2}^{-1} (g(x) - f(x))\,dx = \frac{47}{60} + \frac{27\sqrt{3}}{32} \approx 2{,}245$$

$$A_2 = \left|\int_{-1}^{0} f(x)\,dx\right| = \frac{17}{60} \approx 0{,}283$$

$$A_3 = \int_{-1}^{0} g(x)\,dx = \frac{21\sqrt{3}}{32} \approx 1{,}137$$

$$A_4 = \int_{0}^{1} (f(x) - g(x))\,dx = \frac{21\sqrt{3}}{32} - \frac{17}{60} \approx 0{,}853$$

$$A_5 = \int_{1}^{2} (f(x) - g(x))\,dx = \frac{27\sqrt{3}}{32} - \frac{47}{60} \approx 0{,}678$$

$$A_6 = \left|\int_{0}^{2} f(x)\,dx\right| = \frac{16}{15} \approx 1{,}067$$

210

13. Eine Parabel unterhalb der x-Achse ($-2 \le x \le 4$): $f_1(x) = \frac{1}{3}(x-1)^2 - 3$

Zwei Parabeln oberhalb der x-Achse

$f_2(x) = -x^2 + 4$ für $-2 \le x \le 1{,}5$; $f_3(x) = -\frac{1}{2}(x-2)^2 + 2$ für $1{,}5 \le x \le 4$

$$\Rightarrow A = \int_{-2}^{1{,}5} (f_2(x) - f_1(x))\,dx + \int_{1{,}5}^{4} (f_3(x) - f_1(x))\,dx$$

$$= \left[-\frac{4}{9}x^3 + \frac{1}{3}x^2 + \frac{20}{3}x + \frac{1}{9}\right]_{-2}^{1{,}5} + \left[-\frac{5}{18}x^3 + \frac{4}{3}x^2 + \frac{8}{3}x + \frac{13}{9}\right]_{1{,}5}^{4} = \frac{1241}{48} \approx 25{,}85\ \text{km}^2$$

14. Da sowohl f als auch g teilweise unter der x-Achse liegen, berechnet die rechte Seite nicht die Fläche zwischen den Graphen.

$$\int_{-2}^{2} |f(x) - g(x)|\,dx = 12$$

Die Rechnung würde stimmen, wenn auf der rechten Seite + statt – stehen würde.

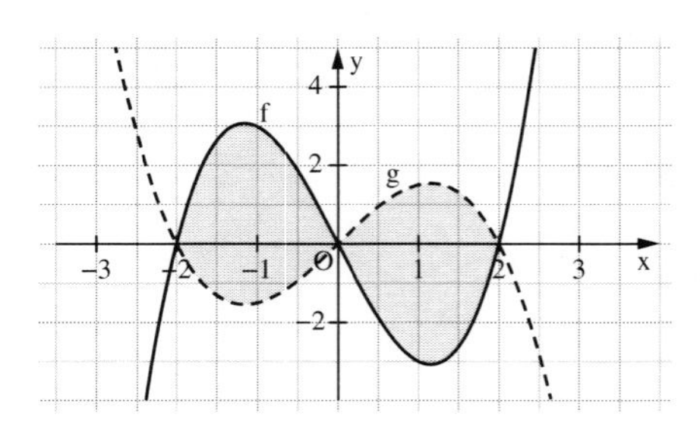

210

15. a) Schnittstellen: $x_0 = 0$; $x_1 = k$

$$A = \left| \int_0^k (f(x) - g(x))\,dx \right| = \left| \left[\frac{1}{4}x^4 - \frac{2}{3}kx^3 + \frac{1}{2}k^2x^2 \right]_0^k \right| = \frac{k^4}{12} \stackrel{!}{=} \frac{4}{3} \Rightarrow k = -2 \text{ oder } k = 2$$

k bestimmt sowohl die Krümmung als auch die Nullstelle von g und somit auch den Schnittpunkt mit f und den Flächeninhalt. Für $k < 0$ dreht sich die Parabel g um.

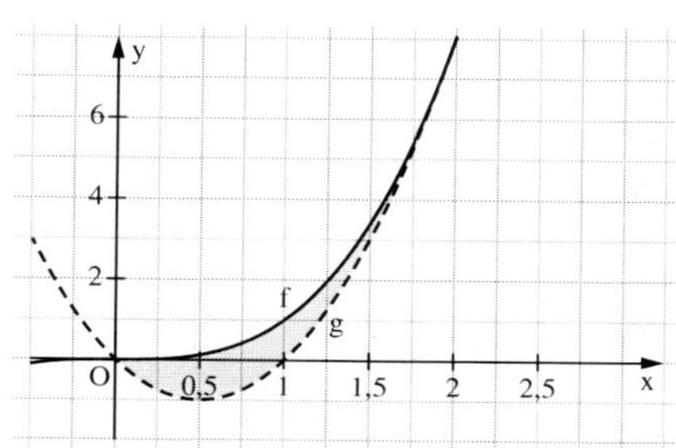

b) Schnittstellen: $x_0 = -\sqrt{\frac{k}{2}}$; $x_1 = \sqrt{\frac{k}{2}}$ für $k \geq 0$.

$$A = \left| \int_{x_0}^{x_1} (f(x) - g(x))\,dx \right| = \left[\frac{2}{3}x^3 - kx \right]_{x_0}^{x_1} = \frac{2}{3}\sqrt{2k^3} \stackrel{!}{=} 1 \Rightarrow k = \frac{\sqrt[3]{9}}{2}$$

k bestimmt den Scheitelpunkt von g und somit die Schnittstellen und den Flächeninhalt zwischen den Graphen.

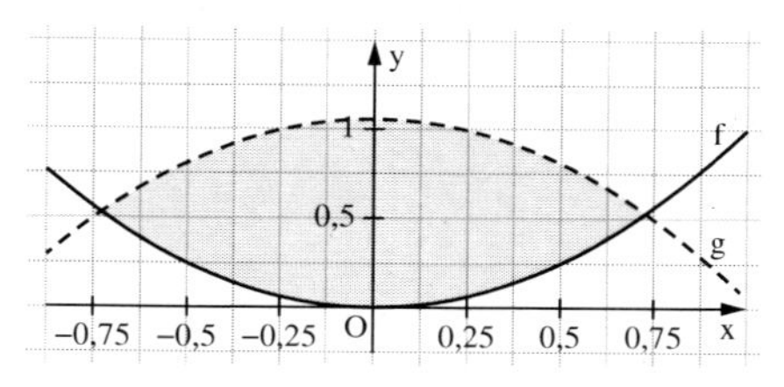

c) Schnittstellen: $x_0 = -\frac{1}{\sqrt{1+k}}$; $x_1 = \frac{1}{\sqrt{1+k}}$

$$A = \left| \int_{x_0}^{x_1} (f(x) - g(x))\,dx \right| = \left| \left[\frac{1}{3}x^3(1+k) - x \right]_{x_0}^{x_1} \right| = \frac{4}{3\sqrt{1+k}} \stackrel{!}{=} \frac{2}{3} \Leftrightarrow k = 3$$

k bestimmt die Krümmung der Parabel g und somit die Schnittstellen und den Flächeninhalt.

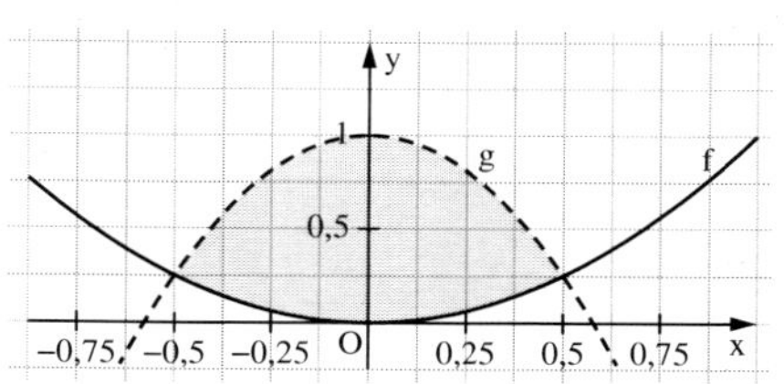

d) Schnittstellen: $x_0 = -\sqrt{k}$; $x_1 = 0$; $x_2 = \sqrt{k}$

Sowohl f als auch g sind punktsymmetrisch zum Ursprung, damit gilt:

$$A = 2\left| \int_0^{\sqrt{k}} (f(x) - g(x))\,dx \right| = 2\left[\frac{1}{4}x^4 - \frac{1}{2}kx^2 \right]_0^{\sqrt{k}} = \frac{1}{2}k^2 \stackrel{!}{=} \frac{1}{4} \Leftrightarrow k = \frac{1}{\sqrt{2}}$$

k bestimmt die Steigung der Geraden g und somit die Schnittpunkte mit f und den Flächeninhalt.

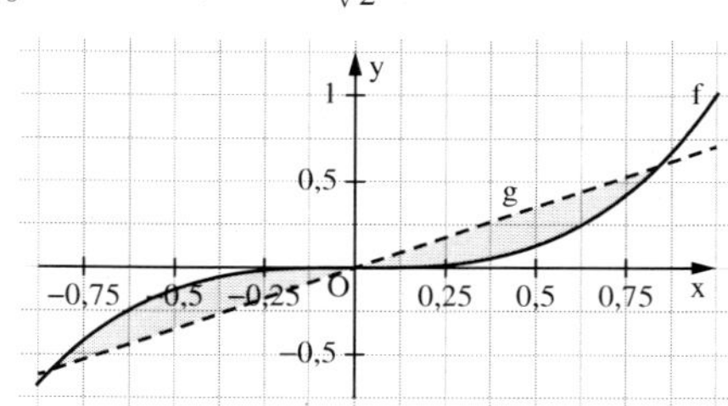

210

16. $A \approx 18611\ \text{m}^2$

17. a) Schnittstellen: $x_0 = -1$; $x_1 = 6$

$$A = \left|\int_{-1}^{6}(f(x) - g(x))\,dx\right| = \left[\tfrac{1}{3}kx^3 - \tfrac{5}{2}kx^2 - 6kx\right]_{-1}^{6} = -\tfrac{343}{6}k \overset{!}{=} 1 \Rightarrow k = \tfrac{6}{343}$$

b) Schnittstellen: $x_0 = -4$; $x_1 = k$

$$A = \left|\int_{-4}^{k}(f(x) - g(x))\,dx\right| = \left[\tfrac{1}{3}x^3 + 2x^2 - \tfrac{1}{2}kx^2 - 4kx\right]_{-4}^{k} = -\tfrac{1}{6}k^3 - 2k^2 - 8k - \tfrac{32}{3} \overset{!}{=} \tfrac{125}{6}$$

$\Rightarrow k = 1$

c) Schnittstellen: $x_0 = -\sqrt{k}$; $x_1 = \sqrt{k}$

$$A = \int_{-\sqrt{k}}^{\sqrt{k}}(g(x) - f(x))\,dx = \left[2kx - \tfrac{2}{3}x^3\right]_{-\sqrt{k}}^{\sqrt{k}} = \tfrac{8}{3}\sqrt{k^3} = \tfrac{8}{3} \Rightarrow k = 1$$

d) Schnittstellen: $x_0 = 0$; $x_1 = \frac{1}{k^2}$

$$A = \int_{0}^{\frac{1}{k^2}}(g(x) - f(x))\,dx = \left[\tfrac{2}{3}x^{\frac{3}{2}} - \tfrac{1}{2}kx^2\right]_{0}^{\frac{1}{k^2}} = \tfrac{2}{3}\cdot\tfrac{1}{k^3} - \tfrac{1}{2}\cdot\tfrac{1}{k^3} = \tfrac{1}{6}\cdot\tfrac{1}{k^3} \overset{!}{=} \tfrac{1}{48} \Rightarrow k = 2$$

18. a) $f_k'(x) = 3x^2 - 4kx + k^2$; $f_k''(x) = 6x - 4k$

$f_k'(x) \overset{!}{=} 0 \Leftrightarrow x_0 = k$ oder $x_1 = \frac{1}{3}k$

$f''(k) = 2k > 0$ für $k > 0$, $f(k) = 0$

Tiefpunkt $(k \mid 0)$ liegt auf der x-Achse

b) Nullstellen bei $x = 0$ und $x = k$

$$A = \int_{0}^{k}f(x)dx = \left[\tfrac{1}{4}x^4 - \tfrac{2}{3}kx^3 + \tfrac{1}{2}k^2x^2\right]_{0}^{k} = \tfrac{1}{12}k^4 \overset{!}{=} 108 \Rightarrow k = 6$$

c) Schnittpunkte von f_1 und $y = x$: $x_0 = 0$; $x_1 = 2$

$$A = \int_{0}^{2}(x - f_1(x))\,dx = \tfrac{4}{3}$$

19. Nullstellen bei $x = 0$ und $x = 2k$

$$A(k) = \left|\int_{0}^{2k}f(x)\,dx\right| = \left[\tfrac{k-10}{3k}x^3 + \tfrac{1}{2}(20 - 2k)x^2\right]_{0}^{2k} = -\tfrac{4}{3}k^3 + \tfrac{40}{3}k^2$$

$A'(k) = -4k^2 + \frac{80}{3}k \overset{!}{=} 0 \Rightarrow k = 0$ oder $k = \frac{20}{3}$

$A''(k) = -8k + \frac{80}{3}$

$A''(0) > 0 \Rightarrow$ Tiefpunkt; $A''\left(\frac{20}{3}\right) < 0 \Rightarrow$ Hochpunkt

Für $k = \frac{20}{3}$ wird $A(k)$ maximal mit $A\left(\frac{20}{3}\right) = \frac{16000}{81} \approx 197{,}53$.

3.4.3 Mittelwert der Funktionswerte einer Funktion

213

3. $\frac{1}{b-a}\int\limits_a^b f(x)dx = f(c) \Leftrightarrow \frac{1}{b-a}(F(b) - F(a)) = f(c) \Leftrightarrow \frac{F(b) - F(a)}{b-a} = F'(c)$

Dies ist der aus der Differenzialrechnung bekannte Differenzenquotient.
Die Behauptung stimmt also.

4. $\mu = \frac{1}{12} \cdot \int\limits_9^{21} \left(10 + 8 \cdot \sin\left(\frac{\pi \cdot t}{12}\right)\right)dt$

$\mu \approx \frac{1}{12} \cdot 76{,}8 = 6{,}4$

Die Tagesmitteltemperatur beträgt etwa 6,4 °C.

5. a) $0 - 4{,}667 - 6{,}5 - 6 - 3{,}667 + 0 + 4{,}5 + 9{,}333 + 14 + 18 + 20{,}833$
$+ 22 + 21 + 17{,}333 + 10{,}5 = 116{,}665$

$\frac{116{,}665}{15} \approx 7{,}778$

b) Grafik rechts

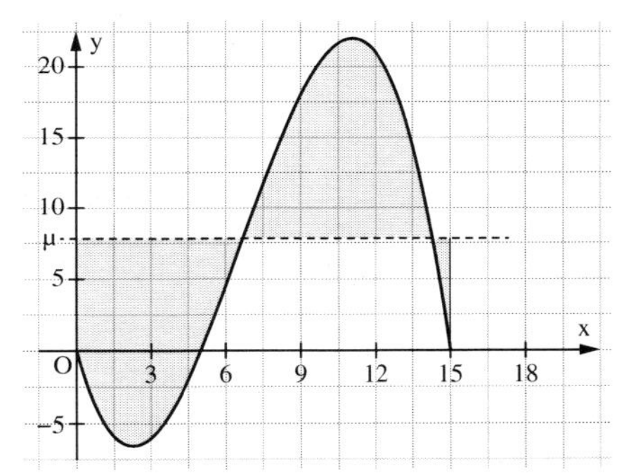

c) $\mu = \frac{1}{15}\int\limits_0^{15} \frac{x(5-x)(x-15)}{12}dx$

$= \frac{1}{15}\int\limits_0^{15} \frac{-x^3 + 20x^2 - 75x}{12}dx$

$= \frac{1}{15 \cdot 12}\int\limits_0^{15} -x^3 + 20x^2 - 75x\,dx$

$= \frac{1}{15 \cdot 12} \cdot 1406{,}25 = 7{,}813$

6. $\int\limits_a^b (f(x) - \mu)\,dx = \int\limits_a^b f(x)\,dx - \int\limits_a^b \mu\,dx$

$= \int\limits_a^b f(x)\,dx - [\mu \cdot x]_a^b$

$= \int\limits_a^b f(x)\,dx - (\mu \cdot b - \mu \cdot a)$

$= \int\limits_a^b f(x)\,dx - \mu \cdot (b - a)$

$= \int\limits_a^b f(x)\,dx - \int\limits_a^b f(x)\,dx = 0$

7. Der Mittelwert der Funktion f über dem Intervall $[-2; 2]$ ist null für $k = -3{,}75$.

8. $f(x) = a \cdot \sin(bx + c) + d$
Befehl beim GTR: SinReg
$a = 4{,}1506$; $b = 0{,}5296$; $c = -1{,}6025$; $d = 12{,}3064$
Mittlere Sonnenscheindauer:

$\mu = \frac{1}{12}\int\limits_0^{12} 4{,}1506 \cdot \sin(0{,}5296 \cdot x - 1{,}6025) + 12{,}3064\,dx \approx \frac{1}{12} \cdot 147{,}1129 \approx 12{,}2594$

3.4.4 Uneigentliche Integrale

216

2. a) Für die Integralfunktion mit unterer Grenze 1 und variabler oberer Grenze x gilt:

$I(x) = \int_1^x \frac{1}{t}\,dt = \ln(x)$ ist streng monoton steigend und nicht beschränkt; daher existiert das uneigentliche Integral nicht. Alternativ kann man auch den Flächeninhalt der betrachteten Fläche nach unten abschätzen durch Rechtecke der Breite 1, deren Höhe bestimmt ist durch den Funktionswert am rechten Intervallende. Es gilt:

$\int_1^x \frac{1}{t}\,dt > \frac{1}{2} + \frac{1}{3} + \frac{1}{4} + \frac{1}{5} + \ldots$

Da die rechte Seite über alle Grenzen hinaus wächst, kann auch die linke Seite nicht existieren.

b) $I(x) = \int_0^x e^{-t}\,dt = -e^{-x} - (-1) = 1 - e^{-x}$. Wegen $\lim_{x \to \infty} e^{-x} = 0$ folgt $\lim_{x \to \infty} I(x) = \int_0^\infty e^{-x}\,dx = 1$.

3. a) Die Stammfunktion lautet $F(x) = \frac{1}{1-k} x^{1-k}$

$\int_1^b f(x)\,dx = \left[\frac{1}{1-k} x^{1-k}\right]_1^b = \frac{1}{1-k}(b^{1-k} - 1)$

$\lim_{b\to\infty} \int_1^b f(x)\,dx = \frac{1}{1-k} \lim_{b\to\infty} (b^{1-k} - 1) = -\frac{1}{1-k}$

Auch wenn für $x \to \infty$ f(x) immer größer als 0 ist, bleibt der Flächeninhalt endlich.

b) Für $0 < k < 1$ ist $1 - k > 0$ und somit ist $\lim_{b\to\infty} b^{1-k} = \infty$.

Der Flächeninhalt wächst ebenfalls ins Unendliche.

4. a) $\lim_{b\to\infty} \int_1^b \frac{2}{x^3}\,dx = \lim_{b\to\infty}\left(-\frac{1}{b^2} + 1\right) = 1$

b) $\lim_{b\to\infty} \int_8^b \frac{1}{\sqrt[3]{x}}\,dx = \lim_{b\to\infty}\left(\frac{3}{2} \cdot b^{\frac{2}{3}} - 6\right) = \infty$. Das Integral existiert nicht.

c) $\lim_{b\to\infty} \int_1^b \frac{1}{(2x-1)^2}\,dx = \lim_{b\to\infty}\left(-\frac{1}{4b-2} + \frac{1}{2}\right) = \frac{1}{2}$

5. a) $\lim_{a\to 0} \int_a^1 \frac{1}{\sqrt{x}}\,dx = \lim_{a\to 0}(2 - 2\sqrt{a}) = 2$

b) $\lim_{a\to 0} \int_a^1 \frac{1}{x^3}\,dx = \lim_{a\to 0}\left(\frac{1}{a^2} - 1\right) = \infty$

c) $\lim_{b\to 1} \int_0^b \frac{-1}{(x-1)^3}\,dx = \lim_{b\to 1}\left(\frac{1}{2(b-1)^2} - \frac{1}{2}\right) = \infty$

6. a) $\lim_{b\to\infty} \int_1^b \frac{1}{x^4}\,dx = \lim_{b\to\infty}\left(-\frac{1}{3b^3} + \frac{1}{3}\right) = \frac{1}{3}$

b) $\lim_{b\to\infty} \int_0^b \frac{1}{(x+1)^2}\,dx = \lim_{b\to\infty}\left(-\frac{1}{b+1} + 1\right) = 1$

c) $\lim_{a\to -\infty} \int_a^{-2} \frac{1}{x^2}\,dx = \lim_{a\to -\infty}\left(\frac{1}{2} + \frac{1}{a}\right) = \frac{1}{2}$

d) $\lim_{a\to 0} \int_a^2 \frac{1}{\sqrt{x}}\,dx = \lim_{a\to 0}(2\sqrt{2} - 2\sqrt{a}) = 2\sqrt{2} \approx 2{,}828$

3.5 Volumina von Rotationskörpern

219

2. Ab 2. Auflage: statt • a), b) und c).

a) Der Graph hat Ähnlichkeit mit dem Graphen der Wurzelfunktion, allerdings ist er gestreckt.
Man findet über die Graphenpunkte (1 | 2) und (4 | 4) schnell die Funktionsgleichung $f(x) = 2 \cdot \sqrt{x}$. Die Überprüfung an weiteren Stellen bestätigt dieses Ergebnis.

b)

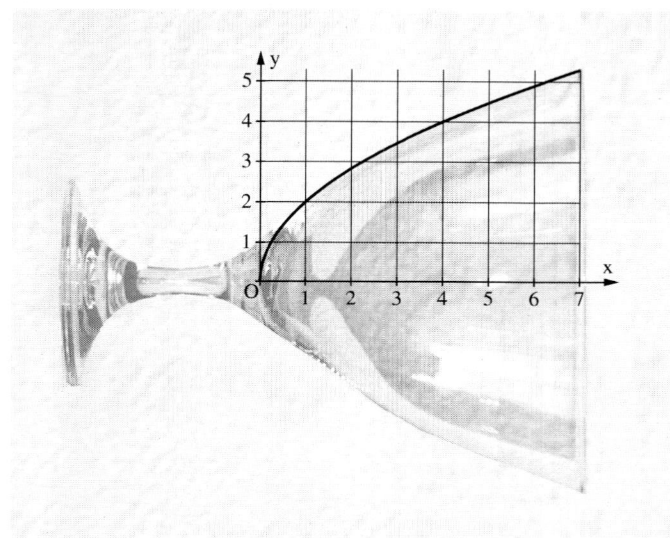

Das Glas wird in 7 Scheiben (Zylinder) zerlegt. Die Höhe eines solchen Zylinders ist jeweils 1. Für den Radius können nun Funktionswerte an verschiedenen Stellen gewählt werden:
- am unteren linken Rand;
- am oberen rechten Rand;
- in der Mitte des Intervalls.

Die Verfahren mit dem linken bzw. rechten Rand kennen die Schülerinnen und Schüler bereits von den Verfahren bei Flächen. Wir zeigen deshalb hier die Näherung mit den Funktionswert in der Mitte des Intervalls:
Die Radien ergeben sich als Funktionswert in der Mitte des jeweiligen Intervalls, also f(0,5), f(1,5), f(2,5) … f(6,5). Damit erhält man näherungsweise:

$$V \approx \pi \cdot 1 \cdot [(f(0{,}5))^2 + (f(1{,}5))^2 + \ldots + (f(6{,}5))^2]$$
$$\approx \pi \cdot [2 + 6 + 10 + 14 + 18 + 22 + 26] = 98 \cdot \pi \approx 308$$

Man erhält also etwa 308 cm^3 = 308 ml für das Fassungsvermögen des Glases.

c) Man kann im nächsten Schritt die Scheiben (Zylinder) schmaler machen, also die Anzahl der Intervalle erhöhen. Dies kann ggf. auch mithilfe eines Rechners ausgeführt werden. Entscheidend bei dem Verfahren ist aber, dass man erkennt, dass hier eigentlich das Integral über die neue Funktion $h(x) = (f(x))^2$ gebildet wird.

$$V = \pi \cdot \int_0^7 (f(x))^2\,dx = \pi \cdot \int_0^7 (2 \cdot \sqrt{x})^2\,dx = \pi \cdot \int_0^7 4x\,dx = \pi \cdot [2x^2]_0^7 = \pi \cdot 98 \approx 307{,}876$$

Der Pokal fasst also etwa 307,9 ml.

219 **3. a)**

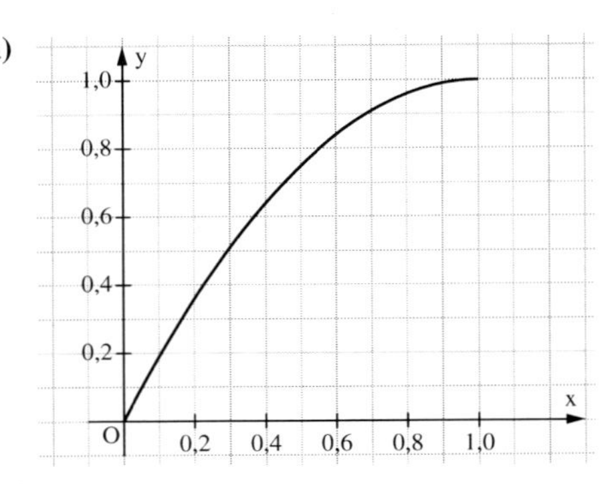

b) Von innen: $\Delta x = \frac{1}{n}$; $x_i = i \cdot \Delta x$; n = 10 bzw. n = 20

$\underline{S_n} = \pi(f(x_0))^2\Delta x + \pi(f(x_1))^2\Delta x + \ldots + \pi(f(x_{n-1}))^2\Delta x$

$\Rightarrow \underline{S_{10}} = 0{,}48333 \cdot \pi = 1{,}5184$

$\underline{S_{20}} = 0{,}50833 \cdot \pi = 1{,}5970$

Von außen: $\Delta x = \frac{1}{n}$; $x_i = i \cdot \Delta x$; n = 10 bzw. n = 20

$\overline{S_n} = \pi(f(x_1))^2\Delta x + \pi(f(x_2))^2\Delta x + \ldots + \pi(f(x_n))^2\Delta x$

$\Rightarrow \overline{S_{10}} = 0{,}58333 \cdot \pi = 1{,}8326$

$\overline{S_{20}} = 0{,}55833 \cdot \pi = 1{,}7540 \Rightarrow \underline{S_{20}} \le V_{Kreisel} \le \overline{S_{20}}$

$$\begin{aligned}
\underline{S_n} &= \pi \cdot f^2(x_0) \cdot \Delta x + \ldots + \pi \cdot f^2(x_{n-1}) \\
&= \frac{\pi}{n} \cdot (f^2(x_0) + \ldots + f^2(x_{n-1})) \\
&= \frac{\pi}{n} \cdot ((-x_0^2 + 2x_0)^2 + \ldots + (-x_{n-1}^2 + 2x_{n-1})^2) \\
&= \frac{\pi}{n} \cdot (x_0^4 - 4x_0^3 + 4x_0^2 + \ldots + x_{n-1}^4 + 4x_{n-1}^3 + 4x_{n-1}) \\
&= \frac{\pi}{n} \cdot \left(x_0^4 + x_{n-1}^4 - 4\left(x_0^3 + \ldots + 4x_{n-1}^3\right) + 4\left(x_0^2 + \ldots + x_{n-1}^2\right)\right) \\
&= \frac{\pi}{n} \cdot \left(\frac{1^4}{n^4} + \ldots + \frac{(n-1)^4}{n^4} - 4\left(\frac{1^3}{n^3} + \ldots + \frac{(n-1)^3}{n^3}\right) + 4\left(\frac{1^2}{n^2} + \ldots + \frac{(n-1)^2}{n^2}\right)\right) \\
&= \frac{\pi}{n} \cdot \left(\frac{1}{n^4}(1^4 + \ldots + (n-1)^4) - \frac{4}{n^3}(1^3 + \ldots + (n-1)^3) + \frac{4}{n^2}(1^2 + \ldots + (n-1)^2)\right)
\end{aligned}$$

Mit den Formeln

$1^2 + 2^2 + \ldots + m^2 = \frac{1}{6}m(m+1)(2m+1)$

$1^3 + 2^3 + \ldots + m^3 = \frac{1}{4}m^2(m+1)^2$

$1^4 + 2^4 + \ldots + m^4 = \frac{1}{5}m^5 + \frac{1}{2}m^4 + \frac{1}{3}m^3 - \frac{1}{30}m$

erhält man den geschlossenen Ausdruck $\underline{S_n} = \pi \cdot \frac{16n^4 - 15n^3 - 1}{30n^4}$.

Analog ergibt sich $\overline{S_n} = \pi \cdot \frac{16n^4 + 15n^3 - 1}{30n^4}$.

c) Betrachte $n \to \infty$; $\underline{S_n} \le V_{Kreisel} \le \overline{S_n}$

$$\Rightarrow \lim_{n\to\infty} \overline{S_n} = \lim_{n\to\infty} \underline{S_n} = \int_0^1 \pi(f(x))^2\,dx = V_{Kreisel}$$

$$\int_0^1 \pi(f(x))^2\,dx = \int_0^1 \pi(x^4 - 4x^3 + 4x^2)\,dx = \left[\pi\left(\frac{1}{5}x^5 - x^4 + \frac{4}{3}x^3\right)\right]_0^1 = \pi\frac{8}{15} \approx 1{,}6755$$

219

4. $f(x) = \sqrt{625 - x^2}$

Berechne Integrationsgrenzen

$f(x) = 20 \Leftrightarrow \sqrt{625 - x^2} = 20 \Leftrightarrow x = 15$ für $x > 0$

Damit

$$V = \int_{15}^{24} \pi \cdot \left(\sqrt{625 - x^2}\right)^2 dx = 2\,142\pi \text{ cm}^3 \approx 6{,}7\ \ell$$

5. a) $V = \int_0^2 \pi(x-1)^2\,dx = \left[\pi \frac{1}{3}(x-1)^3\right]_0^2 = \frac{2}{3}\pi \approx 2{,}094$

b) $V = \int_1^2 \pi\left(\frac{1}{x}\right)^2 dx = \pi \cdot \left[-\frac{1}{x}\right]_1^2 = \frac{1}{2}\pi \approx 1{,}571$

c) $V = \int_{-1}^1 \pi\left(\sqrt{2x+2}\right)^2 dx = \pi\,[x^2 + 2x]_{-1}^1 = 4\pi \approx 12{,}566$

6.

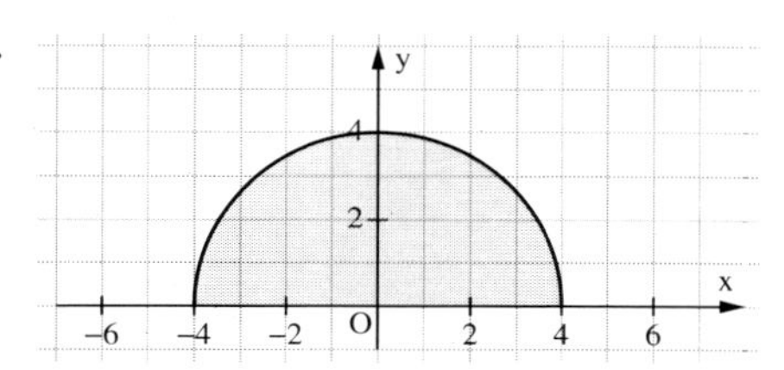

Nullstellen: $x_0 = -4$; $x_1 = 4$

$$V = \int_{-4}^4 \pi(16 - x^2)\,dx = \left[\pi\left(16x - \frac{1}{3}x^3\right)\right]_{-4}^4 = \frac{256}{3}\pi \approx 268{,}083$$

220

7. a) Kegel:

$$V = \pi \cdot \int_0^h \left(\frac{r}{h} \cdot x\right)^2 dx = \frac{1}{3}\pi r^2 h$$

Kugel:

$$V = \pi \cdot \int_{-r}^r \left(\sqrt{r^2 - x^2}\right)^2 dx = \frac{4}{3}\pi r^3$$

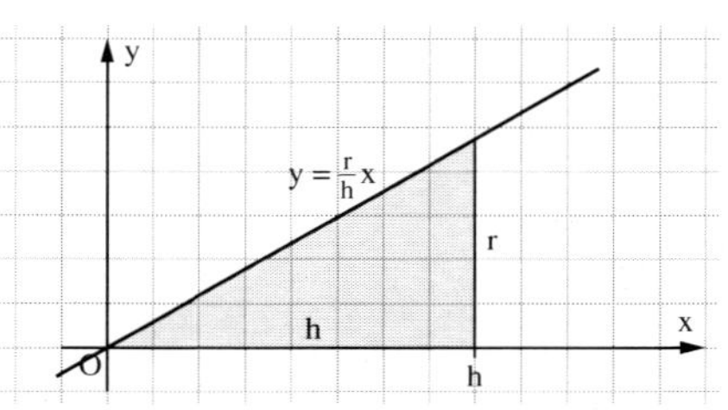

Kegelstumpf $\triangleq$ großer Kegel mit $r_1 h_1$ abzüglich kleiner Kegel mit $r_2 h_2$.

$$V = \frac{1}{3}\pi r_1^2 h_1 - \frac{1}{3}\pi r_2^2 h_2$$

Mit $h = h_1 - h_2$ und Strahlensatz: $h_1 r_2 = h_2 r_2$ folgt

$$V = \frac{1}{3}\pi\left(r_1^2 h_1 - r_2^2 h_2 - \underbrace{h_2 r_1^2 + h_1 r_1 r_2}_{=0} + \underbrace{h_1 r_2^2 - h_2 r_1 r_2}_{=0}\right) = \frac{1}{3}\pi h\left(r_1^2 + r_1 r_2 + r_2^2\right).$$

Kugelabschnitt: $V = \pi \cdot \int_{r-h}^r \left(\sqrt{r^2 - x^2}\right)^2 dx = \frac{\pi h^2}{3}(3r - h)$

220

7. b) $V = \pi \cdot \int_0^h (r)^2\,dx = \pi r^2 h$

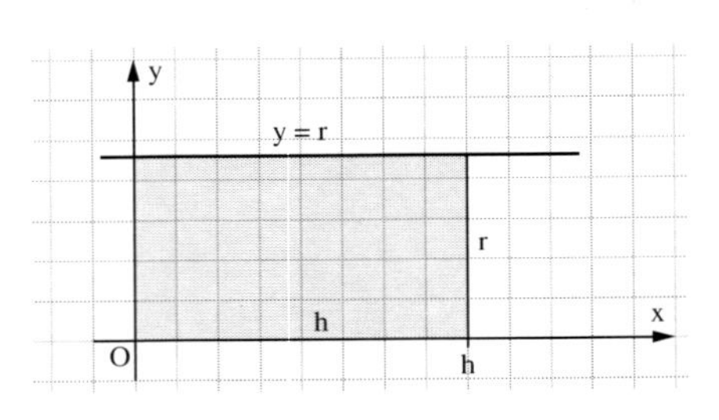

8. Cosima rechnet korrekt, da sie das Volumen, eingeschränkt durch g von dem Volumen, eingeschränkt von f abzieht, indem sie im Integral die Quadrate der einzelnen Funktionen bildet.
Frederik bildet das Quadrat der Differenz $(f(x) - g(x))^2$ und berechnet so ein falsches Volumen.

9. $V = \int_{-3}^{3} \pi(9 - x^2)^2\,dx = \left[\pi\left(\frac{1}{5}x^5 - 6x^3 + 81x\right)\right]_{-3}^{3} = \frac{1296}{5}\pi \approx 814{,}301$ VE

10. a) Schnittpunkte: $f(x) = g(x) \Leftrightarrow x_1 = 0;\ x_2 = 4$

$A = \int_0^4 (g(x) - f(x))\,dx = \left[-\frac{1}{12}x^3 + \frac{4}{3}\sqrt{x^3}\right]_0^4 = \frac{16}{3}$ FE

b) $A = \int_0^4 \pi((g(x))^2 - (f(x))^2)\,dx = \left[\pi\left(-\frac{1}{80}x^5 + 2x^2\right)\right]_0^4 = \frac{96}{5}\pi = 60{,}319$ VE

11. $y = cx^2$ entspricht einer Gleichung der Parabel.
Gesucht ist c.

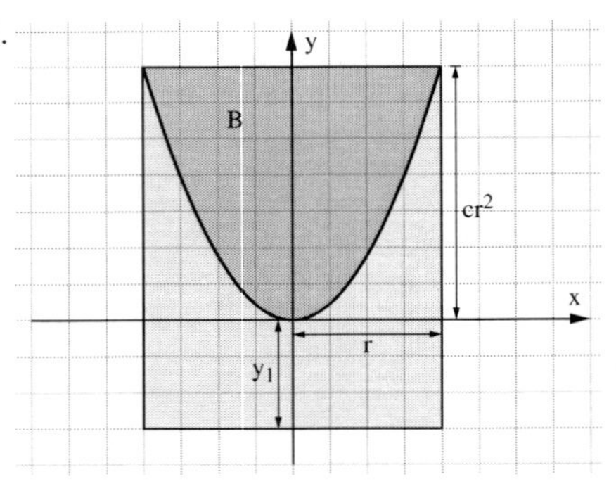

$V_B = \pi \int_0^{cr^2} x^2\,dy = \pi \int_0^{cr^2} \frac{y}{c}\,dy = \frac{\pi}{c}\int_0^{cr^2} y\,dy$

$= \frac{\pi}{2c}c^2r^4 = \frac{1}{2}\pi c r^4$

$V_Z = \pi r^2(y_1 + cr^2)$

$V = V_Z - V_B = \pi r^2(y_1 + cr^2) - \frac{1}{2}\pi c r^4$

$= \pi r^2 y_1 + \frac{1}{2}\pi c r^4 = V = 1\ \ell$

$\Rightarrow c = \frac{2V - 2\pi r^2 y_1}{\pi r^4} = \frac{2 \cdot 1 - 2\pi \cdot 5^2 \cdot 5}{\pi 5^4}$

$= \frac{1}{625\pi}(2 - 2\pi \cdot 125) \approx -0{,}398981$

12. a)

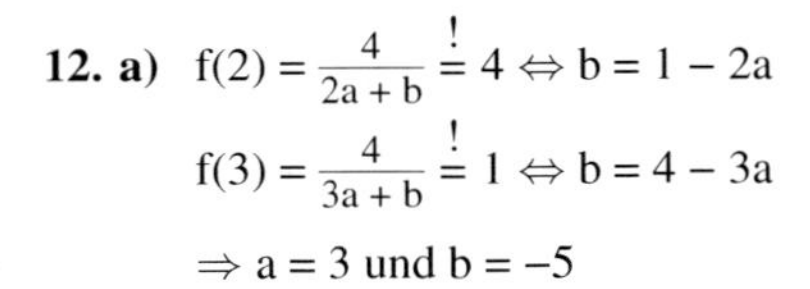

$f(2) = \frac{4}{2a + b} \overset{!}{=} 4 \Leftrightarrow b = 1 - 2a$

$f(3) = \frac{4}{3a + b} \overset{!}{=} 1 \Leftrightarrow b = 4 - 3a$

$\Rightarrow a = 3$ und $b = -5$

220

12. b) Rotation um y-Achse. Daher bilde Umkehrfunktionen.

$f(y) = \frac{1}{3}\left(\frac{4}{y} + 5\right)$; $g(y) = \frac{1}{6}\left(\frac{7}{y} + 10\right)$

$$V_{Turm} = \int_1^{10} \pi\left((f(y))^2 - (g(y))^2\right) dy = \left[\frac{5}{9}\pi \ln(y) - \frac{5\pi}{12y}\right]_1^{10} \approx 5{,}197$$

$V_{Turm} = 5\,197\ m^3$ Baumasse

Dicke des Sockelrings $d = f(1) - g(1) = \frac{1}{6}$

$$V_{Sockel} = 1 \cdot \left(\pi \cdot 3^2 - \pi \cdot \left(3 - \frac{1}{6}\right)^2\right) \approx 3{,}054$$

$V_{Sockel} = 3\,054\ m^3$ Baumasse; $V_{gesamt} = 8\,251\ m^3$ Baumasse

3.6 Bestimmen von Integralen in technischen Zusammenhängen

223

3. $F = \text{const}$; $\Delta s = b - a \Rightarrow$

$$W = \int_a^b F\,ds = F \cdot \int_a^b ds = F \cdot (b - a) = F \cdot \Delta s$$

4. $F = D \cdot s \Rightarrow W = \int_0^b F\,ds = D \int_a^b s\,ds = \frac{1}{2}D(b^2 - a^2)$

5. a) $v(t) = -\frac{2}{125}t^3 + \frac{3}{25}t^2$; $0 \le t \le 5$

b) Man muss die Funktion v(t) über das Intervall [0, x] integrieren. Die Funktion s(t) ist also die Integralfunktion I_0: $s(t) = \int_0^t f(x)\,dx$ mit $f(x) = \begin{cases} v(x) & \text{für } 0 \le x \le 5 \\ 1 & \text{für } x > 5 \end{cases}$;

also $s(t) = \begin{cases} -\frac{1}{250}t^4 + \frac{1}{25}t^3 & \text{für } 0 \le t \le 5 \\ t - 2{,}5 & \text{für } t > 5 \end{cases}$.

t	0,5	1	2	2,5	3	4	5	6	7
s(t)	0,00475	0,036	0,256	0,46875	0,756	1,536	2,5	3,5	4,5

224

6. a) Bremsweg des Vordermanns: etwa 106,66 m;
Bremsweg des Hintermanns: etwa 84,21 m.

b) Bei s = 67,83 m schneiden sich die Schaubilder. Auffahrunfall!

c) Vordermann:

$s_V(t) = 5{,}5\ m + 40\ \frac{m}{s} \cdot t - \frac{1}{2} \cdot 7{,}5\ \frac{m}{s^2}t^2$

Hintermann:

$s_H(t) = \left(40\ \frac{m}{s} + 9{,}5\ \frac{m}{s^2} \cdot 0{,}6\ s\right)t - \frac{1}{2} \cdot 9{,}5\ \frac{m}{s^2}(t^2 + 0{,}36)$

Für $t \approx 1{,}8948$ s gilt
$s_V(t) = s_H(t) = 67{,}83$ m.

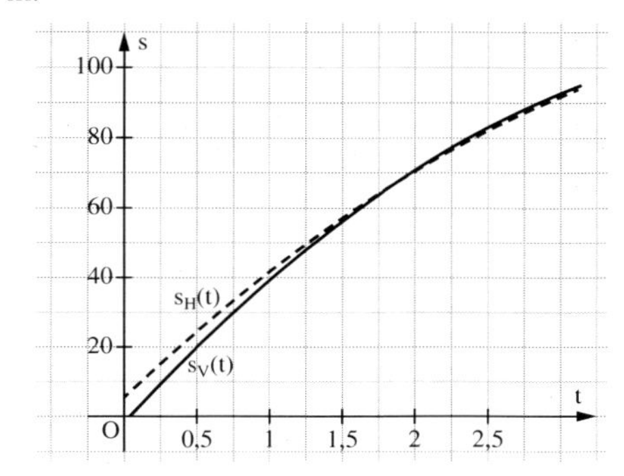

224

7. **a)** $v(t) = v_0 + a \cdot t;\ s(t) = \frac{a}{2}t^2 + v_0 \cdot t$

b) bei $t = -\frac{v_0}{a}$

c) $s\left(-\frac{v_0}{a}\right) = -\frac{v_0^2}{2a}$

d) bei $t = -\frac{2v_0}{a}$

8. Den Angaben der abgebildeten Tabellenkalkulation kann man entnehmen:
Annahme (1): Der Lkw hat knapp 31 km zurückgelegt, es fehlen also 2 km bis zum Unfallort.
Annahme (2): Der Lkw hat 32 km zurückgelegt, es fehlt also 1 km bis zum Unfallort.

225

9. $F_{el}(r) = \frac{1}{4\pi\varepsilon_0} \cdot \frac{Qq}{r^2}$

a) $W = \int_2^1 F_{el}(r)\,dr = \frac{Qq}{4\pi\varepsilon_0}\int_2^1 \frac{1}{r^2}\,dr = -\frac{Qq}{4\pi\varepsilon_0}\left[\frac{1}{r}\right]_2^1 = -\frac{1}{8}\,\frac{Qq}{4\pi\varepsilon_0} = -0{,}00449$

b) $F_{el}(r) = 0{,}2$ N; $r = 1$ dm $= 0{,}1$ m

$\frac{2}{10} = \frac{1}{4\pi\varepsilon_0} \cdot \frac{q^2}{(10^{-1})^2}$

$\Rightarrow\ q = \pm\sqrt{\frac{2 \cdot 4\pi \cdot \varepsilon_0 \cdot 10^{-2}}{10}} = \pm\sqrt{8\pi \cdot \varepsilon_0 \cdot 10^{-1}}$

$q \approx \pm\sqrt{\pi} \cdot 0{,}266 \cdot 10^{-5} \approx 4{,}717 \cdot 10^{-6}$

10. $A = \pi r^2 = \pi \cdot \left(\frac{5}{2}\right)^2 = 6{,}25\pi\ \text{cm}^2 = 6{,}25 \cdot 10^{-4}\pi\ \text{m}^2$

$W = \int_{s_1}^{s_2} F(s)\,ds$

s_1 (m)	s_2 (m)	N/m^2 = p (bar)	$F = p \cdot A$ (N)	W (Nm)
0,2	0,25	10	$\pi \cdot 0{,}0063$	0,009817
0,25	0,3	7,1	$\pi \cdot 0{,}0044$	0,000697
0,3	0,35	5,6	$\pi \cdot 0{,}0035$	0,00055
0,35	0,4	4,5	$\pi \cdot 0{,}0028$	0,00044
0,4	0,45	3,8	$\pi \cdot 0{,}0024$	0,00037
0,45	0,5	3,3	$\pi \cdot 0{,}0021$	0,00032

$\approx 0{,}0034\ \frac{N}{m}$

$W = \int_{V_1}^{V_2} p(V)\,dV = \int_{s_1}^{s_2} F(s)\,ds$

226

11. a) (1) $W_{AB} = \int_{V_A}^{V_B} p\,dV = \int_{V_A}^{V_B} C_{AB} \cdot V_1^{-k} dV = C_{AB} \left[\frac{1}{1-k} V_1^{1-k}\right]_{V_A}^{V_B}$

$$= \frac{C_{AB}}{k-1}\left(V_A^{1-k} - V_B^{1-k}\right) = \frac{3}{2} C_{AB}\left(\frac{1}{\sqrt[3]{V_A}} - \frac{1}{\sqrt[3]{V_B}}\right)$$

Da $V_A > V_B$, ist W_{AB} negativ.

(2) $W_{BC} = 0$, da das Volumen konstant bleibt.

(3) $W_{CD} = \frac{C_{CD}}{k-1}\left(V_C^{1-k} - V_D^{1-k}\right) = \frac{3}{2} C_{CD}\left(\frac{1}{\sqrt[3]{V_C}} - \frac{1}{\sqrt[3]{V_D}}\right)$

Hier ist $V_C < V_D$; daraus folgt: W_{CD} ist positiv.

(4) $W_{DA} = 0$; $W_{ABCDA} = \frac{C_{CD} - C_{AB}}{k-1}\left(V_B^{1-k} - V_A^{1-k}\right)$

b) $\frac{V_2}{V_1} = 8 \Rightarrow \frac{V_1}{V_2} = \frac{1}{8}$; $k = 1{,}4$

$\eta_1 = 1 - \left(\frac{1}{8}\right)^{0{,}4}$; $\eta_2 = 1 - \left(\frac{1}{10}\right)^{0{,}4}$

$\eta_1 - \eta_2 = \left(\frac{1}{8}\right)^{0{,}4} - \left(\frac{1}{10}\right)^{0{,}4} > 0$

Der Wirkungsgrad eines Viertaktmotors vergrößert sich, wenn das Kompressionsverhältnis $\frac{V_2}{V_1}$ von 8 auf 10 steigt.

227

12. a) Arbeit: W; Gewichtskraft: F_G; Masse des Körpers: m

Fallbeschleunigung: $g \approx 9{,}81 \frac{m}{s^2}$;

$W = F_G \cdot h = m \cdot g \cdot h$

Mit m = 1 kg ergibt sich: $W = 9{,}81 \frac{kg \cdot m}{s^2} \cdot h$

Gibt man h in Meter an und W in Joule $\left(1\text{ J} = 1 \frac{kg \cdot m^2}{s^2}\right)$, so gilt: $W = 9{,}81 \cdot h$.

b) Es ist $F_G(s) = G \cdot \frac{m \cdot M}{s^2}$.

Für die Arbeit (s. Formelsammlung) ergibt sich daraus:

$$W = \int_{r_e}^{r} F_G(s)\,ds = G \cdot m \cdot M \cdot \left[-\frac{1}{s}\right]_{r_e}^{r} = G \cdot m \cdot M\left(\frac{1}{r_e} - \frac{1}{r}\right)$$

Zur Vereinfachung nehmen wir an, dass der Erdschwerpunkt im Erdmittelpunkt liegt.

(1) • doppelte Entfernung: $r = 2 \cdot r_e$
  $W \approx 3{,}13 \cdot 10^7$ J
• 10fache Entfernung: $r = 10 \cdot r_e$
  $W \approx 5{,}633 \cdot 10^7$ J
• 100fache Entfernung: $r = 100 \cdot r_e$
  $W \approx 6{,}197 \cdot 10^7$ J

(2) Die Geschwindigkeit muss mindestens so groß sein, dass der Körper die Erdanziehungskraft überwinden kann. Die Zentrifugalkraft (s. Formelsammlung) $F_Z = \frac{m \cdot v^2}{r}$ muss also mindestens so groß sein wie die Erdanziehungskraft $F_G = G \cdot \frac{m \cdot M}{r^2}$.

Also $\frac{m \cdot v^2}{r} = G \cdot \frac{m \cdot M}{r^2}$ und somit $v = \sqrt{\frac{G \cdot M}{r}}$.

Für den Start gilt ungefähr $r = r_e$, also $v_0 \approx \sqrt{\frac{G \cdot M}{r_e}}$.

$v_0 \approx 7{,}9 \frac{km}{s}$.

227

12. (3) *Hinweis:* Die Arbeit wurde bereits in (1) berechnet mit $W \approx 3{,}13$ J. Interessant ist hier die Frage, welche Bahngeschwindigkeit der Körper erreichen muss, um im Abstand $r = 2 \cdot r_e$ auf der Umlaufbahn zu bleiben.

Es gilt $v = \sqrt{\frac{G \cdot M}{r}}$ mit $r = 2 \cdot r_e$.

Damit erhält man $v \approx 5{,}6\ \frac{\text{km}}{\text{s}}$ als Endgeschwindigkeit.

13. (1) Für die Maßzahl der Fläche über dem Intervall [1 ; b] gilt:

$$A(b) = \int_1^b \frac{1}{x}\,dx = [\ln(x)]_1^b = \ln(b) - 0 = \ln(b) \text{ und } \lim_{b \to \infty} A(b) = +\infty$$

(2) Für das Volumen des Rotationskörpers über dem Intervall [1; b] gilt:

$$V(b) = \int_1^b \pi \cdot \left(\frac{1}{x}\right)^2 dx = \pi \cdot \int_1^b \frac{1}{x^2}\,dx = \pi \cdot \left[-\frac{1}{x}\right]_1^b = \pi \cdot \left(-\frac{1}{b} + 1\right) \text{ und } \lim_{b \to \infty} V(b) = \pi$$

Das Paradoxon lässt sich dadurch auflösen, dass man sich klar macht, dass reale Farbe eine gewisse Dicke hat. Selbst wenn die Farbe so dünn auftragen würde, dass die Farbschicht nur die Höhe *eines* Farbmoleküls hat, dann wird es irgendwo in dem Rotationskörper eine Stelle geben, die so schmal ist, dass kein Farbmolekül mehr hineinpasst, d. h. von wo ab der Trichter weder weiter gefüllt, noch das Brett angestrichen werden kann. Die bis zu dieser Stelle bestrichene Fläche hat aber dann auch nur ein endliches Flächenmaß.
Um die Torricelli-Trompete im mathematischen Sinne zu füllen bzw. das gesamte Brett anzustreichen, müsste Farbe mit Molekülen verwendet werden, deren Dicke beliebig klein werden kann. Dann genügt – wie wir gesehen haben – eine endliche Menge zum Anstrich.
Ein ähnliches Paradoxon tritt auf, wenn man aus Knetmasse einen Zylinder der Länge ℓ und Radius r betrachtet:
Dieser Körper hat das Volumen $V = \pi \cdot r^2 \cdot \ell$ und den Mantel $M = 2\pi r \cdot \ell$.
Nimmt man dieselbe Knetmasse und rollt sie zu einem halb so dicken Zylinder, dann bleibt das Volumen gleich, aber die Fläche des Mantels verdoppelt sich:
$V = \pi \cdot r^2 \cdot \ell = \pi \cdot \left(\frac{r}{2}\right)^2 \cdot (4\ell)$ und $M = 2\pi \cdot \left(\frac{r}{2}\right) \cdot (4\ell) = 2 \cdot (2\pi \cdot r \cdot \ell)$.
Setzt man dies in Gedanken beliebig fort, so erhält man einen „unendlich langen" und „unendlich niedrigen" Körper, der das gleiche Volumen wie der Ausgangskörper hat, aber eine unendlich große Mantelfläche.